# 看视频学车刀使用与刃磨

王 兵 陈明韬 编著

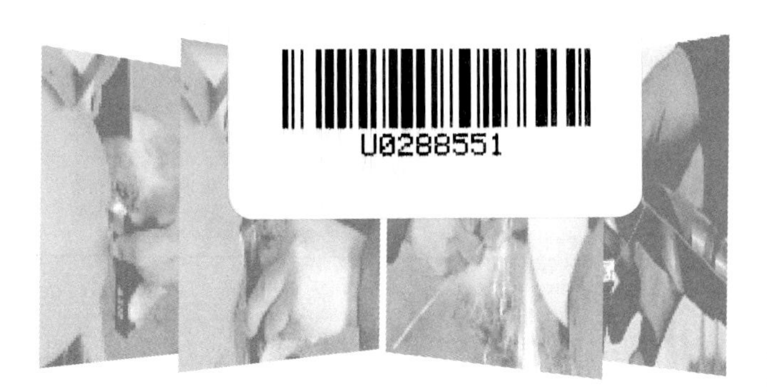

化学工业出版社
·北京·

**图书在版编目(CIP)数据**

看视频学车刀使用与刃磨/王兵，陈明韬编著．—北京：化学工业出版社，2018.1

ISBN 978-7-122-29914-7

Ⅰ．①看…　Ⅱ．①王…②陈…　Ⅲ．①车刀-刃磨　Ⅳ．①TG712

中国版本图书馆 CIP 数据核字（2017）第 134012 号

责任编辑：王　烨　项　潋　　　　文字编辑：陈　喆
责任校对：王　静　　　　　　　　装帧设计：刘丽华

出版发行：化学工业出版社（北京市东城区青年湖南街 13 号　邮政编码 100011）
印　　刷：三河市航远印刷有限公司
装　　订：三河市瞰发装订厂
710mm×1000mm　1/16　印张 9½　字数 199 千字　　2018 年 1 月北京第 1 版第 1 次印刷

购书咨询：010-64518888（传真：010-64519686）　售后服务：010-64518899
网　　址：http://www.cip.com.cn
凡购买本书，如有缺损质量问题，本社销售中心负责调换。

定　　价：**49.00** 元

# 前言

FOREWORD

车工一把刀，说的是车刀在车削加工中的重要性。零件生产加工质量好坏的一个很重要的因素是车刀的刃磨质量和使用方法。几何角度是否合理、刃磨质量是否过关和使用方法是否正确，决定了车刀的使用时长和生产加工成本的高低。

本书从车刀的基本知识入手，深入浅出、翔实而系统地介绍了各种车刀的使用与刃磨方法，编写中主要有以下几个特点。

① 图解形式，详析操作过程。

通过图表的展现，将操作中复杂的结构与细节简单化，有利于读者理解和掌握。

② 要点示意，解码难点动作。

实景、立体图文配合，解析动作要点，有利于读者更好地理解，达到读图学技能的目的。

③ 二维码扫描，观看刃磨视频。

扫描二维码观看刃磨视频，犹如身临其境，更利于读者自学。

书中主要涉及轴类用车刀、套类用车刀、螺纹用车刀等。本书可作为各类职业院校机械、模具、数控技术应用等专业学生的实习指导书，也可作为机械企业技术工人自学及培训用书。

本书由荆州技师学院王兵和湖南交通职业技术学院陈明韬编著，毛江华、刘义、刘莉玲、吴万平、徐家兵、段红云、曾艳等为本书的编写提供了帮助，在此一并表示感谢。由于编著者水平有限，书中难免存在不足之处，恳请广大读者批评指正，以利提高。

编著者

# 目录
CONTENTS

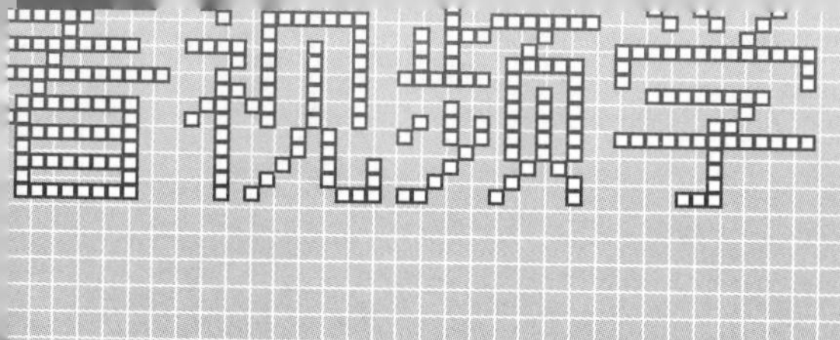
看视频学

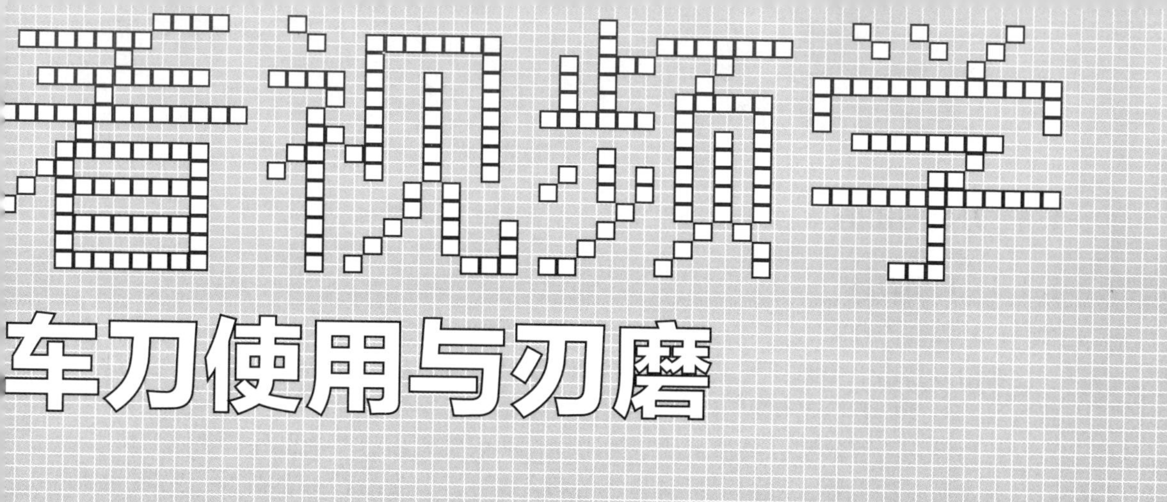


chapter 1

# 第1章 切削刀具应用基础

## 1.1 刀具与切削

### 1.1.1 切削刀具

**(1) 刀具的分类**

切削刀具用于切除零件毛坯上多余的金属材料，以获得设计所需要的几何形状、尺寸精度以及满足使用需求的表面质量等。

根据零件几何形状以及加工要求的不同，切削时使用的刀具也各式各样。切削刀具通常都是按刃数、结构、材料与使用场合等进行分类的，见表 1-1。

**表 1-1 切削刀具的分类、含义与特性**

| 分类方法 | | 含义与特性 | 分类方法 | | 含义与特性 |
|---|---|---|---|---|---|
| 刃数 | 单刃 | 仅有一条主切削刃的刀具 | 结构 | 整体式 | 刀具材料通常为同一材料，其切削部分与刀体是一个整体 |
| | 多刃 | 具有两条以上(含两条)主切削刃的刀具 | | 焊接式 | 切削部分与刀体材料不同，它们是用钎焊焊接到一块的 |
| 材料 | 高速钢 | 含有 W、Mo、Cr、V 等合金元素较多的合金工具钢 | | 机夹式 | 切削部分与刀体材料不同，刀片用机械夹持的方法固定在刀体上 |
| | 硬质合金 | 钨和钛的碳化物粉末加钴作为黏结剂，高压压制成形后再经高温烧结而成的粉末冶金制品 | 使用场合 | | 根据不同机械加工的种类进行的分类 |

**(2) 刀具切削部分的构成**

刀具的种类很多，结构各异，但其切削部分都是由前面、主后面、副后面、主切削刃、副切削刃等组成的，如图 1-1 所示。

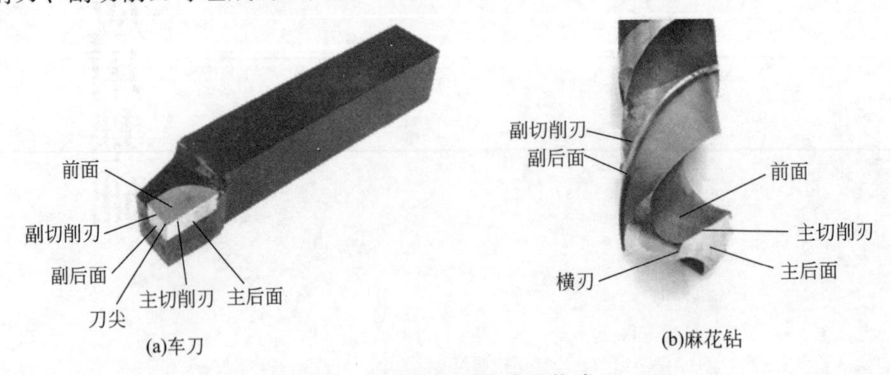

(a)车刀 (b)麻花钻

图 1-1 刀具切削部分的构成

### 1.1.2 切削加工

**(1) 切削运动的主要形式**

切削加工时，刀具与工件的相对运动称为切削运动。各种切削加工都有其特定的运动形式，如旋转的、直线的、连续的、间歇的等，见表 1-2。

**表 1-2 切削加工运动的主要形式**

| 加工内容 | 图示 | 工件运动 | 刀具运动 | 加工内容 | 图示 | 工件运动 | 刀具运动 |
|---|---|---|---|---|---|---|---|
| 车削 | | 转动 | 移动 | 刨削 牛头刨 | | 往复运动 | 移动 |
| 钻削 | | 不动 | 回转运动并移动 | 刨削 龙门刨 | | 移动 | 往复运动 |
| 铣削 | | 移动 | 转动 | | | | |

**(2) 主运动与进给运动**

切削加工运动划分为主运动和进给运动两类。

① 主运动　主运动是除去工件上多余材料时所必需的运动。其特征是速度最高，消耗的功率最大。机械加工中只有一个主运动，如车削时工件的旋转运动，刨削时刀具的往复直线运动等。

② 进给运动　进给运动是使新的切削层不断投入切削的运动，如车削时车刀的移动，刨削时工件的移动等。其特点是速度较低，消耗的功率较小。进给运动可以是一个、两个或多个，如车外圆时的纵向进给运动，车端面时的横向进给运动等，如图 1-2 所示。

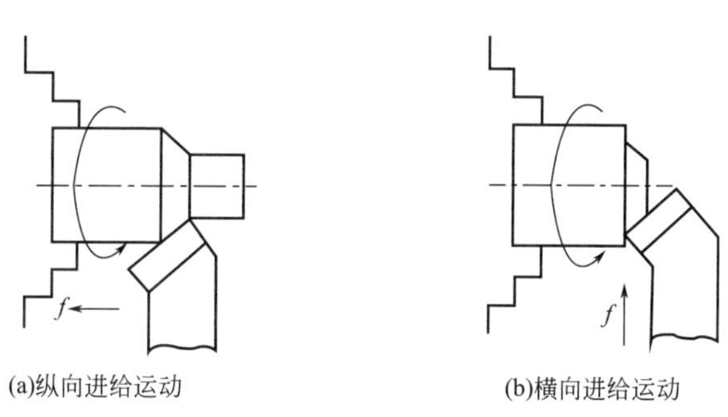


(a)纵向进给运动　(b)横向进给运动

图 1-2　车削时的进给运动

在加工运动的作用下，工件上会产生 3 个不断变化的表面，即待加工表面、过渡表面和已加工表面，如图 1-3 所示。

待加工表面——工件上有待切除材料层的表面。

过渡表面——工件上刀具切削刃正在切削的表面。

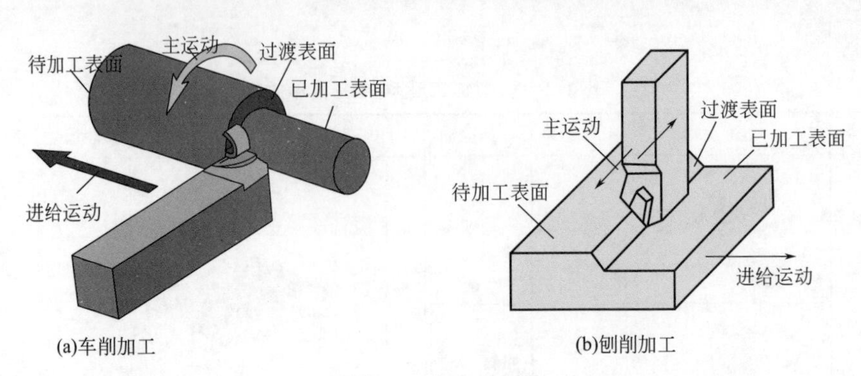


图 1-3　加工表面

已加工表面——已切除多余材料后形成的表面。

**(3) 切削用量**

① 切削三要素　切削用量是衡量主运动和进给运动大小的参数，包括背吃刀量、进给量和切削速度三要素，其定义、计算等见表 1-3。图 1-4 所示为车削时的各切削要素。

**表 1-3　切削用量三要素**

| 切削要素 | 代号 | 单位 | 定　义 | 计　算 |
|---|---|---|---|---|
| 背吃刀量 | $a_p$ | mm | 工件上已加工表面和待加工表面间的垂直距离 | 车外圆时<br>$a_p=\frac{d_w-d_m}{2}$<br>式中，$d_w$ 为待加工表面直径，mm；$d_m$ 为已加工表面直径，mm |
| 进给量 | $f$ | mm/r | 工件或刀具每转或每一行程中，工件和刀具在进给运动方向的相对位移量 | $v_f=nf$<br>式中，$v_f$ 为进给速度(每分钟刀具沿进给方向移动的距离)，mm/min；$n$ 为主轴转速，r/min |
| 切削速度 | $v$ | m/min | 切削刃上选定点相对于工件的主运动速度，即主运动的线速度 | 当主运动为旋转运动时(如车削)<br>$v=\frac{\pi dn}{1000}$<br>式中，$n$ 为主轴转速，r/min；$d$ 为工件或刀具选定点的旋转直径(通常取最大直径)，mm |
| | | | | 当主运动为往复直线运动时(如刨削)<br>$v=\frac{2Ln_r}{1000}$<br>式中，$L$ 为往复直线运动的行程长度，mm；$n_r$ 为主运动每分钟的往复次数，str/min |

② 切削用量与生产率的关系　衡量生产率高低的指标之一是基本时间。如图 1-5 所示为车削外圆时的情形。

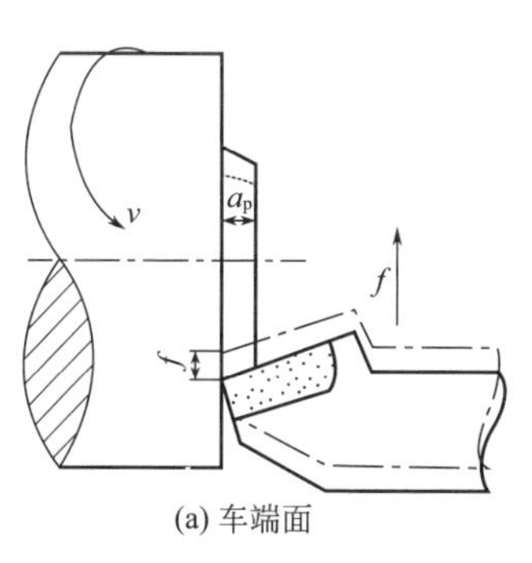

(a) 车端面

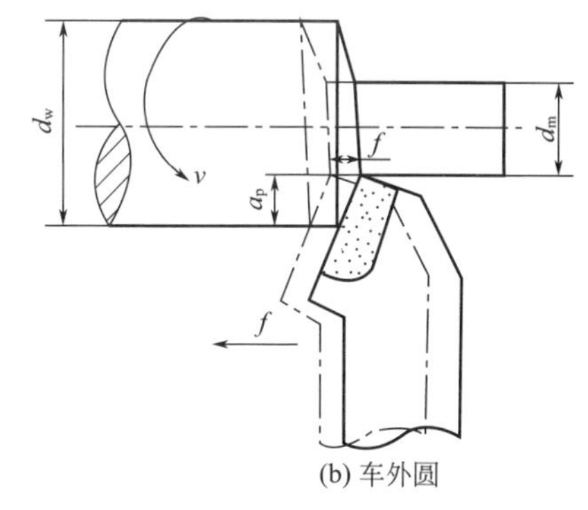

(b) 车外圆

图 1-4　车削时的切削要素

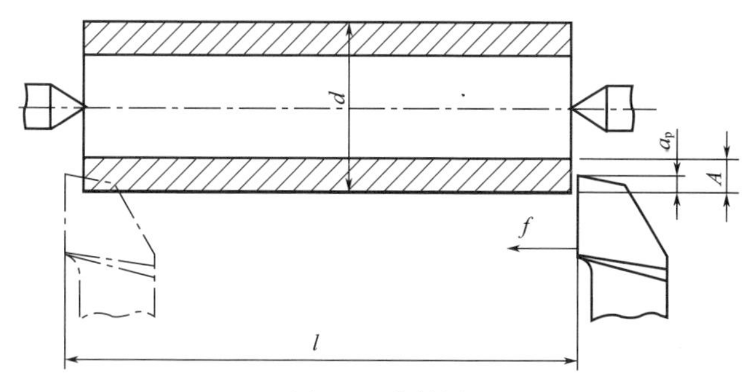

图 1-5　车外圆

由图中可知

$$t_m = \frac{l}{nf} \times \frac{A}{a_p} = \frac{\pi A d l}{1000 v f a_p}$$

式中　$t_m$——基本时间，min；

$d$——工件直径，mm；

$l$——刀具行程，mm；

$A$——单边加工余量，mm；

$n$——工件转速，r/min。

从上式可得出，在工件毛坯确定的情况下，提高切削用量 $v$、$f$、$a_p$ 中任何一个要素，都可以缩短基本时间，从而提高生产率，但在提高切削用量时必须考虑到机床的功率、工艺系统刚性和刀具耐用度等因素。

### 1.1.3　切削控制

#### (1) 切削变形

金属切削变形的本质是金属材料在切应力作用下屈服而沿剪切面发生滑移，如图 1-6 所示。

在实际的金属切削过程中，由于摩擦、变形等的作用，造成了切屑的卷曲，如图 1-7 所示。

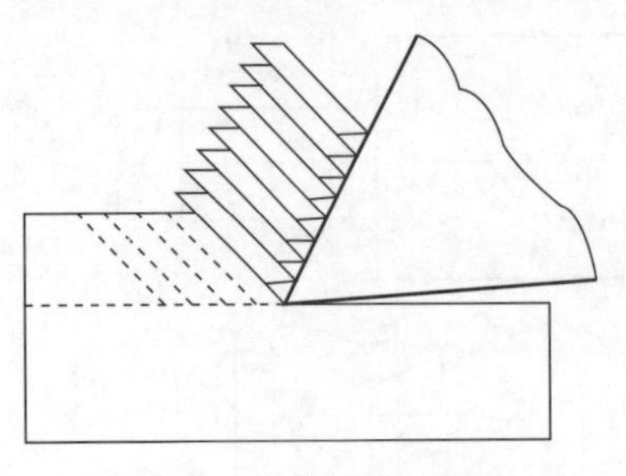

图 1-6　金属滑移示意图

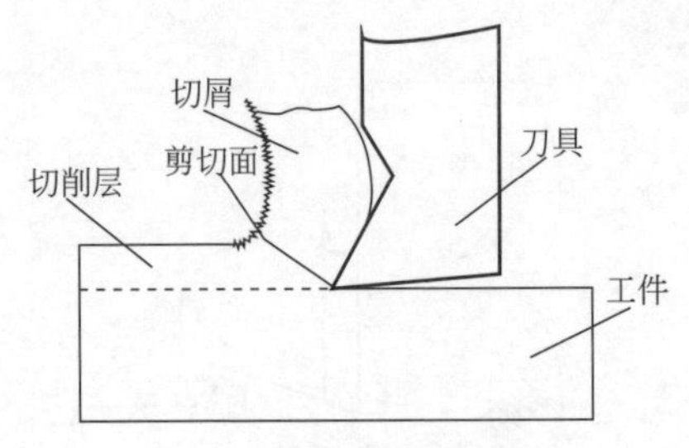


图 1-7　切屑的形成

**(2) 切屑的形态**

刀具角度及切削用量不同时，会形成不同类型的切屑，并对切削加工产生不同的影响。常见的切屑有带状切屑、节状切屑、粒状切屑和崩碎切屑 4 种形态，见表 1-4。

**表 1-4　常见切屑的形态**

| 种　类 | 图　示 | 特　点 | 形成条件 |
| --- | --- | --- | --- |
| 带状切屑 | | 切屑较长，不易折断。切屑底面（与刀具前刀面接触的面）光滑，外表呈毛茸状 | 切削塑性金属，取较小的切削厚度（进给量）、较高的切削速度，刀具锋利（前角较大） |
| 节状切屑 | | 也称挤裂切屑，外表呈锯齿形，内表面局部有裂纹，切屑易发生脆裂折断 | 切削塑性金属，取较低的切削速度、较大的切削厚度，刀具前角较小 |
| 粒状切屑 | | 也称单元切屑。当切屑在整个剪切面上的剪切应力超过材料的破裂强度时，整个单元就被切离，成为类似梯形的粒状切屑 | 切削塑性金属，取很低的切削速度、较大的切削厚度，前角很小 |
| 崩碎切屑 | | 切削层几乎未经塑性变形就产生崩裂脆断，形成不规则的颗粒状。改变切削条件会改变切屑颗粒的大小 | 切削铸铁、黄铜等脆性金属 |

**(3) 切屑的折断过程**

切屑在形成的过程中会发生卷曲，较薄的切屑在刃口附近排出而离开前刀面，较厚的切屑则要在前刀面上滑行较长的距离，然后再与前刀面脱离。当切屑继续向前流动时，在刀具断屑槽或工件台阶的作用下产生附加变形，切屑会进一步卷曲并沿一定方向流出。当附加的弯曲变形足以使切屑断裂时，切屑便在断屑槽内折断，如图 1-8（a）所示；当切屑槽对切屑产生附加变形但未达到断裂程度时，切屑会继续流动，在流动到切屑与工件或刀具后刀面相碰时，就会受到一个较大的弯矩而折断，如图 1-8（b）所示；如果切屑在卷屑槽中活动，就会形成如图 1-8（c）所示的螺卷形切屑。因此，切屑的折断是经过“卷—碰—断”这 3 个过程的。

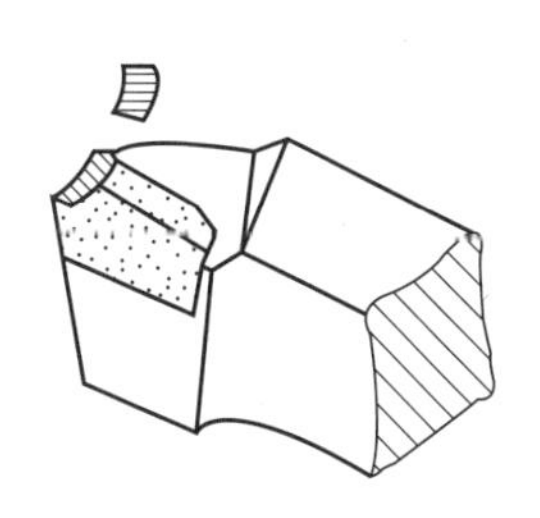

(a)在断屑槽内折断

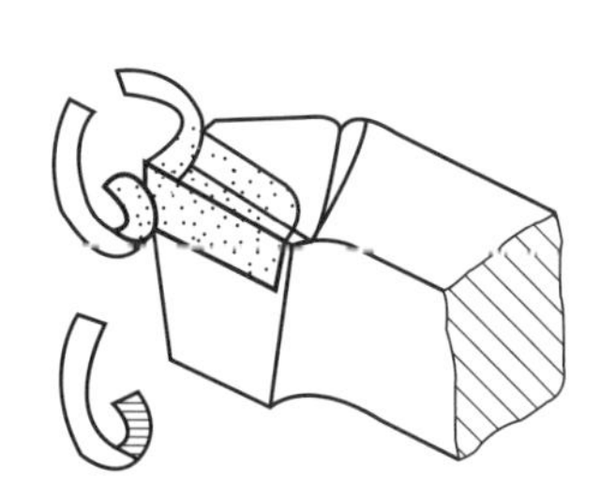

(b)与后刀面相碰折断

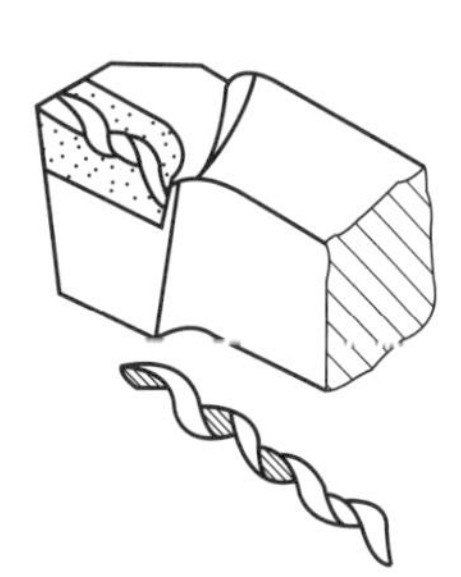

(c)螺卷形切屑

图 1-8　切屑的折断过程

## 1.2　车刀应用基础知识

### 1.2.1　常用车刀的种类与用途

**(1) 常用车刀的种类**

车刀是车削加工中必不可少的刀具。车刀的种类很多，按不同的用途分类可分为外圆车刀、切断刀、内孔车刀、成形车刀和螺纹车刀等，见表 1-5。

**表 1-5　常用车刀的种类**

| 种　类 | 图　示 | 种　类 | 图　示 |
| --- | --- | --- | --- |
| 90°车刀 |  | 内孔车刀 |  |
| 75°车刀 |  | 成形(圆头)车刀 |  |
| 45°车刀 |  | 螺纹车刀 |  |
| 切断刀 |  |  |  |

**(2) 常用车刀的用途**

车刀的种类不同，其用途也不相同，可根据不同的需要选用不同种类的车刀。常用车刀的基本用途见表1-6。

**表1-6 常用车刀的用途**

| 种类 | 用途 | 图示 | 种类 | 用途 | 图示 |
|---|---|---|---|---|---|
| 90°车刀 | 车削工件的外圆、台阶和端面 | | 内孔车刀 | 车削工件的内孔 | |
| 75°车刀 | 车削工件的外圆和端面 | | 圆头车刀 | 车削工件的圆弧面或成形面 | |
| 45°车 | 车削工件的外圆、端面和倒角 | | 螺纹车刀 | 车削螺纹 | |
| 切断刀 | 切断工件或在工件上车槽 | | | | |

## 1.2.2 车刀切削部分材料

**(1) 车刀材料必备的主要性能**

在车削加工过程中，车刀切削部分是在较大的切削抗力、较高的切削温度和剧烈的摩擦条件下工作的。车刀寿命的长短和切削效率的高低，首先取决于车刀切削部分的材料是否具备优良的切削性能。因此，车刀切削部分的材料应具备如下性能：

① 高硬度　车刀切削部分的材料硬度必须高于被加工材料的硬度，通常应比工件材料的硬度高1.3～1.5倍，常温硬度应高于60HRC。

② 高耐磨性　切削过程中车刀与工件会产生剧烈的摩擦，因此车刀切削部分的材料应具有高耐磨性，即抵抗磨损的能力。耐磨性是材料的硬度、化学成分、金相组织等的综合效果。材料组织中的硬质点（碳化物、氮化物等）的硬度越高、数量越多、均匀分布状态越好，则其耐磨性就越高。

③ 足够的强度和韧性　车刀在切削时要承受很大的切削力、冲击力和振动。如在车削45钢时，当取 $a_p$=4mm，$f$=0.5mm/r 时，刀片所承受的切削力约为

4000N。因此，要求车刀切削部分材料具有足够的强度和韧性。强度和韧性反映了车刀材料抵抗脆裂和崩刃的能力。强度和韧性越高，车刀能承受的切削力越大，抗冲击和振动的能力越强，刀具脆裂和崩刃的倾向越小。

④ 高耐热性　高耐热性是指车刀切削部分材料在高温下仍能保持其高硬度、高耐磨性等力学性能的能力。它是衡量车刀材料优劣的主要指标，也称为红硬性或高温硬度。刀具材料的耐热性越高，表明其在高温状态下原有性能发生的变化越小，切削性能越好，允许的切削速度也越高。

⑤ 较好的工艺性能　作为刀具材料，除应具备上述的切削性能外，还应具备一定的可加工性，如可切削性、可磨削性、可锻性、可焊性和热处理性等。若不具备一定的工艺性能，则难以满足刀具制造的要求。

**(2) 车刀切削部分常用的材料**

① 高速钢　高速钢是含有 W、Mo、Cr、V 等合金元素较多的合金工具钢，如图 1-9 所示，也称白钢、锋钢。

图 1-9　高速钢条

高速钢具有很高的强度、韧性以及良好的刃磨性能，能承受较大的切削力和冲击力，但耐热性差（耐热温度为 550～600℃），不能用于高速车削，（允许最大切削速度为 30m/min）。高速钢特别适用于制造各种结构复杂的成形刀具和孔加工刀具，如成形车刀、螺纹车刀、钻头和铰刀等。常用高速钢车刀条见表 1-7。

**表 1-7　高速钢车刀条**　　mm

| 形状 | 图示 | 参数 | | |
|---|---|---|---|---|
| | | *b* | *h* | *L* |
| 正方形 | 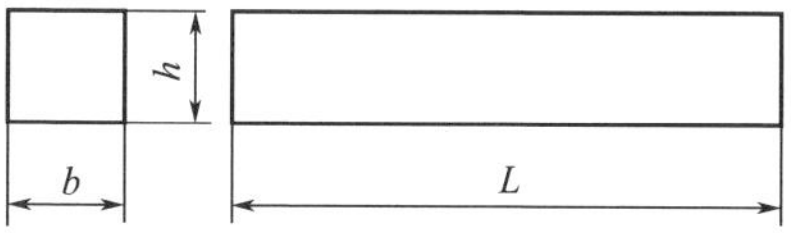 | 4 | 4 | 63、80 |
| | | 5 | 5 | 63、80 |
| | | 6 | 6 | 63、80、100、160、200 |
| | | 8 | 8 | 63、80、100、160、200 |
| | | 10 | 10 | 63、80、100、160、200 |
| | | 12 | 12 | 63、80、100、160、200 |
| | | (14) | (14) | 100、160、200 |
| | | 18 | 18 | 100、160、200 |
| | | (18) | (18) | 160、200 |
| | | 20 | 20 | 160、200 |
| | | 22 | 22 | 160、200 |
| | | 25 | 25 | 160、200 |

续表

| 形状 | 图示 | 参数 | | | |
|---|---|---|---|---|---|
| | | $h/b$ | $b$ | $h$ | $L$ |
| 矩形 | 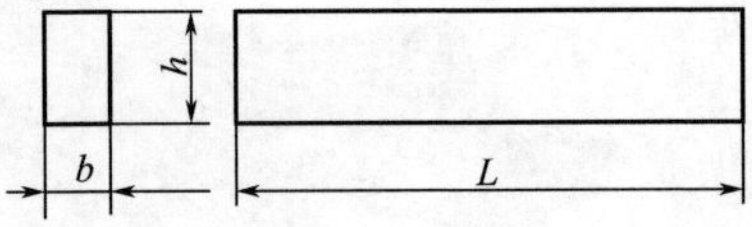 | 1.6 | 4 | 6 | 100 |
| | | | 5 | 8 | 100 |
| | | | 6 | 10 | 100、160、200 |
| | | | 8 | 12 | 100、160、200 |
| | | | 10 | 16 | 100、160、200 |
| | | | 12 | 20 | 160、200 |
| | | | 16 | 25 | 160、200 |
| | | 2 | 4 | 8 | 100 |
| | | | 5 | 10 | 100 |
| | | | 6 | 12 | 100、160、200 |
| | | | 8 | 16 | 100、160、200 |
| | | | 10 | 20 | 160、200 |
| | | | 12 | 25 | 160、200 |
| | | 4 | 3 | 12 | 100、160 |
| | | | 4 | 16 | 100、160 |
| | | | 5 | 20 | 160、200 |
| | | | 6 | 25 | 160、200 |
| | | 5 | 3 | 16 | 100、160 |
| | | | 4 | 20 | 100、160 |
| | | | 5 | 25 | 160、200 |
| | | $d$ | | | $L$ |
| 圆形 | 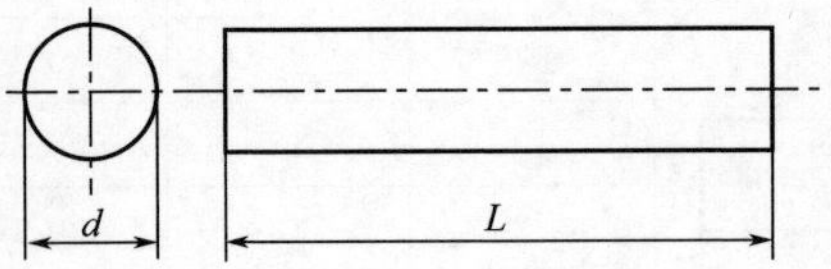 | 4 | | | 63、80、100 |
| | | 5 | | | 63、80、100 |
| | | 6 | | | 63、80、100、160 |
| | | 8 | | | 80、100、160 |
| | | 10 | | | 80、100、160、200 |
| | | 12 | | | 100、160、200 |
| | | 16 | | | 100、160、200 |
| | | 20 | | | 160、200 |

续表

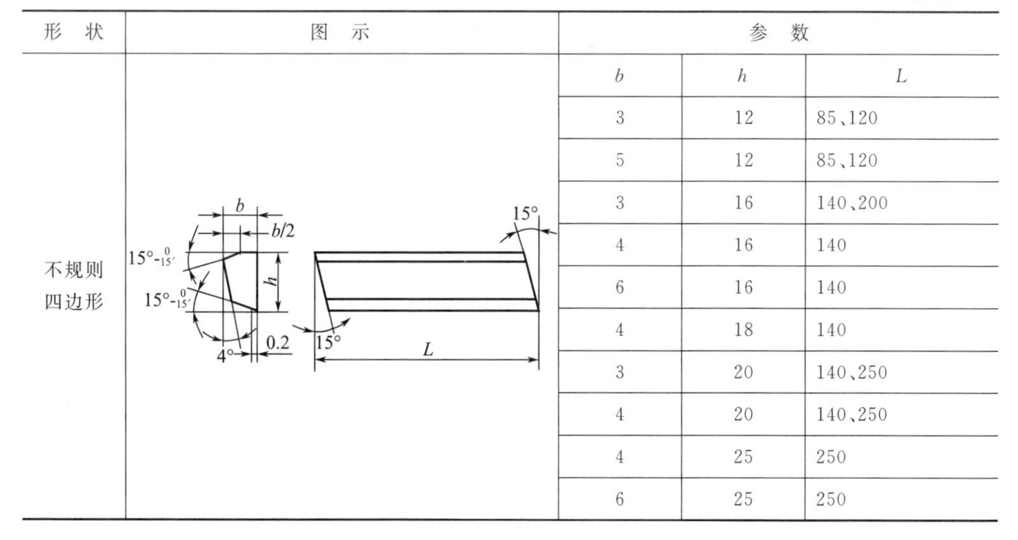

| 形　状 | 图　示 | 参　数 | | |
|---|---|---|---|---|
| | | $b$ | $h$ | $L$ |
| 不规则四边形 | | 3 | 12 | 85、120 |
| | | 5 | 12 | 85、120 |
| | | 3 | 16 | 140、200 |
| | | 4 | 16 | 140 |
| | | 6 | 16 | 140 |
| | | 4 | 18 | 140 |
| | | 3 | 20 | 140、250 |
| | | 4 | 20 | 140、250 |
| | | 4 | 25 | 250 |
| | | 6 | 25 | 250 |

常用高速钢的牌号及主要性能见表 1-8。

**表 1-8　常用高速钢的牌号及主要性能**

| 类型 | | 牌号 | 硬度(HRC) | | | 抗弯强度/GPa | 冲击韧性/$(MJ/m^2)$ |
|---|---|---|---|---|---|---|---|
| | | | 常温 | 500℃ | 600℃ | | |
| 普通高速钢 | | W18Cr4V | 63～66 | 56 | 48.5 | 3.0～3.4 | 0.18～0.32 |
| | | W6Mo5Cr4V | | 55～56 | 47～48 | 3.5～4.0 | 0.3～0.4 |
| | | W9Mo3Cr4V | | 59 | | 4.0～4.5 | 0.35～0.40 |
| 高性能高速钢 | 高钒 | W6Mo5Cr4V3 | 65～67 | | 51.7 | ～3.2 | ～0.25 |
| | | W12Cr4V4Mo | 66～67 | | 52 | ～3.2 | ～0.1 |
| | 含钴 | W2Mo9Cr4VCo8 | 67～69 | 60 | 55 | 2.7～3.8 | 0.23～0.3 |
| | | W6Mo5Cr4V2Co8 | 66～68 | | 54 | ～3.0 | ～0.3 |
| | 含铝 | W6Mo5Cr4V2Al | 67～69 | 60 | 55 | 2.9～3.9 | 0.23～0.3 |
| | | W10Mo4Cr4V3Al | | | 54 | 3.1～3.5 | 0.2～0.28 |

② 硬质合金　硬质合金是以钴为黏结剂，将高硬度难熔的金属物（WC、TiC、TaC、NbC 等）粉末用粉末冶金方法黏结制成的，如图 1-10 所示。硬质合金的常温硬度达 89～94HRA，热硬性温度高达 900～1000℃，耐磨性好，切削速度可比高速钢高 4～7 倍。但是，硬质合金的韧性差，承受冲击、振动能力差；刀刃不易磨得非常锐利，加工工艺性差。

a. 硬质合金的牌号、成分、主要性能。切削用硬质合金按其切屑排出形式和加工对象的范围可分为 3 个主要类别，分别以字母 K、P、M 表示。K 类硬质合金主要用于加工铸铁等脆性金属材料、有色金属及其合金；P 类硬质合金主要用于加工钢件等塑性金属材料；M 类硬质合金既可加工铸铁、有色金属，又可加工钢料，还可加工

图 1-10　硬质合金

高温合金、不锈钢等难加工材料。常用硬质合金的牌号、成分、主要性能见表 1-9。

**表 1-9　常用硬质合金的牌号、成分、主要性能**

| 种类 | 牌号 | 化学成分/% | | | | 物理力学性能 | | | | 密度/(g/cm³) |
|---|---|---|---|---|---|---|---|---|---|---|
| | | WC | TiC | TaC(NbC) | Co | 硬度(HRA) | 抗弯强度/GPa | 冲击韧性/(MJ/m²) | 热导率/[W/(m·K)] | |
| K 类(钨钴类) | YG3 | 97 | | | 3 | 91.0 | 1.20 | | 87.9 | 14.9～15.3 |
| | YG6 | 94 | | | 6 | 89.5 | 1.45 | 0.03 | 79.6 | 14.6～15.0 |
| | YG8 | 92 | | | 8 | 89.0 | 1.50 | | 75.4 | 14.5～14.9 |
| | YG3X | 97 | | <0.5 | 3 | 91.5 | 1.10 | | | 15.0～15.3 |
| | YG6X | 93.5 | | <0.5 | 6 | 91 | 1.4 | | 79.6 | 14.6～15.0 |
| P 类(钨钛钴类) | YT5 | 85 | 5 | | 10 | 89.5 | 1.40 | | 62.8 | 12.5～13.2 |
| | YT15 | 79 | 15 | | 6 | 91 | 1.15 | | 33.5 | 11.0～11.7 |
| | YT30 | 66 | 30 | | 4 | 92.5 | 0.90 | 0.003 | 20.9 | 9.35～9.70 |
| M 类[钨钛钽(铌)钴类] | YW1 | 84 | 6 | 4 | 6 | 92 | 1.20 | | | 12.6～13.5 |
| | YW2 | 82 | 6 | 4 | 8 | 91 | 1.35 | | | 12.4～13.5 |

注：牌号中，Y—硬质合金；G—钴(其后数字表示 Co 的百分含量)；T—碳化钛(其后数字表示 TiC 的百分含量)；W—通用型硬质合金；X—细晶粒。

图 1-11　镶硬质合金的麻花钻

为实现加工过程的优化，硬质合金系列牌号得到了拓展，出现了细颗粒和超细颗粒硬质合金（统称细颗粒硬质合金），使刀具的切削速度又有较大的提高，从而使通用刀具进入了高速切削领域。如图 1-11 所示的是镶硬质合金的麻花钻。

b. 硬质合金车刀代号的规定。硬质合金车刀代号由一组字母和数字代号组成，共六位号，分别代表车刀各项特征，见表 1-10。

**表 1-10 硬质合金车刀代号的规定**

| 号位 | 型号表示 | 表示特征 | 说明 |
|---|---|---|---|
| 1 | 06 | 车刀头部形式 | 见表 1-11 |
| 2 | R | 切削方向 | R——右切车刀<br>L——左切车刀 |
| 3 | 25 | 刀杆高度(mm) | 高、宽度用两位数来表示，不足两位数时应在该数前加“0”。圆刀杆用两位数表示直径 |
| 4 | 25 | 刀柄宽度(mm) | |
| 5 | — | 车刀长度符合标准 | 查阅相关资料 |
| 6 | P20 | 刀片用途分组代号 | K 类：适用于加工短切屑的黑色金属、有色金属及非金属材料。P 类：适用于加工长切屑的黑色金属。M 类：适用于加工长切屑或短切屑的黑色金属和有色金属(其形式与基本参数见表 1-12) |

**表 1-11 硬质合金车刀的形式代号**

| 代号 | 名称 | 车刀形式 | 代号 | 名称 | 车刀形式 |
|---|---|---|---|---|---|
| 01 | 70°外圆车刀 | 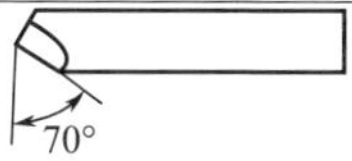 70° | 10 | 90°内孔车刀 | 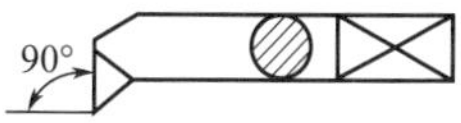 90° |
| 02 | 45°端面车刀 | 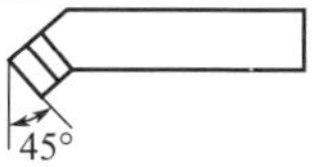 45° | 11 | 45°内孔车刀 | 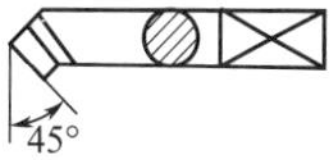 45° |
| 03 | 95°外圆车刀 | 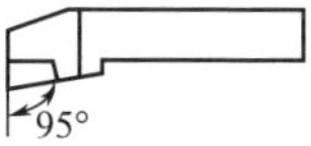 95° | 12 | 内螺纹车刀 | 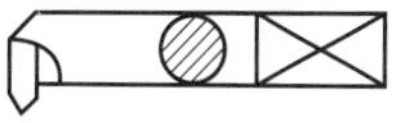 |
| 04 | 切槽刀 |  | 13 | 内孔切槽车刀 | 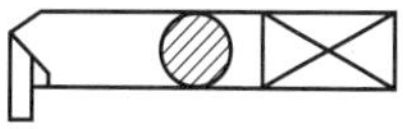 |
| 05 | 90°端面车刀 | 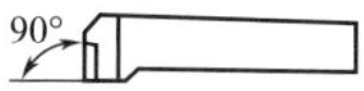 90° | 14 | 75°外圆车刀 | 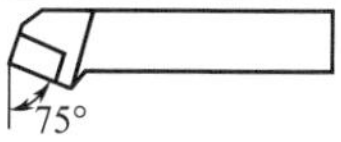 75° |
| 06 | 90°外圆车刀 | 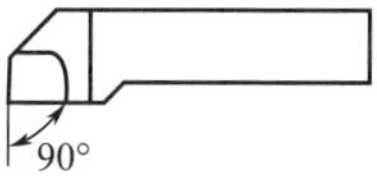 90° | 15 | B 型切断车刀 | 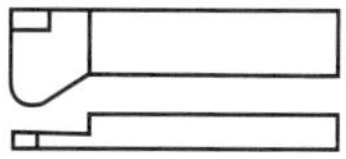 |
| 07 | A 型切断车刀 | 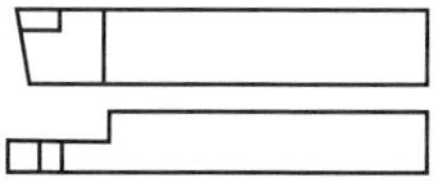 | 16 | 外螺纹车刀 | 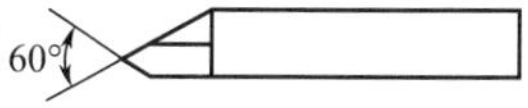 60° |
| 08 | 75°内孔车刀 | 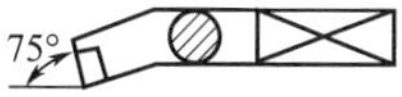 75° | 17 | 带轮车刀 | 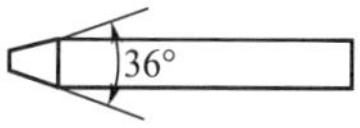 36° |
| 09 | 95°内孔车刀 | 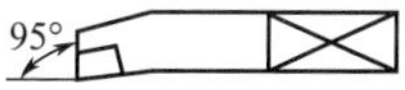 95° | | | |

表 1-12　硬质合金车刀刀片的形式与基本参数　　mm

| 形式 | 图示 | 基本参数 | | | | |
|---|---|---|---|---|---|---|
| | | 型号 | $l$ | $t$ | $S$ | $r$ |
| A 型 | | A5 | 5 | 3 | 2 | 2 |
| | | A6 | 6 | 4 | 2.5 | 2.5 |
| | | A8 | 8 | 5 | 3 | 3 |
| | | A10 | 10 | 6 | 4 | 4 |
| | | A12 | 12 | 8 | 5 | 5 |
| | | A16 | 16 | 10 | 6 | 6 |
| | | A20 | 20 | 12 | 7 | 7 |
| | | A25 | 25 | 14 | 8 | 8 |
| | | A32 | 32 | 18 | 10 | 10 |
| | | A40 | 40 | 22 | 12 | 12 |
| | | A50 | 50 | 25 | 14 | 14 |
| B 型 | | B5 | 5 | 3 | 2 | 2 |
| | | B6 | 6 | 4 | 2.5 | 2.5 |
| | | B8 | 8 | 5 | 3 | 3 |
| | | B10 | 10 | 6 | 4 | 4 |
| | | B12 | 12 | 8 | 5 | 5 |
| | | B16 | 16 | 10 | 6 | 6 |
| | | B20 | 20 | 12 | 7 | 7 |
| | | B25 | 25 | 14 | 8 | 8 |
| | | B32 | 32 | 18 | 10 | 10 |
| | | B40 | 40 | 22 | 12 | 12 |
| | | B50 | 50 | 25 | 14 | 14 |
| C 型 | | C5 | 5 | 3 | 2 | — |
| | | C6 | 6 | 4 | 2.5 | — |
| | | C8 | 8 | 5 | 3 | — |
| | | C10 | 10 | 6 | 4 | — |
| | | C12 | 12 | 8 | 5 | — |
| | | C16 | 16 | 10 | 6 | — |
| | | C20 | 20 | 12 | 7 | — |
| | | C25 | 25 | 14 | 8 | — |
| | | C32 | 32 | 18 | 10 | — |
| | | C40 | 40 | 22 | 12 | — |
| | | C50 | 50 | 25 | 14 | — |

续表

| 形式 | 图示 | 基本参数 | | | | |
|---|---|---|---|---|---|---|
| | | 型号 | $l$ | $t$ | $S$ | $r$ |
| D型 | | D3 | 3.5 | 8 | 3 | — |
| | | D4 | 4.5 | 10 | 4 | — |
| | | D5 | 5.5 | 12 | 5 | — |
| | | D6 | 6.5 | 14 | 6 | — |
| | | D8 | 8.5 | 16 | 8 | — |
| | | D10 | 10.5 | 18 | 10 | — |
| | | D12 | 12.5 | 20 | 12 | — |
| E型 | | E4 | 4 | 10 | 2.5 | — |
| | | E5 | 5 | 12 | 3 | — |
| | | E6 | 6 | 14 | 3.5 | — |
| | | E8 | 8 | 16 | 4 | — |
| | | E10 | 10 | 18 | 5 | — |
| | | E12 | 12 | 20 | 6 | — |
| | | E16 | 16 | 22 | 7 | — |
| | | E20 | 20 | 25 | 8 | — |
| | | E25 | 25 | 28 | 9 | — |
| | | E32 | 32 | 32 | 10 | — |

③ 涂层刀具　随着涂层技术的不断发展和提高，涂层高速钢刀具、涂层硬质合金刀具的应用覆盖了切削加工的大多数领域，可满足钢、铸铁、有色金属、不锈钢等各种材料的高速切削、干式切削和硬切削加工的要求。如图1-12所示为涂层硬质合金。

图1-12　涂层硬质合金

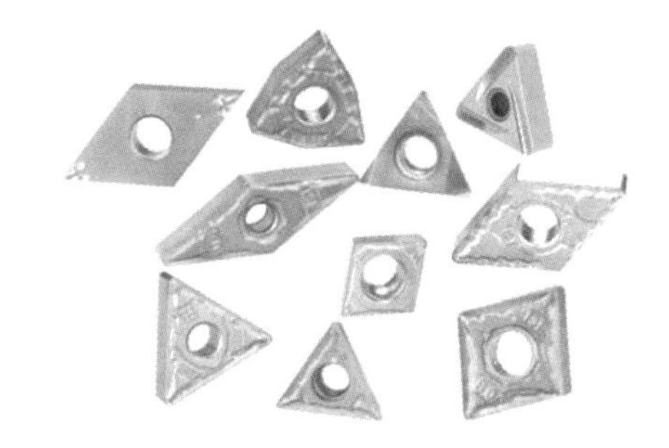

图1-13　陶瓷刀片

④ 陶瓷刀具　是以氧化铝（$Al_2O_3$）或氮化硅（$Si_3N_4$）为基体，再添加少量金属，在高温下烧结而成的一种刀具材料。陶瓷刀片如图1-13所示。它具有高硬度、高耐磨性、高耐热性和高的化学稳定性，但是强度和韧性差，为硬质合金的

1/2，因而易崩刃。陶瓷刀具材料的种类、制造工艺、性能和应用见表 1-13。

**表 1-13 陶瓷刀具材料的种类、制造工艺、性能和应用**

| 种 类 | 制造工艺 | 性 能 | 应 用 |
| --- | --- | --- | --- |
| 氧化铝基陶瓷 | 将一定量的碳化物(常用 TiC)添加到 $Al_2O_3$ 中，并采用热压工艺制成 | TiC 的质量分数达 30%左右时即可有效提高陶瓷的密度、强度和韧度,改善耐磨性与抗热振性,使刀片不易破损 | 加工高强度的调质钢、镍基或钴基合金与非金属材料 |
| 氮化硅基陶瓷 | 将硅粉经氮化、球磨后，添加助烧剂,置于模腔内热压烧结而成 | 硬度达 1800～1900HV,耐磨性好,其最大的特点是能进行高速切削,切削速度可提高到 500～600m/min | 精车和半精车灰铸铁、球墨铸铁和可锻铸铁等材料,还可车削 51～54HRC 镍基合金、高锰钢等难加工材料 |

⑤ 超硬材料　这种刀具材料有金刚石、立方氮化硼等。它们具有很高的硬度和耐磨性、导热性等，可用于制造高速切削刀具。通常将超硬材料焊接在硬质合金刀片的一角而形成超硬刀具，如图 1-14 所示。

图 1-14　超硬刀具

金刚石可在高温、高压下由石墨转化而成，是目前人工能够制造出的最坚硬的物质，可用于加工硬质合金、陶瓷等硬度达 65～70HRC 的材料和高硬度的非金属材料以及有色金属。但是，金刚石的热稳定性差，切削温度不能超过 750℃，只适宜微量切削；由于它与铁元素具有强烈的化学亲和力，因此不能用于钢材的加工。

立方氮化硼（CBN）是一种人工合成的新型刀具材料，由六方氮化硼（白石墨）在高温、高压下加入催化剂转化而成。立方氮化硼刀具可用于高温合金、冷硬铸铁、淬硬钢等难加工材料的加工。

### 1.2.3　车刀几何角度

#### (1) 定义和测量刀具角度的参考系

刀具几何角度是确定刀具切削部分几何形状与切削性能的重要参数。用于定义和测量刀具角度的基准坐标平面称为参考系。参考系分标注参考系（静态参考系）和工件参考系（动态参考系）两类。标注参考系是刀具设计、制造、刃磨和测量的基准；工作参考系是确定工作状态下刀具角度的基准。标注参考系有：正交平面参考系、法平面参考系、进给平面参考系和切深平面参考系。最常用的是正交平面参考系，它由基面 $P_r$、切削平面 $P_s$ 和正交平面 $P_o$ 组成，见表 1-14。

表 1-14 正交平面参考系

| 组成平面 | 符 号 | 定 义 | 图 示 |
| --- | --- | --- | --- |
| 基面 | $P_r$ | 通过主切削刃上的任一点，并垂直于该切削速度方向的平面 | 切削刃选定点 基面$P_r$ |
| 切削平面 | $P_s$ | 通过刀刃上的任一点，切入工件过渡表面并垂直于基面的平面 | 基面$P_r$ 切削平面$P_s$ |
| 正交平面 | $P_o$ | 通过主切削刃上某一选定点，同时垂直于基面和切削平面的平面，也叫主剖面和主截面 | 基面$P_r$ 切削平面$P_s$ 正交平面$P_o$ |

如果切削刃选定点在副切削刃上，则所定义的是副切削刃标注参考系的坐标平面，应在相应的符号右上角加标“′”以示区别，并在坐标面名称前标明“副切削刃”（简称副刃）。如图 1-15 所示。

**（2）车刀切削部分的几何角度**

车刀切削部分共有 6 个独立的基本角度，即主偏角、副偏角、前角、主后角、副后角和刃倾角；还有两个派生角度，即刀尖角和楔角。如图 1-16 所示。

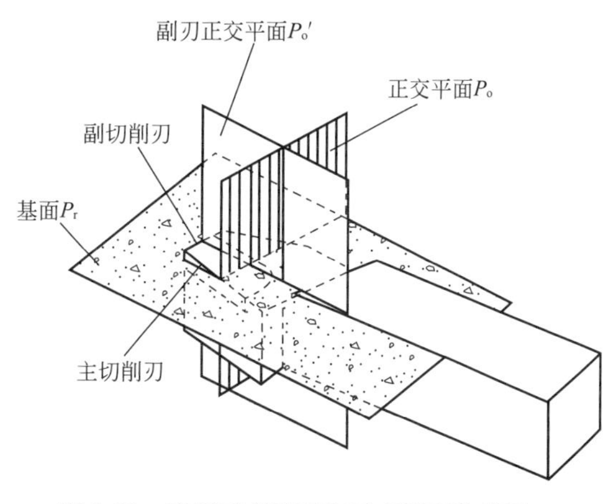


图 1-15 副刃正交平面与正交平面和基面

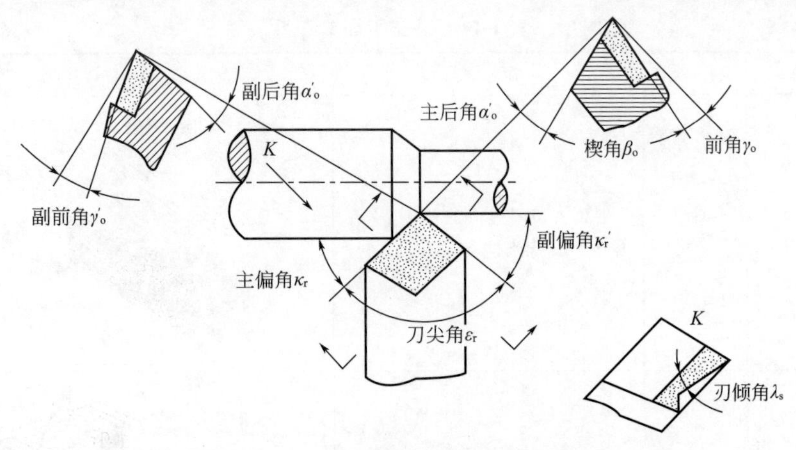


图 1-16　车刀切削部分的主要几何角度

车刀切削部分几何角度的定义、作用与初步选择见表 1-15。车刀刃倾角的正负值规定见表 1-16。

**表 1-15　车刀切削部分几何角度的定义、作用与初步选择**

| 名　称 | | 代号 | 定　义 | 作　用 | 初步选择 |
|---|---|---|---|---|---|
| 主要角度 | 主偏角 | $\kappa_r$ | 主切削刃在基面上的投影与进给运动方向之间的夹角。常用车刀主偏角有 45°、75°、90°等 | 改变主切削刃的受力、导热能力，影响切屑的厚度 | 刚性差应选用大的主偏角，反之，则选用较小的主偏角 |
| | 副偏角 | $\kappa'_r$ | 副切削刃在基面上的投影与背离进给运动方向之间的夹角 | 减少副切削刃与工件已加工表面的摩擦，影响工件表面质量及车刀强度 | 粗车时副偏角选得稍大些，精车时副偏角选得稍小些。一般情况下副偏角取 6°～8° |
| | 前角 | $\gamma_o$ | 前刀面与基面间的夹角 | 影响刃口的锋利程度和强度，影响切削变形和切削力 | ① 车塑性材料或硬度较低的材料，可取较大的前角；车脆性材料或硬度较高的材料则取较小的前角<br>② 粗加工时取较小的前角，精加工时取较大的前角<br>③ 车刀材料的强度、韧性较差时，前角应取较小值，反之可取较大值 |
| | 主后角 | $\alpha_o$ | 主后刀面与主切削平面间的夹角 | 减少车刀主后面与工件过渡表面间的摩擦 | 车刀后角一般选择 $\alpha_o=4°\sim12°$ |
| | 副后角 | $\alpha'_o$ | 副后面与副切削平面间的夹角 | 减少车刀副后面与工件已加工表面的摩擦 | 副后角一般磨成与主后角大小相等 |
| | 刃倾角 | $\lambda_s$ | 主切削刃与基面间的夹角 | 控制排屑方向 | 见表 1-16 中的适应场合 |

续表

| 名称 | | 代号 | 定义 | 作用 | 初步选择 |
|---|---|---|---|---|---|
| 派生角度 | 刀尖角 | $\varepsilon_r$ | 主、副切削刃在基面上的投影间的夹角 | 影响刀尖强度和散热性能 | 用下式计算：<br>$\varepsilon_r=180°-(\kappa_r+\kappa'_r)$ |
| | 楔角 | $\beta_o$ | 前面与后面间的夹角 | 影响刀头截面的大小，从而影响刀头的强度 | 用下式计算：<br>$\beta_o=90°-(\gamma_o+\alpha_o)$ |

**表 1-16 车刀刃倾角的正负值规定**

| 内容 | 说明与图示 | | |
|---|---|---|---|
| | 正值 | 零度 | 负值 |
| 正负值规定 | 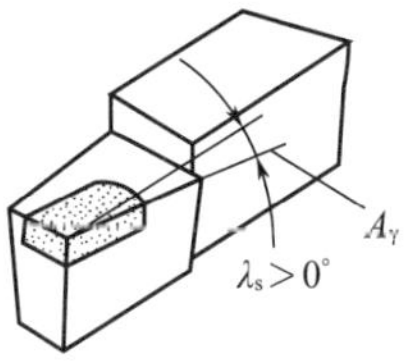 $A_\gamma$<br>$\lambda_s>0°$ | 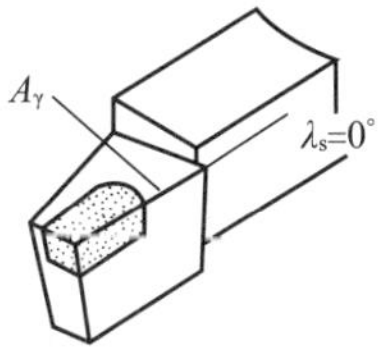 $A_\gamma$<br>$\lambda_s=0°$ | 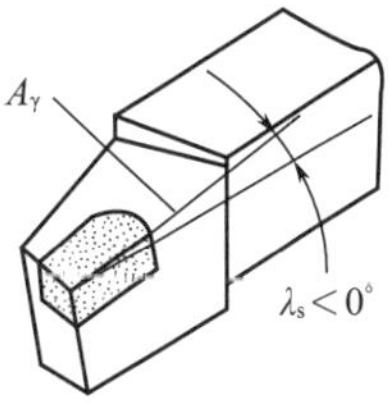 $A_\gamma$<br>$\lambda_s<0°$ |
| | 刀尖位于主切削刃最高点 | 和主切削刃等高（在同一平面） | 刀尖位于主切削刃最低点 |
| 排屑情况 | 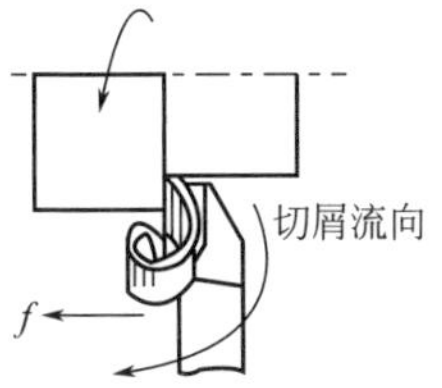 切屑流向<br>$f$ | 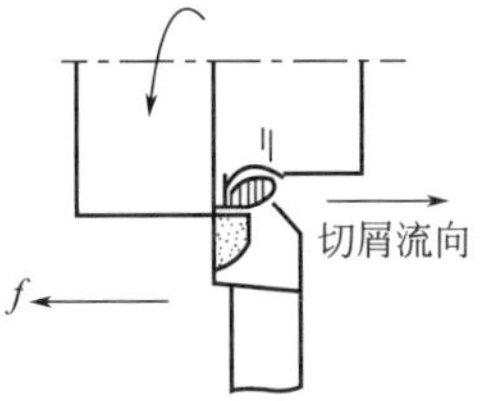 切屑流向<br>$f$ | 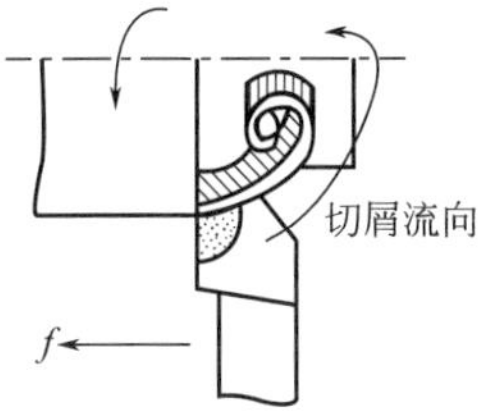 切屑流向<br>$f$ |
| | 切屑向待加工表面方向排出 | 切屑向垂直于主切削刃方向排出 | 切屑向已加工表面方向排出 |
| 刀头受力点位置 | 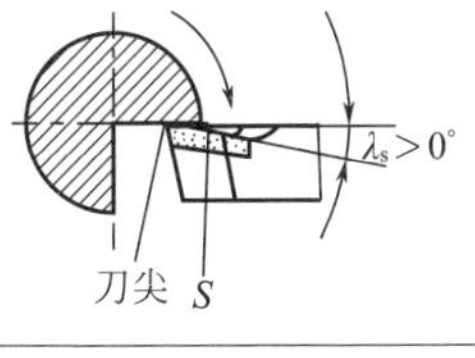 $\lambda_s>0°$<br>刀尖 $S$ | 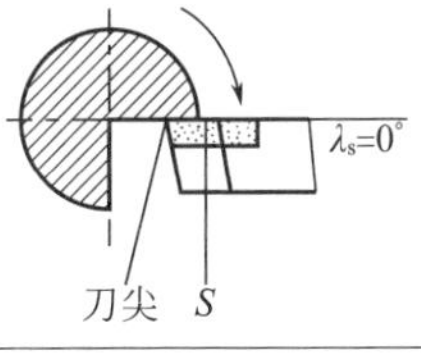 $\lambda_s=0°$<br>刀尖 $S$ | 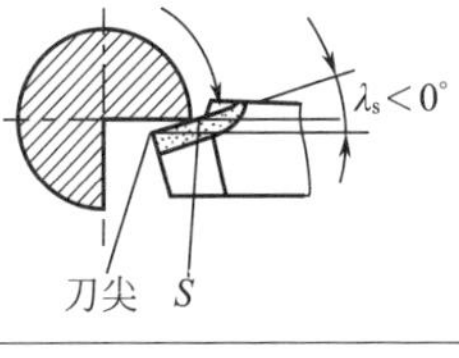 $\lambda_s<0°$<br>刀尖 $S$ |
| | 刀尖强度较差，车削时冲击点先接触刀尖，刀尖易损坏 | 刀尖强度一般，冲击点同时接触刀尖和切削刃 | 刀尖强度较高，车削时冲击点先接触远离刀尖的切削刃处，从而保护了刀尖 |
| 适用场合 | 精车时，应取正值，一般为0°～8° | 工件圆整、余量均匀的一般车削时，应取0值 | 断续切削时，为了增加刀头强度应取负值，一般为−15°～−5° |

**(3) 车刀工作角度与其对切削的影响**

① 工作角度形成的原因　刀具标注角度通常用于衡量刀具刃磨的好坏，是在

假定运动条件和假定安装条件下确定的，也就是说，这一角度并没有考虑刀具实际安装情况的影响和进给运动的影响。

实际上，刀具安装位置、进给运动的变化，都会引起刀具工作角度的变化，使之与刀具标注角度不相同。在某些情况下，刀具工作角度的变化会影响正常的切削加工，造成干涉、甚至不能进行切削。如图 1-17 所示的 3 把刀具标注角度完全相同，但由于合成切削运动方向 $v_e$ 的不同，后刀面与加工表面之间的相对位置关系有很大的不同。图 1-17（a）中后刀面与工件已加工表面之间的相对位置关系较为合适；图 1-17（b）中的后刀面与工件已加工表面完全接触，摩擦严重；图 1-17（c）中的后刀面与切削表面发生干涉，切削无法进行。

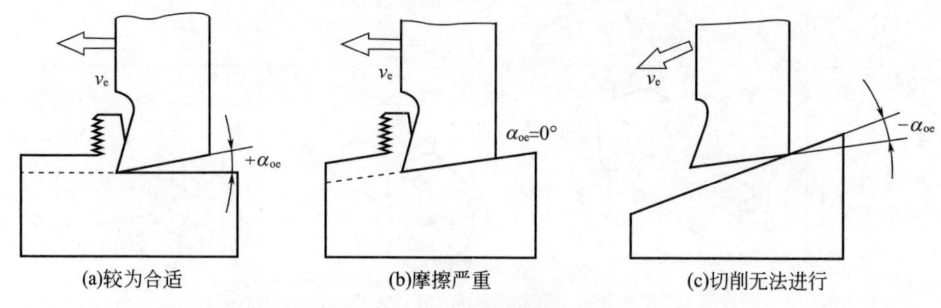

(a)较为合适　(b)摩擦严重　(c)切削无法进行

图 1-17　刀具工作角度示意

② 工作参考系与静态参考系的区别　以切削过程中和刀具与工件的实际相对位置和相对运动为基础建立的参考系称为工作参考系。用工作参考系定义的刀具角度称为工作角度。

工作参考系（即动态参考系）与静态参考系（即标注参考系）的区别为：

a. 用合成切削运动 $v_e$ 代替假定主运动 $v$。

b. 用刀具实际安装条件代替假定安装条件。

③ 车刀安装对角度的影响　车刀安装的位置对车刀角度的影响很大，具体情况见表 1-17。

表 1-17　车刀安装对角度的影响

| 工作方式 | 安装情况 | | 影响角度 | 图示 | 影响情况 |
|---|---|---|---|---|---|
| 车外圆 | 高低 | 正常 | 前、后角 | $\gamma_o$、$\alpha_o$ | 无影响 |
| | | 高于中心 | | $h$、$\tau$、$\gamma_o$、$\gamma_{o工}$、$\alpha_{o工}$、$\alpha_o$ | 车刀工作后角减小，工作前角增大，车刀后刀面与工件之间的摩擦增大 |

续表

| 工作方式 | 安装情况 | | 影响角度 | 图示 | 影响情况 |
|---|---|---|---|---|---|
| 车外圆 | 高低 | 低于中心 | 前、后角 | 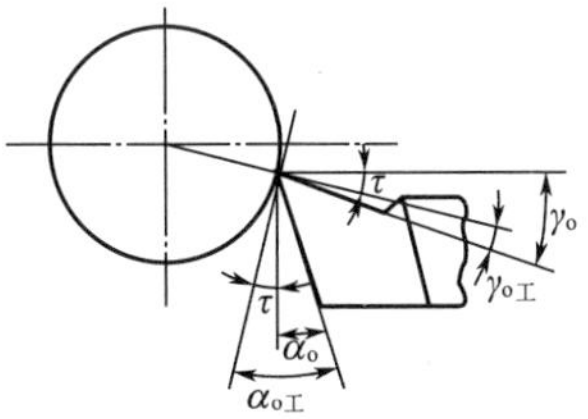 | 车刀工作后角增大，工作前角减小，切削阻力增大 |
| | 歪斜 | 正常 | 主、副偏角 | 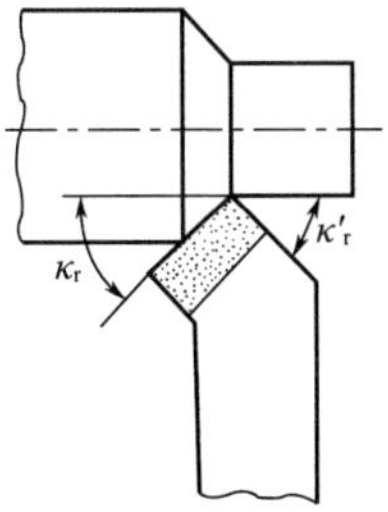 | 无影响 |
| | | 向右歪斜 | | 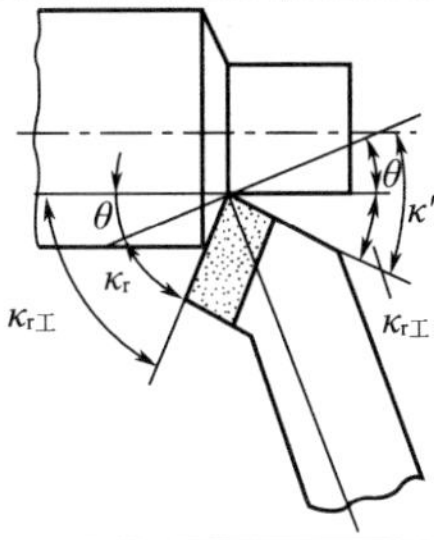 | 向左歪斜，主偏角增大，副偏角减小 |
| | | 向左歪斜 | | 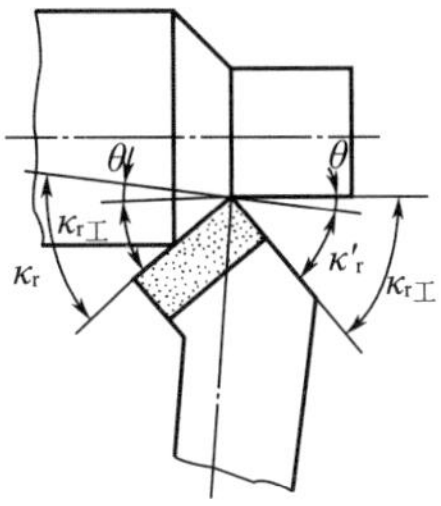 | 向右歪斜，主偏角减小，副偏角增大 |

④ 进给运动对工作角度的影响　车削时，主运动和进给运动合成的运动为合成切削运动。切削刃上选定点相对于工件的瞬时合成切削运动速度称为合成切削速度 $v_e$。车削外圆时的合成切削运动如图 1-18 所示。主运动方向与合成运动方向之间的夹角称为合成切削速度角，用 $\eta$ 表示。

以切断为例，由图 1-19 所示可知，非工作状态（车刀不进给）下，切削速度与切削平面共面，车刀的前角 $\gamma_o$ 和后角 $\alpha_o$ 为刀具标注角度。在工作状态（车刀做进给运动）下，由于进给运动的影响，切削刃选取定点相对于工件的运动轨迹为阿基米德螺旋线，则某一瞬时的工作平面 $P_{se}$ 为通过切削刃并切于螺旋线的平面，工作基面 $P_{re}$ 与工作切削平面 $P_{se}$ 垂直。

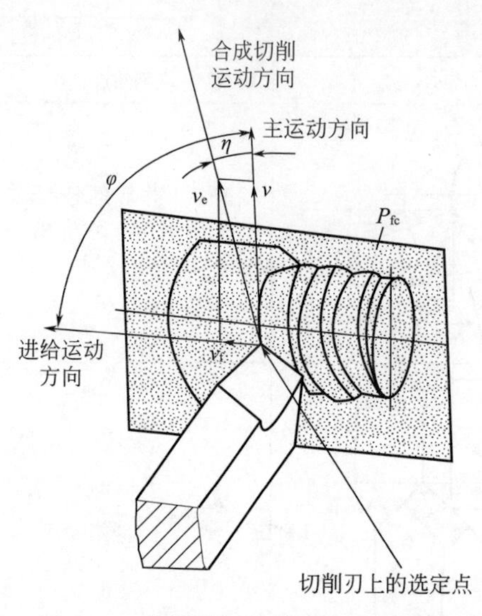


图 1-18　车削外圆时的合成切削运动

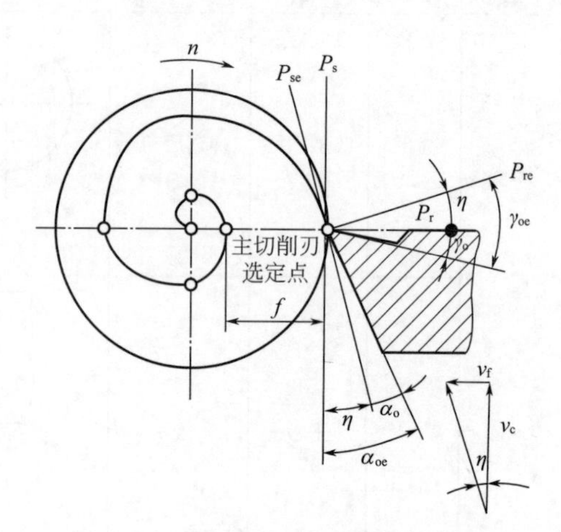


图 1-19　进给运动对工作角度的影响

工作角度与刃磨角度的关系有

$$\alpha_{oe}=\alpha_o-\eta$$
$$\gamma_{oe}=\gamma_o+\eta$$

式中　$\alpha_{oe}$——工作后角；

$\gamma_{oe}$——工作前角。

从上式可知，刃磨角度和工作角度与合成切削速度角 $\eta$ 有关。在实际的切断过程中，工件转速 $n$ 和进给速度 $v_f$ 不变，由于工件直径 $d$ 在不断减小，使切削速度 $v$ 不断减小，合成切削速度 $v_e$ 也不断减小，$\eta$ 值不断增大，当快要切断时，$d$ 值很小，$\eta$ 值急剧增大，使工作后角很小，甚至变为负值，常出现把工件挤断的现象。

一般地，车削进给运动速度很小，工作角度与标注角度相差极小，所以常常忽略其影响。但在车削导程较大的螺纹时，由于 $\eta$ 角较大，引起车刀的前、后角变化较大，此时需要用上式对刀具进行计算，以确定合理的刀具刃磨角度。

⑤ 工件形状对车刀几何角度的影响　当工件不是圆形时（如车凸轮），由于加工时车刀切削平面会发生变化，因此车刀前角和后角也会随之改变，如图 1-20 所示。

### 1.2.4　刀具磨损与耐用度

#### (1) 刀具磨损

刀具在切削过程中将逐渐磨损，随着磨损的增大，会引起切削力增大，切削温度上升，切屑颜色改变，噪声增大，工件表面质量下降等不良现象。

① 刀具的磨损形式　刀具的磨损主要是刀面的磨损，刀具的磨损形式见表 1-18。

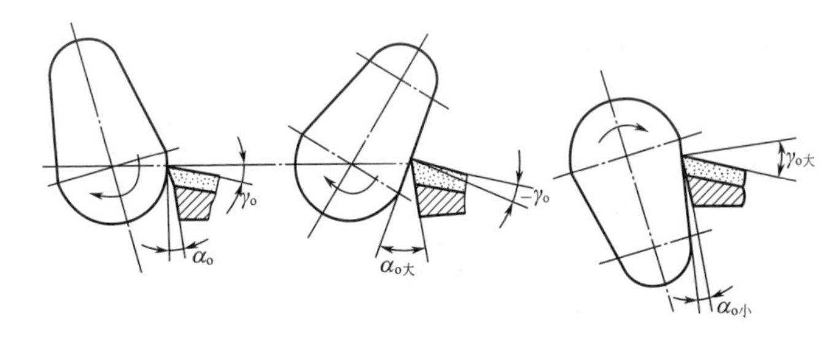


图 1-20 工件形状对车刀角度的影响

**表 1-18 刀具的磨损形式**

| 磨损形式 | 图 示 | 说 明 | 原 因 |
|---|---|---|---|
| 前刀面磨损 | | 在高温、高压条件下，切屑在流出过程中与前刀面发生摩擦造成前刀面磨损，其形似月牙洼。当月牙洼逐渐变宽变浅并向刀刃延伸时，便会产生崩刃 | 切削塑性金属；切削速度高；切削厚度较大 |
| 后刀面磨损 | | 主要发生在与切削刃毗邻的后刀面上。后刀面磨损后，后角被磨损至零度时的棱面高度的平均值 | 切削脆性金属；切削速度低；切削厚度较小 |
| 前、后刀面磨损 | | 这是兼有前、后刀面同时磨损的一种情况 | 在切削塑性金属时经常会发生 |

② 刀具磨损的原因　刀具磨损的原因主要有磨粒磨损、相变磨损、黏结磨损和扩散磨损，见表 1-19。

**表 1-19 刀具磨损的原因**

| 磨损原因 | 说 明 |
|---|---|
| 磨粒磨损 | 工件材料中存在氧化物、碳化物和氮化物等硬质点，铸、锻造件存在着硬夹杂物，切屑、加工表面上黏附着积屑瘤碎屑，这些硬质点在切削时如同“磨粒”，对刀具表面产生磨损和刻划，致使刀具磨损。这主要是由于刀具材料的硬度差所造成的一种机械擦伤，因此也叫机械擦伤磨损 |
| 相变磨损 | 由于切削温度的升高，刀具材料的金相组织转变，致使硬度和耐磨性下降所造成的刀具磨损。高速钢刀具的相变温度为 550～600℃，因此，相变磨损是造成高速钢刀具急剧磨损的主要原因 |

续表

| 磨损原因 | 说　明 |
| --- | --- |
| 黏结磨损 | 也称为冷焊磨损。切削时,切屑与前刀面、工件与后刀面在较大的压力下和适当的切削温度作用下,会产生分子材料之间的吸附作用,使刀具表面局部强度较低的微粒被切屑或工件带走所造成的刀具磨损 |
| 扩散磨损 | 在高温切削时,刀具与工件之间的合金元素相互扩散置换,改变了材料原来的成分与结构,使刀具的物力学性能降低,从而加剧了刀具的磨损。如在800℃以上时,硬质合金中有Ti、Co、W、C等扩散至切屑底层,切屑底层中的Fe元素扩散至硬质合金的表层,使其表层组织脆化,加速磨损 |

在磨损原因中，黏结磨损程度主要取决于刀具材料和工件材料的相互黏结性、切削温度和切削力（如YT类硬质合金切削钢料时的黏结温度高，因此不易发生黏结磨损，而高速钢则容易发生黏结磨损），通过控制切削温度、改善刀具表面粗糙度和润滑条件可减轻黏结磨损。扩散磨损主要与切削温度、刀具材料的化学成分有关，例如，Ti的扩散速度要比C、Co、W慢得多，因此P类硬质合金比K类硬质合金耐磨损。

在切削加工中，由于工件材料、刀具材料和切削条件不同，所以引起磨损的原因和磨损程度也不一样。从刀具磨损的原因分析可知，影响刀具磨损的主要原因是切削温度和机械摩擦。其中切削温度对刀具磨损具有决定性的影响，因此控制切削温度是减少刀具磨损的重要途径。

③ 刀具磨损过程　如图1-21所示，刀具磨损的过程分为3个阶段。

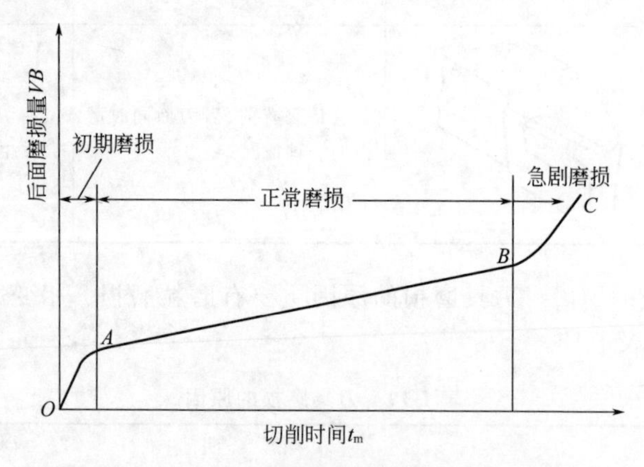


图1-21　刀具磨损过程曲线

a. 初期磨损阶段。初期磨损指的是新刃磨刀具刀面的表面粗糙度较大，以及微观裂纹、氧化或脱碳层等缺陷。这一阶段的时间较短，磨损较快，通常磨损量为0.05～0.10mm，磨损量的大小与刃磨的质量有关。

b. 正常磨损阶段。经过初磨损期后，刀具的粗糙度表面逐渐磨平而进入正常磨损阶段。这个阶段的磨损较为缓慢和均匀，磨损量随切削时间的增长而成比例增加。它是刀具的有效工作阶段，刀具的使用不应超出这一阶段。

c. 急剧磨损阶段。当磨损量增加至一定限度后，切削力急剧增大，切削温度迅速升高，磨损量大幅度增大，致使刀具切削性能急剧下降，以致失去切削能力，出现刀具烧坏或是崩刃等不良现象。

④ 刀具的磨钝标准　刀具的磨钝标准也就是判断刀具磨损的依据，它是指刀具允许磨损的量值。刀具磨损值达到了规定的磨钝标准时就应该重新刃磨刀具或是更换刀具，否则会影响工件加工质量，并加快刀具的磨损，从而减少刀具重磨次数，增加重磨难度，缩短刀具使用寿命。

通常以刀具后刀面磨损带中间部分的平均磨损量允许达到的最大值作为刀具磨钝标准，以 $VB$ 表示，如图 1-22 所示。

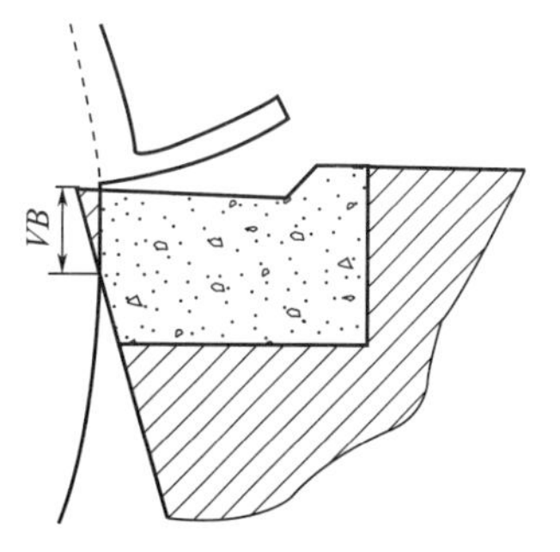


图 1-22　刀具磨钝标准

硬质合金车刀的磨钝标准推荐值见表 1-20。

**表 1-20　硬质合金车刀的磨钝标准 *VB***　mm

| 加工条件 | 后刀面的磨钝标准 $VB$ |
| --- | --- |
| 精车 | 0.1～0.3 |
| 粗车合金钢、粗车刚性差的工件 | 0.4～0.5 |
| 粗车碳素钢 | 0.6～0.8 |
| 粗车铸铁件 | 0.8～1.2 |
| 钢及铸铁大件的低速粗车 | 1.0～1.5 |

在实际生产中，较少用磨钝标准值 $VB$ 去判断刀具的磨损情况，而是凭感观去判断（如观察工件已加工表面的粗糙度变化、切屑颜色的变化、切屑形态的变化，听噪声的大小，感觉切削时产生的振动等）。

**（2）影响刀具耐用度的因素**

影响刀具磨损的因素也就是影响刀具耐用度的因素，此外，磨损限度的大小也影响刀具耐用度。

① 切削用量方面　增大切削用量，会使切削温度升高。切削用量中，对刀具耐用度影响最大的是切削速度 $v$，进给量 $f$ 和背吃刀量 $a_p$ 对刀具的影响要小得多。其中背吃刀量的影响又比进给量 $f$ 的影响小得多。因此，要提高切削效率，应先增大背吃刀量，而不能盲目地追求切削速度的提升。图 1-23 所示为车削不锈钢时的切削速度和刀具耐用度的关系。

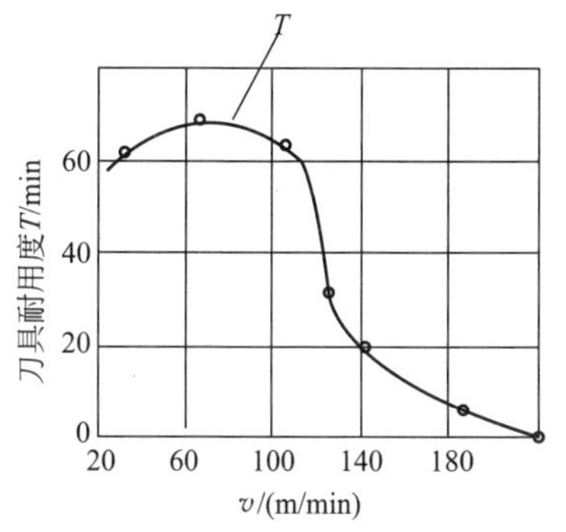


图 1-23　切削速度与刀具耐用度的关系

从图中曲线可看出，在一定切削速度范围

内，刀具耐用度最大。增大或减小切削速度，都将降低刀具耐用度。

② 工件材料方面　工件材料的强度、硬度越高，导热性能就越差，切削温度越容易升高，则刀具耐用度相对越低。

③ 刀具材料方面　刀具材料是影响刀具耐用度的重要因素。合理选用刀具材料，应用新型材料，是提高刀具耐用度的有效途径。通常情况下，刀具材料的耐热性越高，其刀具耐用度就越大。图 1-24 所示为在相同切削条件下，切削合金钢时用高速钢、硬质合金、陶瓷 3 种刀具材料的 $v$-T 曲线的比较。

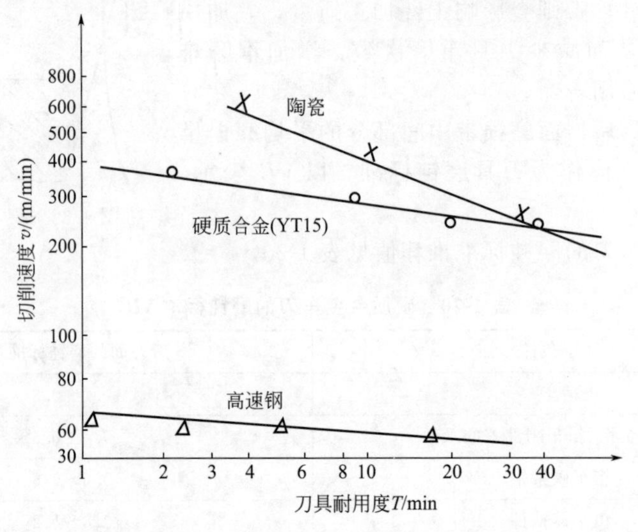


图 1-24　刀具材料对刀具耐用度的影响

④ 刀具合理几何参数方面　合理选用刀具几何参数能明显提高刀具耐用度。实际生产中常用刀具耐用度来衡量刀具几何参数的合理性。

如：前角增大，切削变形减小，切削力减小，摩擦力减小，切削温度降低，刀具耐用度提高（但前角过大，会使散热条件变差，易引起刀具破损，从而使刀具耐用度下降）；减小主偏角、副偏角和刀尖圆弧半径，能提高刀尖强度和降低切削温度，从而提高刀具耐用度。

# 第2章 车刀的使用

## 2.1 轴类用车刀

### 2.1.1 轴类用车刀的种类

(1) 加工不同精度的车刀

车削的阶段不同，对所用车刀的要求也不同。因为车削轴类工件一般可分为粗车和精车两个阶段，所以有粗车刀和精车刀之分。粗车阶段的特点是吃刀深和进给快，因此粗车刀要有足够的强度，能在一次进给中车去较多的余量。而精车阶段时，余量较少，因此要求车刀锋利，切削刃平直光洁，以获得较小的表面粗糙度。

① 典型粗车刀的几何结构　图 2-1 所示的是两把典型的粗车刀的几何结构。

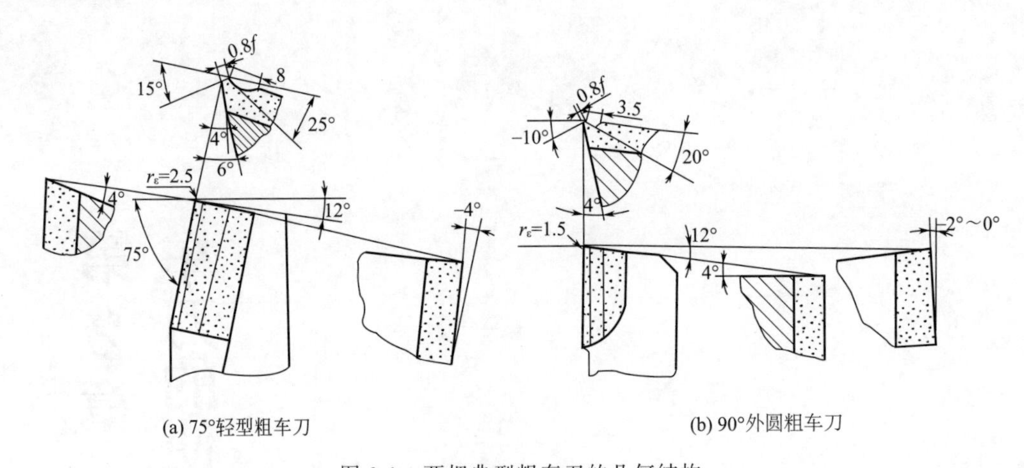


图 2-1　两把典型粗车刀的几何结构

这种粗车刀是通过刃磨出较大的前角来实现粗加工性能的，为保证其加工的稳定性，要通过刃磨以下几何参数来实现。

a. 刃磨负倒棱。

b. 前刀面磨出断屑槽，并采用曲面形前刀面。

c. 磨出较小的后角。

d. 采用负值的刃倾角。

e. 刀尖修磨成圆弧过渡刃。

② 精车刀　现阶段，企业刃磨的精车刀有低速精车刀和高速精车刀两类。

低速精车刀的材料一般为高速钢，加工时切削速度较低，一般 $v_c$=2m/min 左右，并需加润滑液。低速精车刀有直刃、圆弧刃、宽刃等几种结构形式，见表 2-1。

表 2-1　低速精车刀的结构与应用

| 结构形式 | 图　示 | 说　明 |
| --- | --- | --- |
| 直刃低速精车刀 | 修光刃 30° 12° 30° | 车刀的主偏角 $\kappa_r=30°$，副偏角 $\kappa'_r=0°$，即将副切削刃刃磨成修光刃。它主要是在中小型车床上进行低速精车 |
| 圆弧刃低速精车刀 | $\alpha_o$ $\gamma_o$ | 车刀装于刀柄上使用，用于精车外圆和台阶处的圆弧 |
| 宽刃低速精车刀 | 刃宽 $\alpha_o$ $\gamma_o$ 刃宽 $\gamma_o+\alpha_o$ | 主要用于大型车床上精车外圆，它不能采用纵向进给，而是采用分段车削。常用刃宽有100mm、200mm、400mm 等 |

高速精车刀如图 2-2 所示，它具有普遍性，用于外圆、端面精车。车削时，$a_p=0.05\sim0.1$mm；$f=0.08\sim0.1$mm/r；$v_c=60\sim80$m/min。

③ 车刀几何参数的选择　粗车刀几何参数的一般选择原则如下。

a. 主偏角不宜太小，否则车削时容易引起振动。当工件外圆形状许可时，主偏角最好选择 75°左右，这样车刀不但能承受较大的切削力，而且有利于切削刃散热。

b. 为了增加刀头强度，前角 $\gamma_o$ 和后角 $\alpha_o$ 应选小些。但要注意，前角太小反而会增大切削力。

c. 为增加切削刃的强度，主切削刃上应磨有倒棱。倒棱宽度为 $b_{\gamma1}=(0.5\sim0.8)f$，倒棱前角 $\gamma_{o1}=-10°\sim-5°$，如图 2-3 所示。

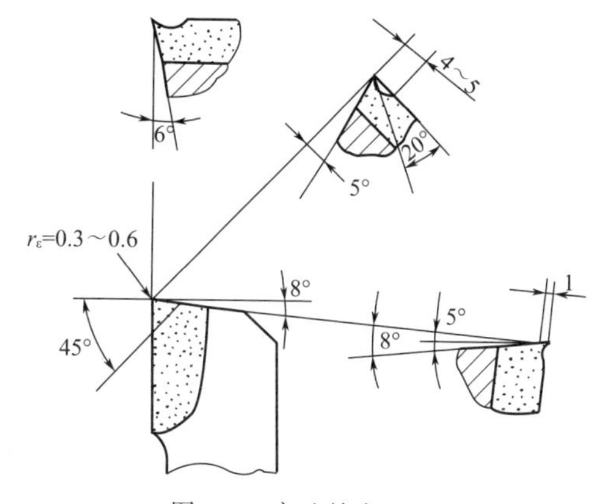

图 2-2　高速精车刀

d. 为了增加刀尖强度，改善散热条件，使车刀耐用，刀尖处应磨有过渡刃。采用直线形过渡刃时，其过渡刃偏角 $\kappa_{r\varepsilon}=1/2\kappa_r$，过渡刃长度 $b_\varepsilon=0.5\sim2$mm，如图 2-4 所示。

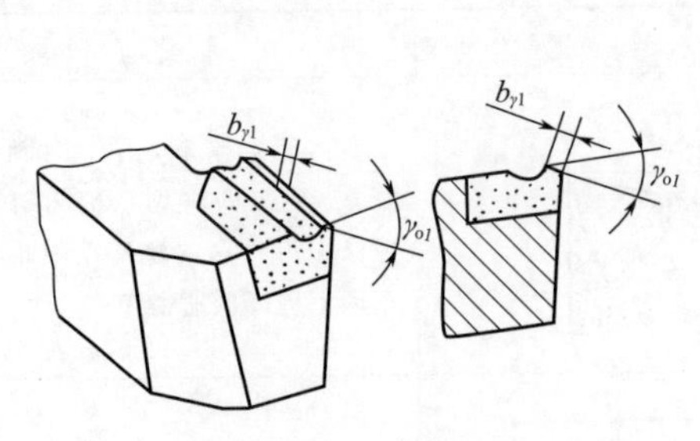


图 2-3　倒棱

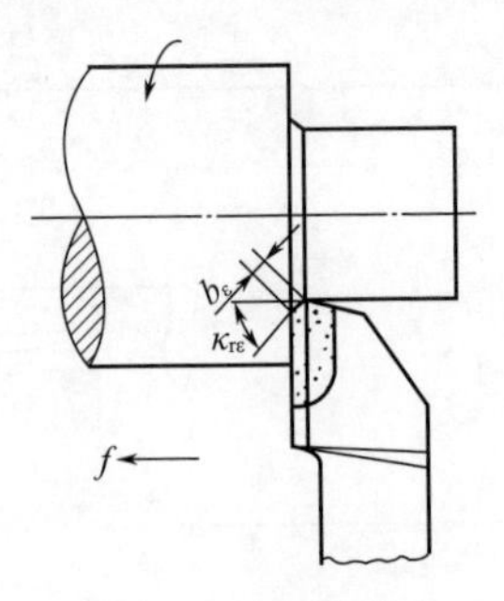


图 2-4　过渡刃偏角

e. 粗车塑性金属（如中碳钢）时，为使切屑能自行折断，应在车刀前面上磨有断屑槽。

精车刀几何参数的一般选择原则如下。

a. 为了减小工件表面粗糙度值，应取较小的副偏角 $\kappa'_r$ 或在副切削刃上磨出修光刃。一般修光刃的长度 $b'_\varepsilon=(1.2\sim1.5)f$。

b. 前角 $\gamma_o$ 一般应大些，以使车刀锋利，车削轻快。

c. 后角 $\alpha_o$ 也应大些，以减少车刀和工件之间的摩擦。精车时对车刀强度的要求不高，允许取较大的后角。

d. 为了使切屑排向工件的待加工表面，应选用正值的刃倾角（一般取 $\lambda_s=3°\sim8°$）。

e. 精车塑性金属时，为保证排屑顺利，前面应磨出相应宽度的断屑槽。

**（2）加工不同结构要素的车刀**

① 车刀的分类和判别　轴类用车刀的主偏角有 45°、75°和 90°等，按进给方向分为左、右两种。车刀按其进给方向的分类和判别，见表 2-2。

**表 2-2　按车刀进给方向的分类和判别**

| 车刀类型 | 图示 | |
|---|---|---|
| | 右车刀 | 左车刀 |
| 45°车刀 | 45°　45° | 45°　45° |
| 75°车刀 | 75°　8° | 8°　75° |

续表

| 车刀类型 | 图示 | |
|---|---|---|
| | 右车刀 | 左车刀 |
| 90°车刀 | | |
| 说明 | 右车刀的主切削刃在刀柄左侧，由车床的右侧向左侧纵向进给 | 左车刀的主切削刃在刀柄右侧，由车床的左侧向右侧纵向进给 |
| 左右手判别法 | 将平摊的右手手心向下放在刀柄的上面，如果主切削刃和右手拇指为同一侧，则该车刀为右车刀 | 将平摊的左手手心向下放在刀柄的上面，如果主切削刃和左手拇指为同一侧，则该车刀为左车刀 |

② 车刀的结构与应用　45°车刀也称弯头车刀，如图 2-5 所示，其刀尖角 $\varepsilon_r=90°$，刀尖强度和散热性都比 90°车刀好。

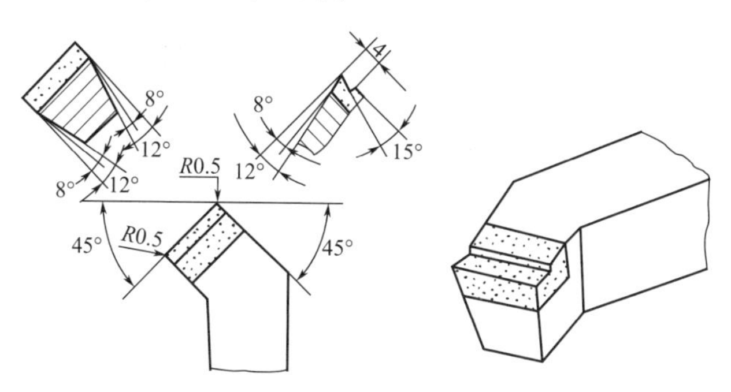


图 2-5　45°车刀的几何结构

45°车刀常用于车削工件的端面和进行 45°倒角，也可用来车削较短的外圆，如图 2-6 所示。

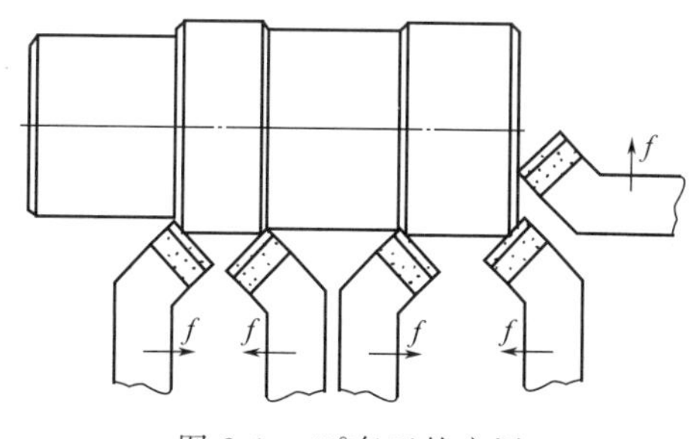


图 2-6　45°车刀的应用

75°车刀如图 2-7 所示，其刀尖角 $\varepsilon_r > 90°$，刀尖强度高，较耐用。

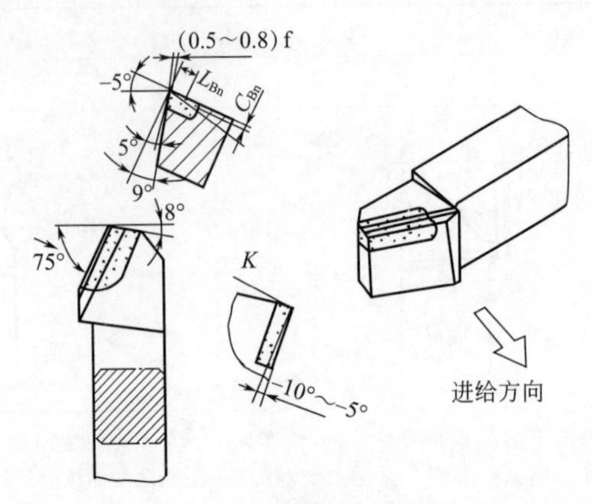


图 2-7　75°硬质合金车刀

75°车刀适用于粗车轴类工件的外圆，也可对加工余量较大的铸锻件外圆进行强力车削，还可用于车削铸锻件的大端面，如图 2-8 所示。

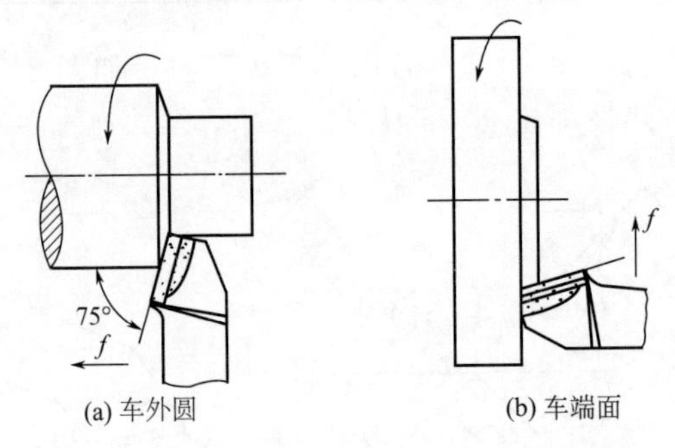


图 2-8　75°车刀的应用

90°车刀也叫偏刀，如图 2-9 所示。图 2-9（a）所示为加工钢料用的典型硬质合金精车刀，其刀尖角 $\varepsilon_r < 90°$，散热条件比前两者差，但应用广泛；图 2-9（b）所示为横槽精车刀，它在主切削刃上磨有大的正值刃倾角（$\lambda_s = 15° \sim 30°$），可保证切屑排向工件待加工表面，但这种车刀车削时的背吃刀量应选得较小（$a_p <$ 0.5mm）。

右偏刀一般用来车削工件的外圆、端面和右向台阶；左偏刀一般用来车削工件的外圆和左向台阶，也适用于车削直径较大且长度较短的工件的端面。如图 2-10 所示。

**(3) 切断刀（车槽刀）的结构与应用**

切断刀以横向进给为主，前端的切削刃是主切削刃，两侧的切削刃是副切削刃。

① 高速钢切断刀的结构与应用　高速钢切断刀的几何结构如图 2-11 所示。

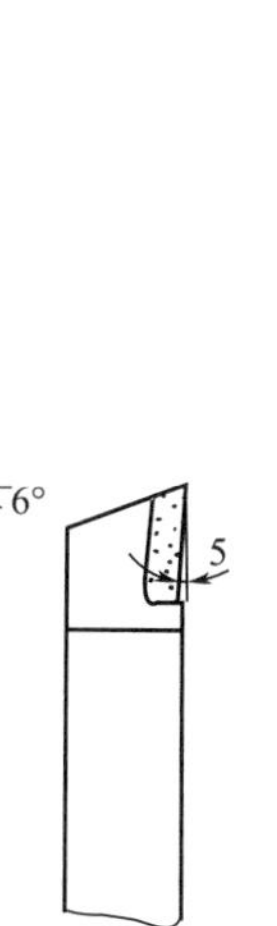


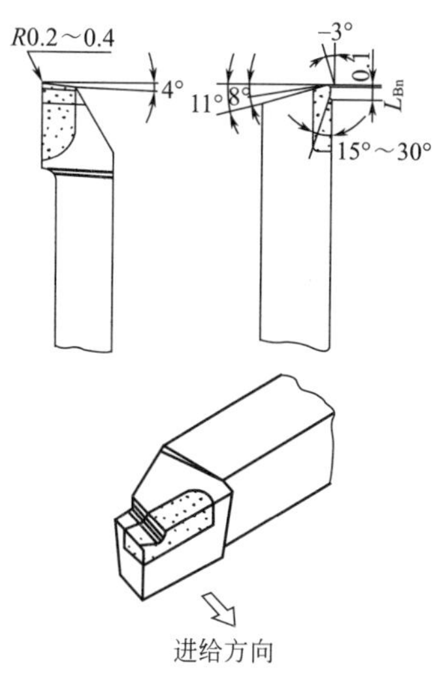

(a)加工钢料用的典型硬质合金精车刀

(b)横槽精车刀

图 2-9　90°车刀的几何结构

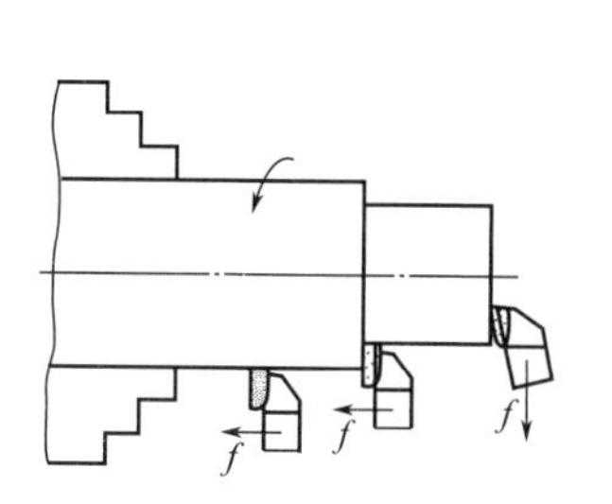


(a)右偏刀车外圆、台阶、端面

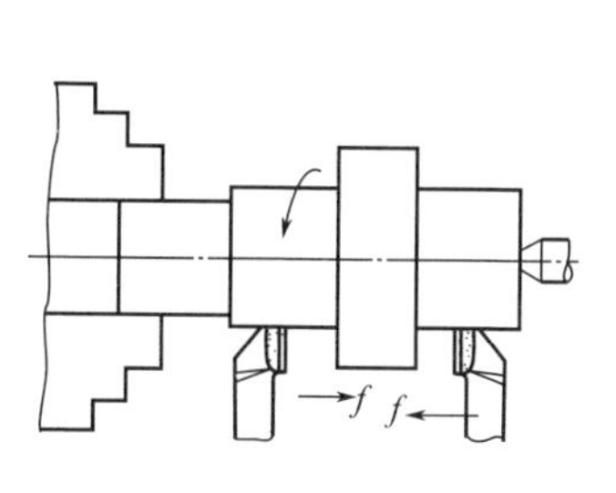


(b)左、右偏刀车外圆

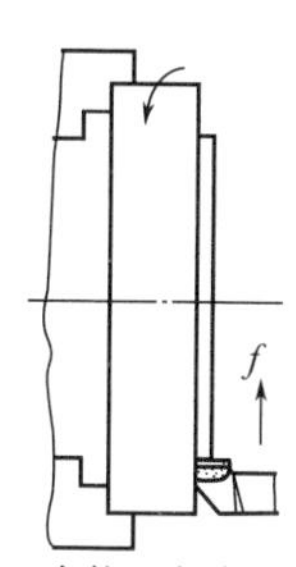


(c)左偏刀车端面

图 2-10　90°车刀的应用

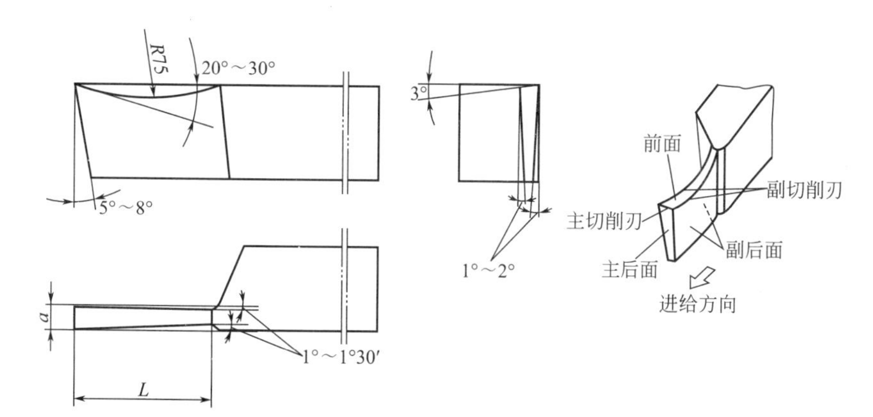


图 2-11　高速钢切断刀的几何结构

高速钢切断刀几何参数的选择见表 2-3。

**表 2-3 高速钢切断刀几何参数的选择**

| 角度 | 符号 | 数据和公式 |
|---|---|---|
| 主偏角 | $\kappa_r$ | $\kappa_r=90°$ |
| 副偏角 | $\kappa'_r$ | 取 $\kappa'_r=1°\sim1°30'$ |
| 前角 | $\gamma_o$ | 切断中碳钢工件时，通常取 $\gamma_o=20°\sim30°$；切断铸铁工件时，取 $\gamma_o=0°\sim10°$。前角由 $R75$ 的圆弧形自然形成 |
| 后角 | $\alpha_o$ | 一般取 $\alpha_o=5°\sim7°$ |
| 副后角 | $\alpha'_o$ | 切断刀有两个后角 $\alpha'_o=1°\sim2°$ |
| 刃倾角 | $\lambda_s$ | 主切削刃要左高右低，取 $\lambda_s=3°$ |
| 主切削刃宽度 | a | 一般采用经验公式计算：$a\approx(0.5\sim0.6)\sqrt{d}$（$d$ 为工件直径） |
| 刀头长度 | $L$ | 刀头长度如图 2-12 所示，太长容易引起振动（或使刀头折断），其长度大小的计算公式为：$L=h+(2\sim3)$，（$h$ 为切入深度） |

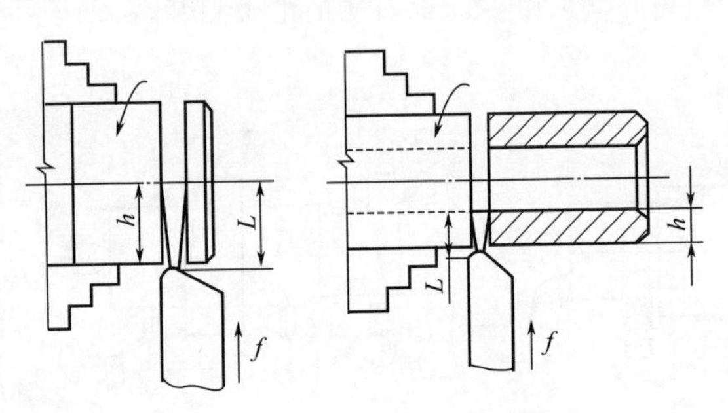


图 2-12 刀头长度 $L$ 的选择

切断刀在使用时，为使实心工件的端面不留小凸头，带孔工件不留边缘，可将切断刀的切削刃略磨斜些。如图 2-13 所示（右端为待用工件，左端为余料）。

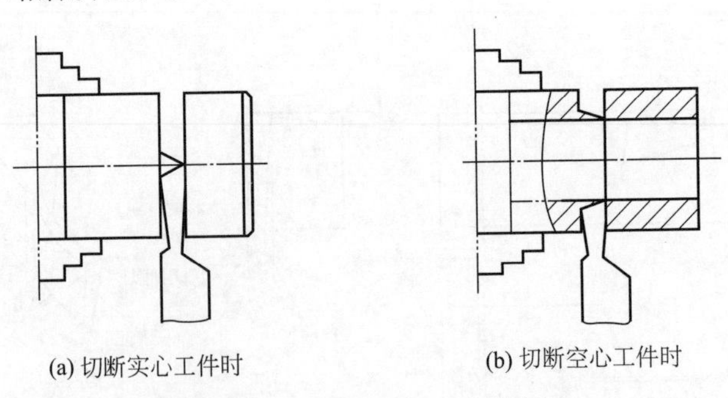

(a) 切断实心工件时　　(b) 切断空心工件时

图 2-13 斜面刃切断刀及其应用

为了节省高速钢，切断刀可做成片状，装夹在弹性刀柄上，如图 2-14 所示。切断过程中，当切削量过大时，弹性刀柄受力变形，由于弹性刀夹的弯曲中心在其上部，这时刀体会自动让刀，因此可避免因扎刀而造成切断刀折断。

在切断直径较大的工件时，由于刀杆较长，刚度较低，如用正向切断法容易引起振动。这时可将主轴及工件反转，用反切刀进行切断，即采用反向切断法，如图 2-15 所示。用反切刀切断工件时，切断力 $F_c$ 的方向与工件重力 $G$ 的方向一致，因而不易引起振动。另外，切断时切屑是从下面排出的，也不易堵塞在工件槽内。

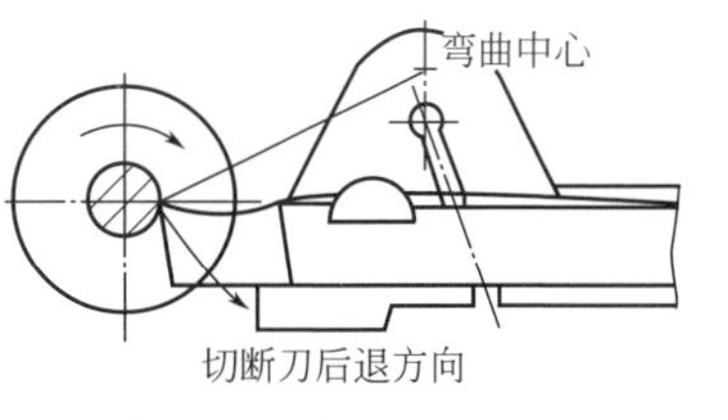


图 2-14　弹性切断刀

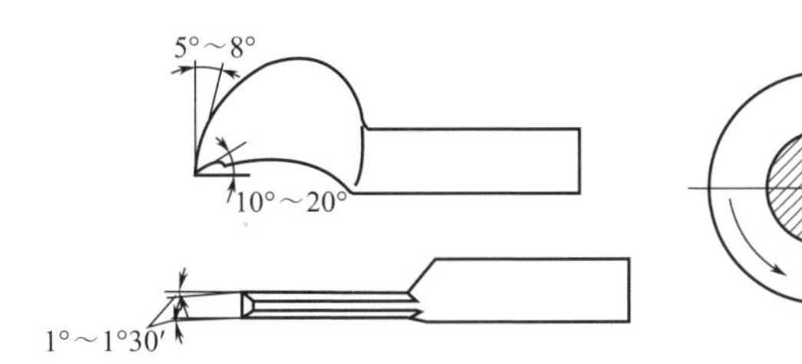


图 2-15　反切刀及其应用

② 硬质合金切断刀及应用　如果硬质合金切断刀的主切削刃采用平直刃，那么切断时的切屑和工件槽宽相等，切屑容易堵塞在槽内而不易排出。为了使排屑顺利，可把主切削刃两边倒角或磨成人字形；为增加刀头的支撑刚度，常将切断刀的刀头下部做成凸圆弧形，如图 2-16 所示。

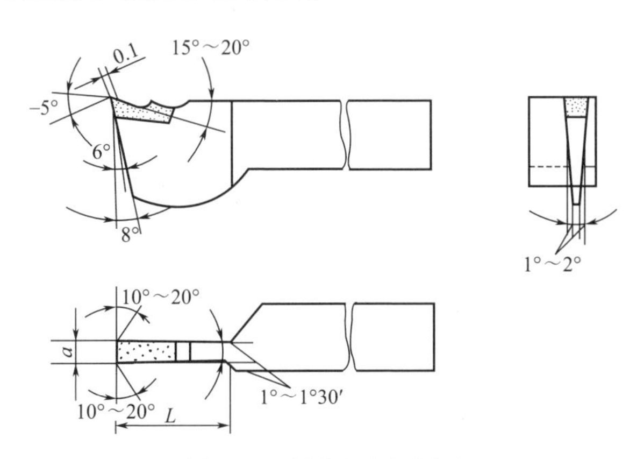


图 2-16　硬质合金切断刀

## 2.1.2　轴类用车刀的使用

### (1) 车刀的使用安装

① 车刀的安装的注意事项　车刀在刀架上安装得正确与否，将直接影响车削能否顺利进行和工件加工质量的高低。所以，在装夹车刀时应注意以下几点。

a. 车刀装夹在刀架上的伸出长度应尽量短一些，以增强其刚性。一般刀柄伸出长度约为刀柄厚度的 1～1.5 倍，如图 2-17 所示。

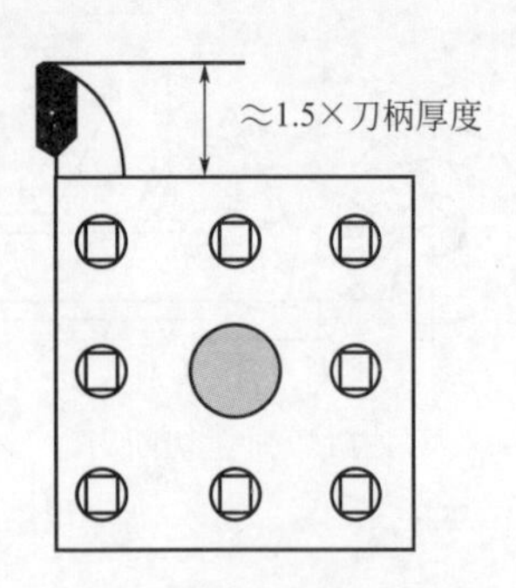


图 2-17　车刀在刀架上伸出的长度

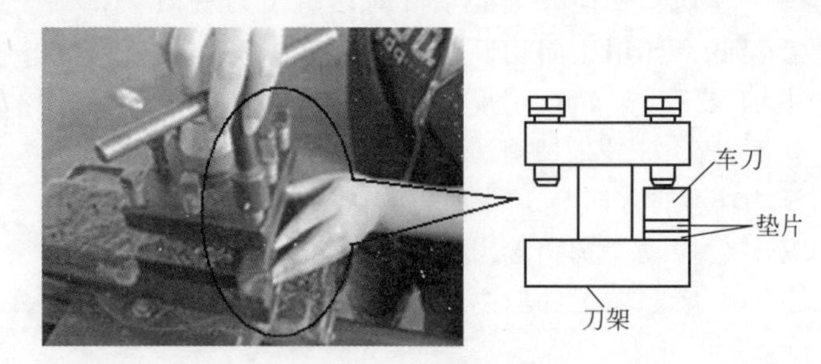


图 2-18　车刀的安放

b. 车刀下面垫片的数量要尽量少，一般为 1～2 片，并与刀架边缘对齐，且至少要用两个螺钉平整压紧，以防振动。如图 2-18 所示。

c. 装刀时应使车刀刀尖与工件旋转中心等高，否则在车端面至中心时会留有凸台或造成刀尖碎裂。如图 2-19 所示。

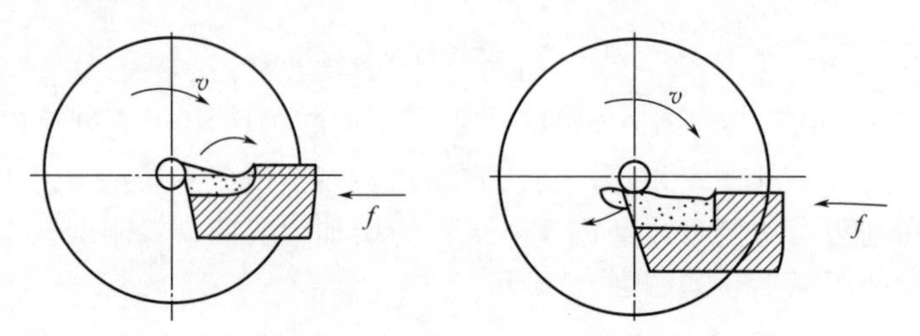


图 2-19　车刀刀尖不对准工件旋转中心的后果

使车刀刀尖对准工件旋转中心的方法见表 2-4。

**表 2-4　使车刀刀尖对准工件旋转中心的方法**

| 方　法 | 图　示 | 操作说明 |
| --- | --- | --- |
| 测量装刀 | 钢直尺<br>车刀<br>中滑板导轨面 | 车床主轴中心高，用钢直尺测量装刀 |
|  |  | 用游标卡尺直接测量刀具与垫片厚度来装刀 |

续表

| 方　法 | 图　示 | 操作说明 |
| --- | --- | --- |
| 刻线对刀 |  | 在中滑板端面上划出一条刻线,作为安装刀具时调整垫片的基准 |
| 顶尖对刀 |  | 根据车床尾座顶尖高低直接装刀 |

实际生产中，一般是将车刀靠近工件端面，用目测法估计车刀的高低，然后夹紧车刀，试车端面，再根据端面的中心来调整车刀。

② 车台阶工件时车刀的安装　台阶的车削常采用90°外圆车刀。车刀的安装应根据粗、精车和余量的多少来调整。粗车时，为了增加切削深度，减小刀尖的压力，车刀安装时主偏角可小于90°（一般为85°～90°）。精车时，为了保证工件台阶端面与工件轴线的垂直度，应使主偏角大于90°（一般为93°左右）。如图2-20所示。

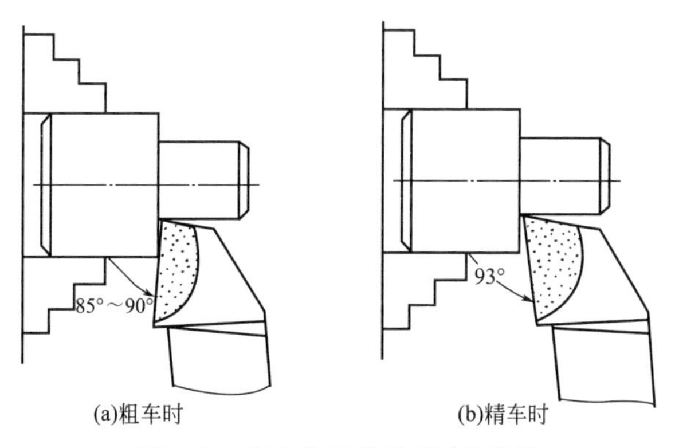


图2-20　车台阶工件时车刀的安装

③ 切断刀的安装　切断或切槽时，切断刀不宜过长，同时切断刀的主切削刃应与工件轴心线平行，以保证槽底的平直。另外，切断刀中心线也必须装得与工件中心线垂直，以保证两个副偏角的对称。装夹时可用90°角尺检查车刀的副偏角，

如图 2-21 所示。

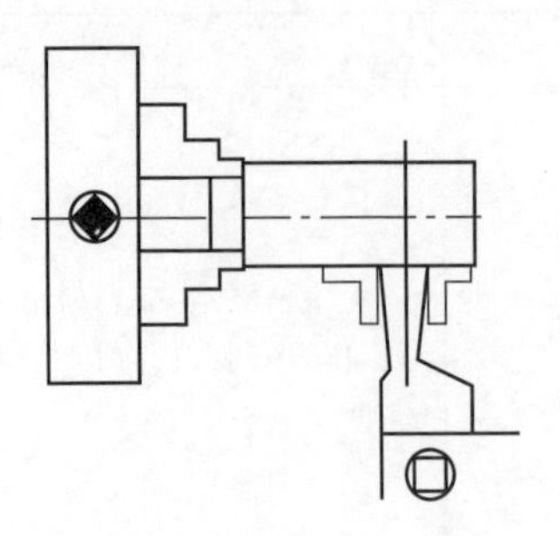

图 2-21　切断刀的安装

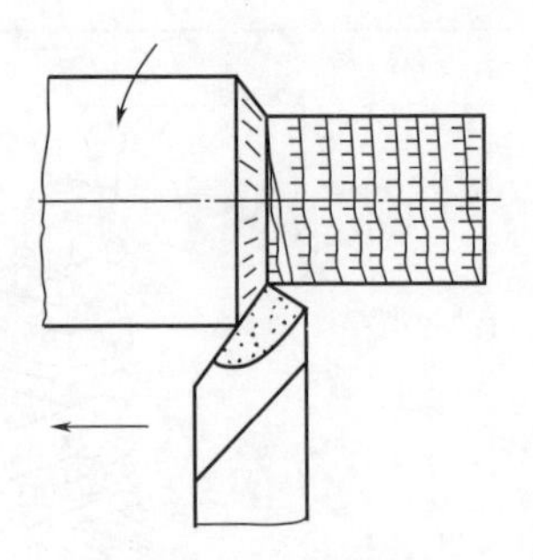

图 2-22　车削振纹

**(2) 车刀的消振**

在车削过程中，会因诸多原因而产生振动，从而降低工件加工表面质量，同时也会加速车刀的磨损与使用寿命。图 2-22 所示的是车削产生振动后工件表面产生的振纹。

要使车刀消振应从三个方面进行，见表 2-5。

**表 2-5　车刀消振的方法**

| 解决方法 | 图　示 | 说　明 |
| --- | --- | --- |
| 合理选择车刀几何参数 | 0.1～0.3<br>$\gamma_o$<br>−5°～−10°<br>$\alpha_o$ | 一方面，可在后刀面上磨出消振棱，其垂直宽度为 0.1～0.3mm，角度为 −5°～10°；另一方面，可采用较小的后角，这一方法也有抑制低频振动的作用（实际生产中，将车刀装得略高于工件旋转中心，使实际切削后角变小，也能起到消振的作用） |
| 改进车刀结构 |  | 采用弹性刀杆，缓冲因切削力的作用使刚性刀杆产生的高频振动。这种弹性刀杆切向（垂直方向）刚度高，可起消振作用，但径向（水平方向）刚度低 |
| 采用消振器 | 阻尼块<br>调整弹簧<br>减振器体<br>车刀 | 采用调整预压力冲击消振器。当车刀产生振动时，阻尼块沿导向螺柱振动，起阻尼作用，达到消振目的 |

## 2.2 套类用车刀

### 2.2.1 套类用车刀的种类

套类工件主要是指带圆柱孔的工件。一般按加工对象把孔加工用车刀分为两大类：一类是工件毛坯上没有孔的实心钻孔刀具，如麻花钻；一类是对工件上已有的孔进行扩大或修整的刀具，如内孔车刀、铰刀等。

**(1) 麻花钻**

① 麻花钻的结构组成　麻花钻也称钻头，是钻孔最常用的刀具，一般用高速钢制成。它由工作部分、颈部和柄部组成，如图 2-23 所示。

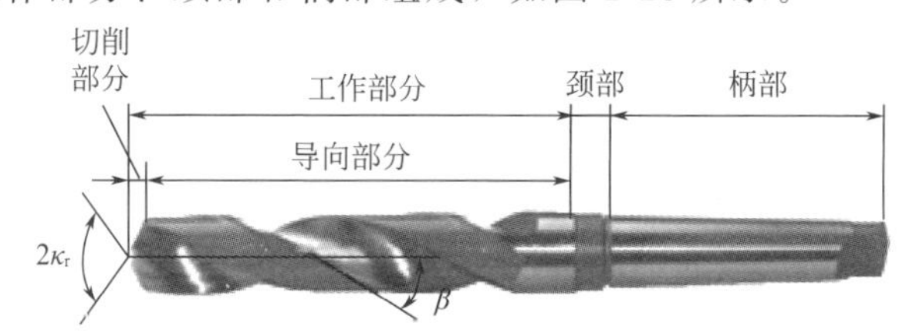


图 2-23　麻花钻的结构组成

工作部分是麻花钻的主要切削部分，由切削部分和导向部分组成。切削部分主要起切削作用；导向部分在钻削过程中能起到保持钻削方向、修光孔壁的作用，同时也是切削的后备部分。

直径较大的麻花钻在颈部标有麻花钻的直径、材料牌号与商标，如图 2-24 所示。直径较小的直柄麻花钻没有明显的颈部。

图 2-24　麻花钻颈部的标记

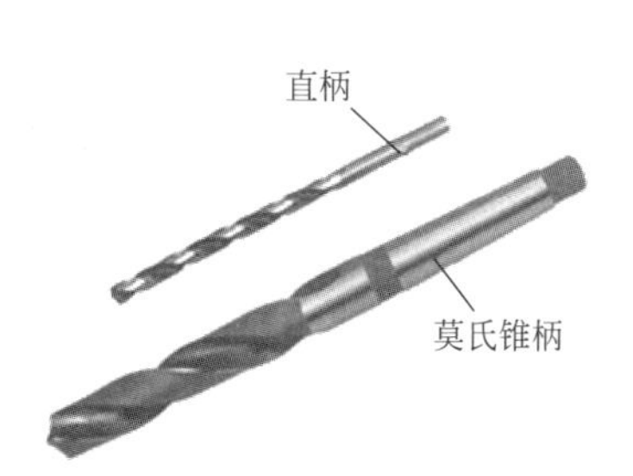


图 2-25　麻花钻柄部的形式

麻花钻的柄部在钻削时起夹持定心和传递转矩的作用。麻花钻的柄部有直柄和莫氏锥柄两种形式，如图 2-25 所示。直柄麻花钻的直径一般为 0.3～16mm。莫氏锥柄麻花钻的直径见表 2-6。

**表 2-6　莫氏锥柄麻花钻的直径**

| 莫氏锥柄号 (Morse No.) | 1 | 2 | 3 | 4 | 5 | 6 |
|---|---|---|---|---|---|---|
| 钻头直径 $d$/mm | 3～14 | 14～23.02 | 23.0～31.75 | 31.75～50.8 | 50.8～75 | 75～80 |

由于高速切削的发展，镶硬质合金的麻花钻（见图 2-26）也得到了广泛应用。

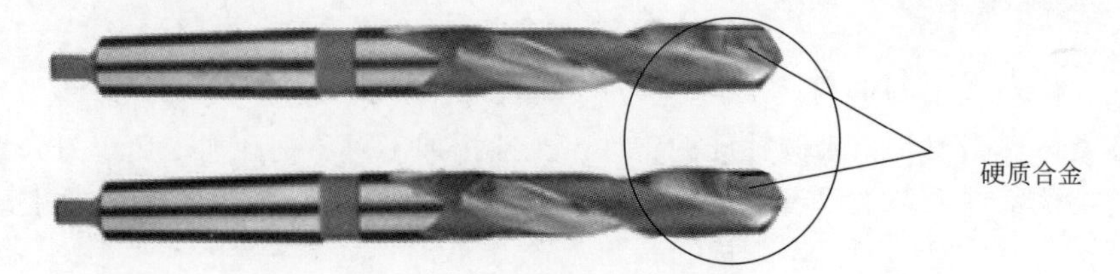


图 2-26　镶硬质合金的麻花钻

② 麻花钻的类型直径范围　高速钢麻花钻的类型与直径范围见表 2-7。

**表 2-7　高速钢麻花钻的类型与直径范围**

| 类　型 | 结构图 | 直径范围/mm |
| --- | --- | --- |
| 粗直柄小麻花钻 | | 0.1～0.35 |
| 直柄短麻花钻 | | 0.5～40.0 |
| 直柄麻花钻 | | 2.0～20.0 |
| 直柄长麻花钻 | | 1.0～31.5 |
| 直柄超长麻花钻 | | 2.0～14.0 |
| 莫氏锥柄麻花钻 | | 3.0～100.0 |
| 莫氏锥柄长麻花钻 | | 5.0～50.0 |

续表

| 类　型 | 结构图 | 直径范围/mm |
|---|---|---|
| 莫氏锥柄加长麻花钻 | 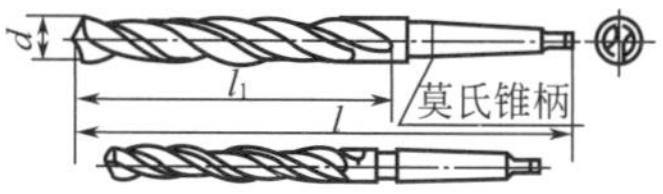 d　l1　l　莫氏锥柄 | 6.0～30.0 |
| 莫氏锥柄超长麻花钻 | 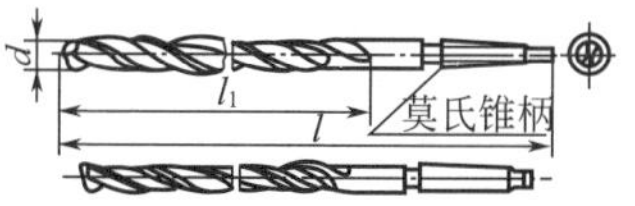 d　l1　l　莫氏锥柄 | 6.0～50.0 |

整体硬质合金麻花钻的类型与用途见表2-8。

**表2-8　整体硬质合金麻花钻的类型与用途**

| 类　型 | 结构图示 | 直径范围/mm | 用　途 |
|---|---|---|---|
| 整体硬质合金粗柄麻花钻 | 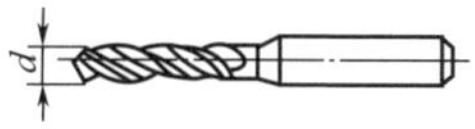 d | 0.2～3.175 | 加工印制电路板使用 |
| 整体硬质合金定直径圆柱麻花钻 | 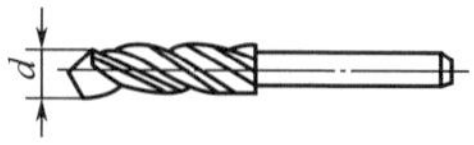 d | 3.2～6.5 | 加工玻璃纤维环氧树脂电路板，纸-胶-木电路板等 |
| 整体硬质合金直柄麻花钻 | 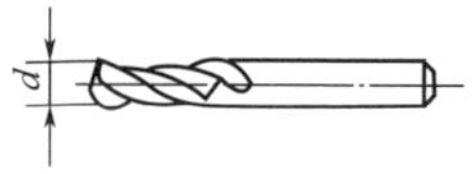 d | 1～20 | 加工印制电路板、铸铁、非铁金属、钢、耐热钢、合金钢、淬硬钢、塑料、石墨等 |
| 整体硬质合金直柄内冷却麻花钻 | 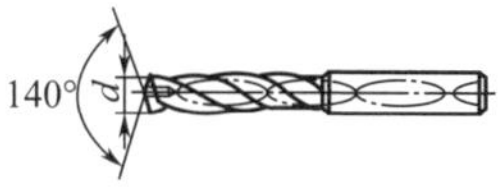 140°　d | 5～20 | 与整体硬质合金直柄麻花钻用途相同，但由于有内冷却功能，刀具性能更好 |
| 削平柄硬质合金三刃麻花钻 |  130°　d | 3～20 | 用于高效加工直线度要求高的孔，可加工钢、铸铁、耐热合金、淬硬钢与钛合金等 |

③ 麻花钻切削部分的几何形状与角度　麻花钻切削部分的几何形状与角度如图2-27所示。它的切削部分可看作正反两把车刀，所以其几何角度的概念和车刀基本相同，但也有其特殊性。

a.螺旋槽。麻花钻的工作部分有两条螺旋槽，其作用是构成主切削刃、排出切屑和通入切削液。麻花钻切削刃上不同位置处的螺旋角、前角和后角的变化见表2-9。

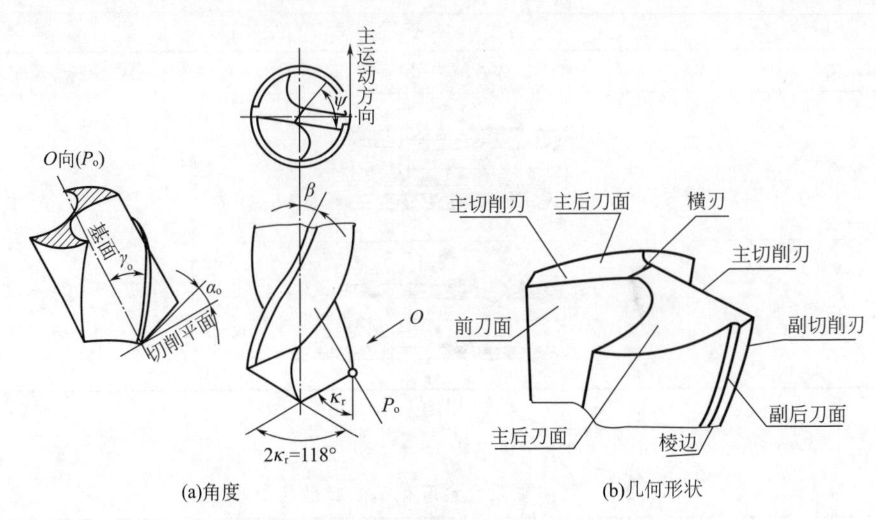


(a)角度　　(b)几何形状

图 2-27　麻花钻切削部分的几何形状与角度

**表 2-9　麻花钻切削刃上不同位置处的螺旋角、前角和后角的变化**

| 角度 | 螺旋角 $\beta$ | 前角 $\gamma_o$ | 后角 $\alpha_o$ |
|---|---|---|---|
| 定义 | 螺旋槽上最外缘的螺旋线展开成直线后与麻花钻轴线之间的夹角 | 基面与前面间的夹角 | 切削平面与后面间的夹角 |
| 变化规律 | 麻花钻切削刃上的位置不同，其螺旋角 $\beta$、前角 $\gamma_o$ 和后角 $\alpha_o$ 也不同 | | |
| | 自外缘向钻心逐渐减小 | 自外缘向钻心逐渐减小，并且在 $d/3$ 处前角为 0°，再向钻心则为负前角 | 自外缘向钻心逐渐增大 |
| 靠近外缘处 | 最大（名义螺旋角） | 最大 | 最小 |
| 靠近钻心处 | 较小 | 较小 | 较大 |
| 变化范围 | 18°～30° | −30°～+30° | 8°～12° |
| 关系 | 对麻花钻前角的变化影响最大的是螺旋角。螺旋角越大，前角就越大 | | |

b. 前面。指切削部分的螺旋槽面，切屑由此面排出。

c. 主后面。指麻花钻钻顶的螺旋圆锥面，即与工件过渡表面相对的表面。

d. 主切削刃。指前面与主后面的交线，担负着主要的切削工作。钻头有两个主切削刃。

e. 顶角。在通过麻花钻轴线并与两条主切削刃平行的平面上，两条主切削刃投影间的夹角称为顶角，用符号 $2\kappa_r$ 表示。一般麻花钻的顶角 $2\kappa_r$ 为 100°～140°，标准麻花钻的顶角 $2\kappa_r$ 为 118°。在刃磨麻花钻时可根据表 2-10 来判断顶角的大小。

表 2-10　麻花钻顶角的大小对切削刃和加工影响

| 顶角 | 图示 | 切削刃形状 | 对加工影响 | 适　用 |
| --- | --- | --- | --- | --- |
| $2\kappa_r>118°$ |  | 凹曲线 | 顶角大，则切削刃短、定心差，钻出的孔容易扩大；同时前角也增大，使切削省力 | 适用于钻削较硬的材料 |
| $2\kappa_r=118°$ |  | 直线 | 适中 | 适用于钻削中等硬度的材料 |
| $2\kappa_r<118°$ |  | 凸曲线 | 顶角小，则切削刃长、定心准，钻出的孔不易扩大；同时前角也减小，使切削阻力大 | 适用于钻削较软的材料 |

f. 前角。主切削刃上任一点的前角是过该点的基面与前刀面之间的夹角，如图 2-28 所示。前角用符号 $\gamma_o$ 表示。其有关内容见表 2-9。

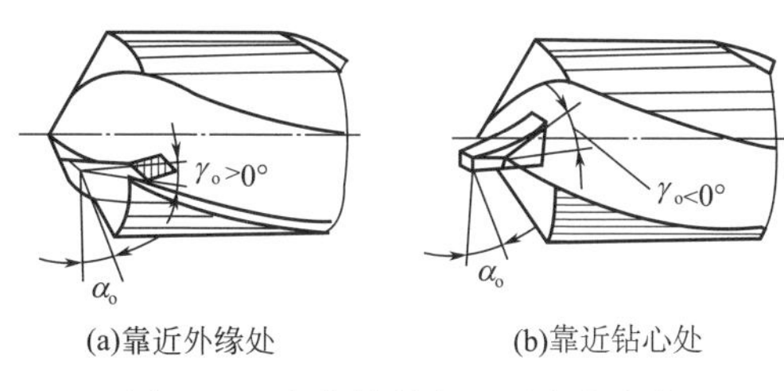

(a)靠近外缘处　(b)靠近钻心处

图 2-28　麻花钻前角和后角的变化

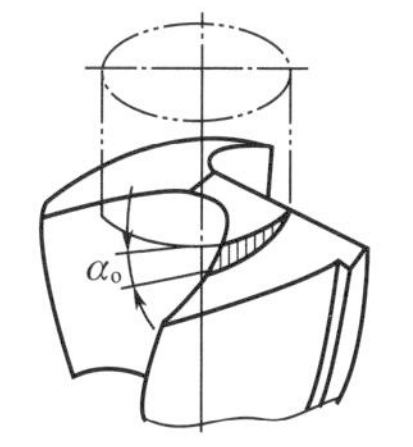

图 2-29　在圆柱面内测量后角

g. 后角。主切削刃上任一点的后角是该点正交平面与主后刀面之间的夹角，用符号 $\alpha_o$ 表示。后角的有关内容见表 2-9。为了测量方便，后角在圆柱面内测量，如图 2-29 所示。

h. 横刃。麻花钻两主切削刃的连接线称为横刃，也就是两个主后面的交线。横刃担负着钻心处的钻削任务。横刃太短，会影响麻花钻的钻尖强度，横刃太长会使轴向力增大，对钻削不利。

i. 横刃斜角。在垂直于钻头轴线的端面投影中，横刃与主切削刃之间的夹角称为横刃斜角，用符号 $\psi$ 表示。横刃斜角的大小与后角有关，后角增大时，横刃斜角减小，横刃也就变长。后角小时，情况相反。横刃斜角一般为 55°。

j. 棱边。也称刃带，它既是副切削刃，也是麻花钻的导向部分，在切削中能保持确定的钻削方向、修光孔壁，并可作为切削部分的后备部分。

**(2) 内孔车刀**

① 通孔车刀　通孔车刀的几何形状基本上与75°外圆车刀相似，如图2-30所示。为了减小背向力$F_p$，防止振动，主偏角$\kappa_r$应取较大值，一般$\kappa_r=60°\sim75°$，副偏角$\kappa'_r=15°\sim30°$，$\lambda_s=6°$。车刀上磨出断屑槽，使切屑排向孔的待加工表面，即前排屑。

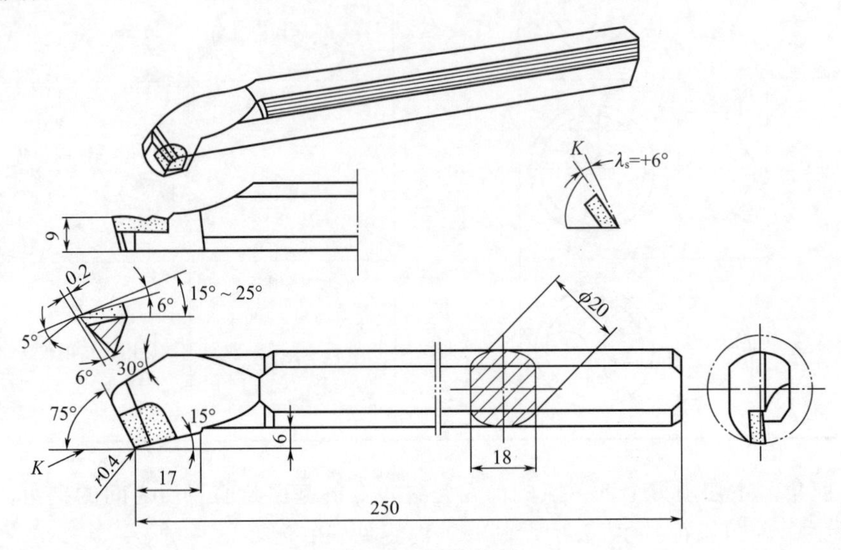


图2-30　通孔车刀

为了节省刀具的材料和增加刀柄的刚度，可以把高速钢或硬质合金做成大小适当的刀头，装在碳钢和合金钢制成的刀柄上，在前端或上面用螺钉紧固。如图2-31所示，常用的通孔车刀刀柄有圆刀柄和方刀柄两种。

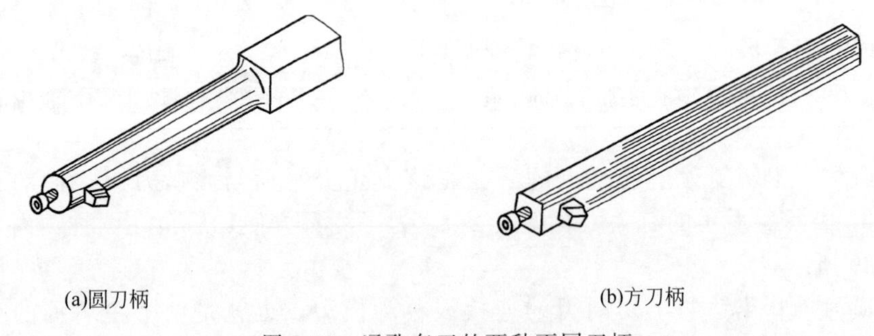


图2-31　通孔车刀的两种不同刀柄

② 盲孔车刀　盲孔车刀的几何形状基本上与90°外圆车刀相似，如图2-32所示。其主偏角一般取$\kappa_r=92°\sim95°$，副偏角$\kappa'_r=6°$左右，$\lambda_s=-2°\sim0°$。其上磨有卷屑槽，使切屑成螺旋状沿尾座方向排出孔外，即后排屑。

盲孔车刀也可做出适当的刀头装在刀柄上，在前端用螺钉紧固，如图2-33所示。

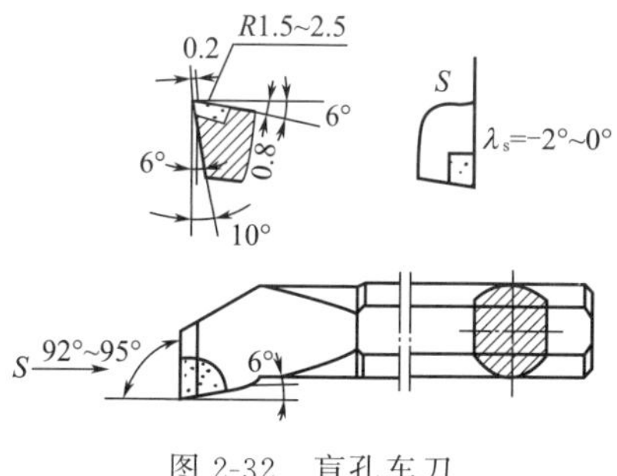

图 2-32 盲孔车刀

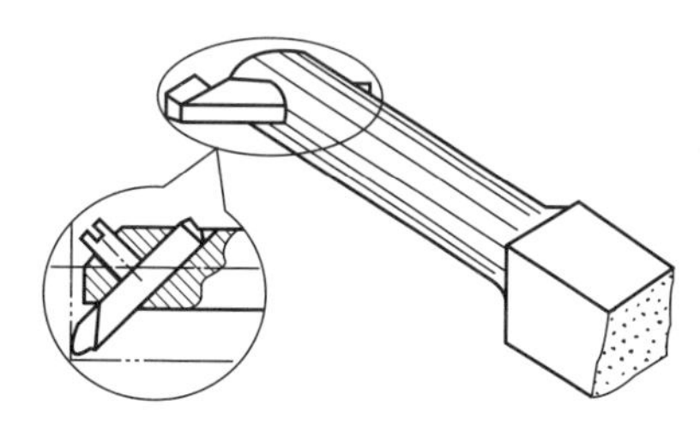

图 2-33 装夹式盲孔车刀

(3) 内沟槽车刀

① 内沟槽车刀的结构形式 内沟槽车刀与切断刀的几何形状相似，只是装夹方向相反，且在内孔中车槽。加工小孔中的内沟槽车刀做成整体式，如图 2-34（a）所示。在大直径内孔中车内沟槽的车刀可做成车槽刀刀体，然后装夹在刀柄上使用，如图 2-34（b）所示。由于内沟槽通常与孔轴线垂直，因此要求内沟槽车刀的刀体与刀柄轴线垂直。

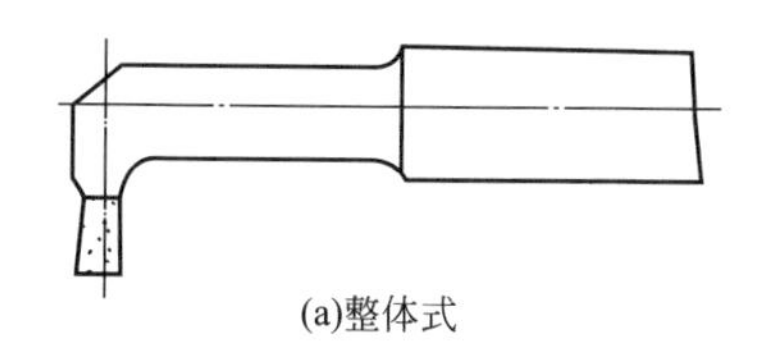

(a)整体式

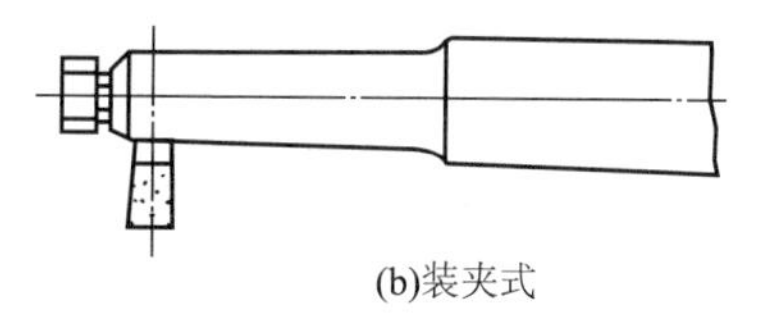

(b)装夹式

图 2-34 内沟槽车刀

② 内沟槽车刀的几何角度 由于内沟槽的结构不同，内沟槽车刀的结构也不一样，因此，其几何角度也不相同。常用内沟槽车刀的几何角度如图 2-35 所示。

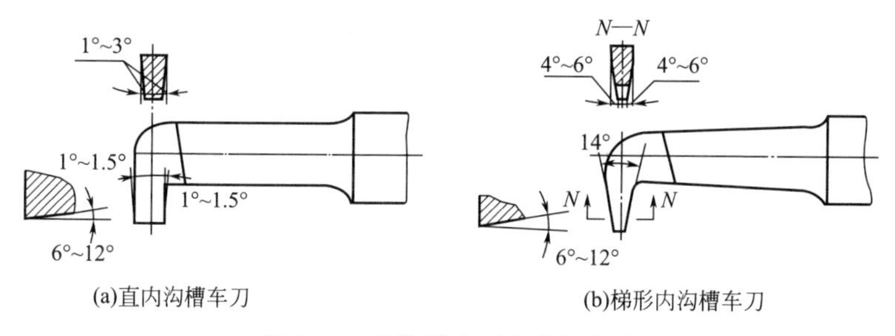


(a)直内沟槽车刀 (b)梯形内沟槽车刀

图 2-35 内沟槽车刀和几何角度

(4) 铰刀

铰刀是多刀刃刀具，具有导向性好、制造精度高、结构完善、刚性好等特点，所以能加工出较高尺寸精度和较小表面粗糙度的孔，多用于中、小直径孔的业余加工和半精加工。

① 铰刀的几何形状 铰刀的形状如图 2-36 所示，它由工作部分、颈部和柄部组成。

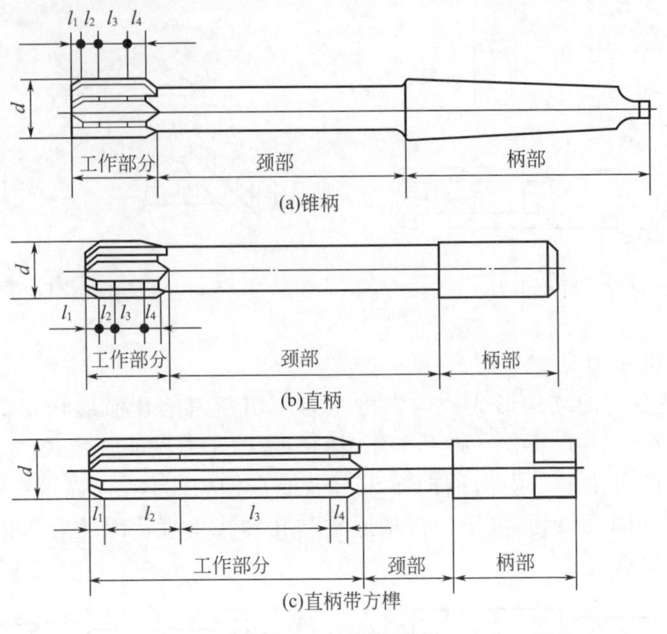


图 2-36　铰刀的形状

a. 工作部分。铰刀的工作部分由引导部分 $l_1$、切削部分 $l_2$、修光部分 $l_3$ 和倒锥 $l_4$ 组成。引导锥是指铰刀工作部分最前端的 45°倒角部分，便于铰削开始时将铰刀引导入孔中，并起保护切削刃的作用。切削部分是承担主要切削工作的一段锥体（切削锥角为 $2\kappa_r$）。校准部分分圆柱和倒锥两部分，圆柱部分起导向、校准和修光作用，也是铰刀的备磨部分；倒锥部分起减少摩擦和防止铰刀将孔径扩大的作用。

b. 颈部。在铰刀制造和刃磨时起空刀作用。

c. 柄部。是铰刀的夹持部分，铰削时用来传递转矩。铰刀的柄部有圆柱形、圆锥形和直柄带方榫形 3 种。

铰刀最容易磨损的部位是切削部分和修光部分的过渡处，而且这个部分直接影响工件的表面粗糙度，因而该处不能有尖棱。铰刀的刃齿数一般为 4～10，为了测量直径方便，应采用偶数齿。

② 铰刀的主要参数　铰刀是多刃刃刀具，其每一个刀齿相当于一把车刀，其几何角度的概念与车刀相同。

a. 前角。由于铰削的余量较小，切屑很薄，切屑与前刀面在刃口附近接触，前角的大小对切削变形的影响不大，所以铰刀的前角 $\gamma_o$ 一般磨成 0°。铰削表面粗糙度要求较高的铸件孔时，前角可取－5°～0°；铰削塑性材料时，前角可取 5°～10°。

b. 后角。为减小铰刀与孔壁的摩擦，后角一般取 6°～10°。

c. 主偏角。主偏角的大小影响导向、切削厚度和轴向切削力的大小。主偏角越小，切削厚度越小，轴向力越小，导向性越好，切削部分越长。通常，手用铰刀取较小的主偏角，机用铰刀取较大的主偏角。铰刀切削刃主偏角的选择见表 2-11。

表 2-11 铰刀切削刃主偏角的选择

| 铰刀类型 | 加工材料或加工形式 | 主偏角值 |
|---|---|---|
| 手用铰刀 | 各种材料 | 0°30′～1°30′ |
| 机用铰刀 | 铸铁 | 3°～5° |
| | 钢 | 12°～15° |
| | 不能孔 | 45° |

d. 刃倾角。带刃倾角的铰刀，适用于铰削余量大的塑性材料通孔。高速钢铰刀的刃倾角一般取 15°～20°；硬质合金铰刀的刃倾角一般取 0°，但为了使切削流向待加工表面，也可取 3°～5°。如图 2-37 所示。

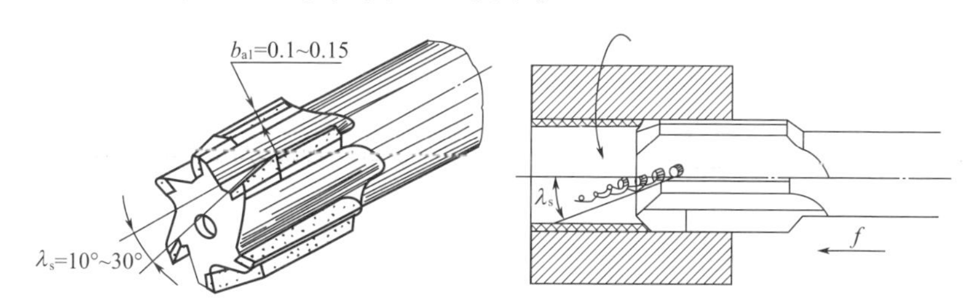


图 2-37 刃倾角铰刀与排屑情况

e. 螺旋角。铰刀的齿槽有直槽和螺旋槽两种。直槽刃磨方便；螺旋槽切削平稳，适用于深孔及断续表面的铰削。螺旋槽的旋向有左旋和右旋两种，如图 2-38 所示。右旋铰刀铰削时，切屑向后排出，适用于加工不通孔；左旋铰刀铰削时，切屑向前排出，适用于加工通孔。螺旋角大小与加工材料有关，加工灰铸铁、硬钢材料时，螺旋角为 7°～8°；加工可锻铸铁、钢材料时，螺旋角为 12°～20°；加工轻金属时，螺旋角为 35°～45°。

(a)右旋 (b)左旋

图 2-38 螺旋槽铰刀

③ 常用铰刀形式、标准代号与规格范围 见表 2-12。

表 2-12 常用铰刀形式、标准代号与规格范围

| 类 型 | 结 构 图 | 规格范围/mm |
|---|---|---|
| 手用铰刀 | | $d \times l \times l_1$ 为：(3.5×71×35)～(50×347×174)。分为 3 个精度等级：H7、H8、H9 |

续表

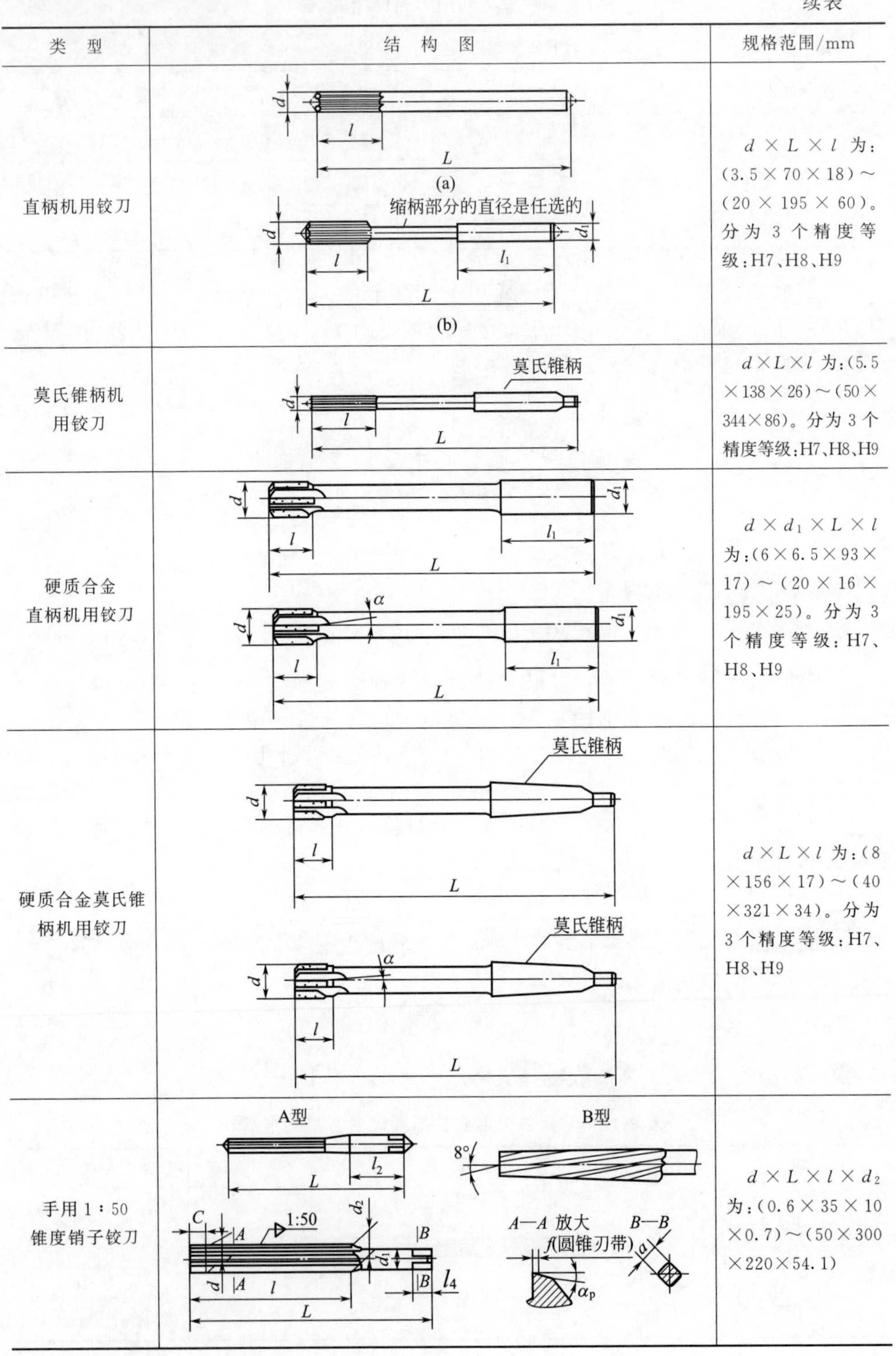

| 类型 | 结构图 | 规格范围/mm |
| --- | --- | --- |
| 直柄机用铰刀 | (a)<br>缩柄部分的直径是任选的<br>(b) | $d\times L\times l$ 为：(3.5×70×18)～(20×195×60)。分为3个精度等级：H7、H8、H9 |
| 莫氏锥柄机用铰刀 | 莫氏锥柄 | $d\times L\times l$ 为：(5.5×138×26)～(50×344×86)。分为3个精度等级：H7、H8、H9 |
| 硬质合金直柄机用铰刀 |  | $d\times d_1\times L\times l$ 为：(6×6.5×93×17)～(20×16×195×25)。分为3个精度等级：H7、H8、H9 |
| 硬质合金莫氏锥柄机用铰刀 | 莫氏锥柄<br>莫氏锥柄 | $d\times L\times l$ 为：(8×156×17)～(40×321×34)。分为3个精度等级：H7、H8、H9 |
| 手用1:50锥度销子铰刀 | A型<br>B型<br>A—A 放大<br>f(圆锥刃带)<br>B—B | $d\times L\times l\times d_2$ 为：(0.6×35×10×0.7)～(50×300×220×54.1) |

续表

| 类　型 | 结　构　图 | 规格范围/mm |
| --- | --- | --- |
| 手用长刃 1∶50 锥度销子铰刀 | 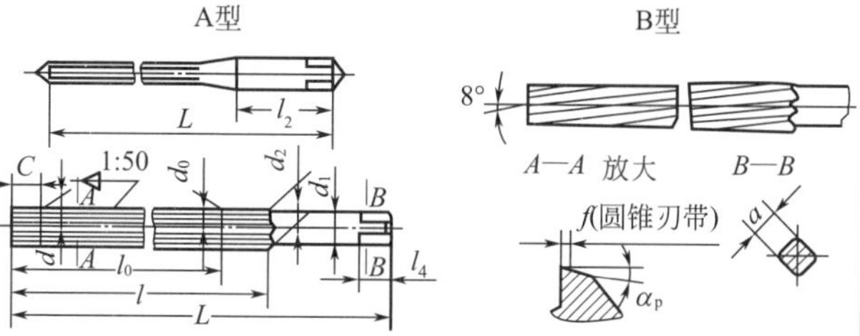 A型　B型 | $d\times L\times l\times d_0\times d_0$ 为:(0.6×38×20×0.76×0.9)～(50×460×360×56×56.9) |
| 锥柄机用 1∶50 锥度销子铰刀 | 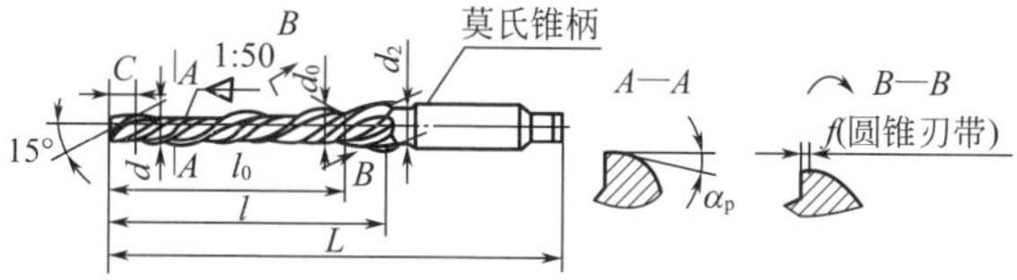  | $d\times L\times l\times l_0\times d_2$ 为:(5×155×73×65×6.2)～(50×500×360×315×56) |
| 直柄莫氏圆锥和米制圆锥铰刀 | 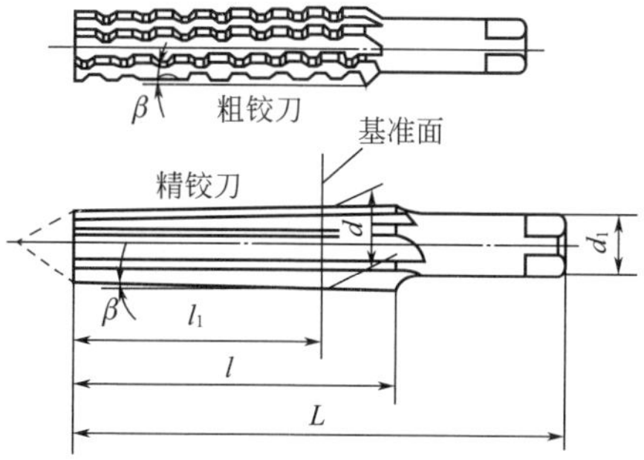 粗铰刀　精铰刀 | 圆锥号:米制:4、6;莫氏:0～6 |
| 锥柄莫氏圆锥和米制圆锥铰刀 | 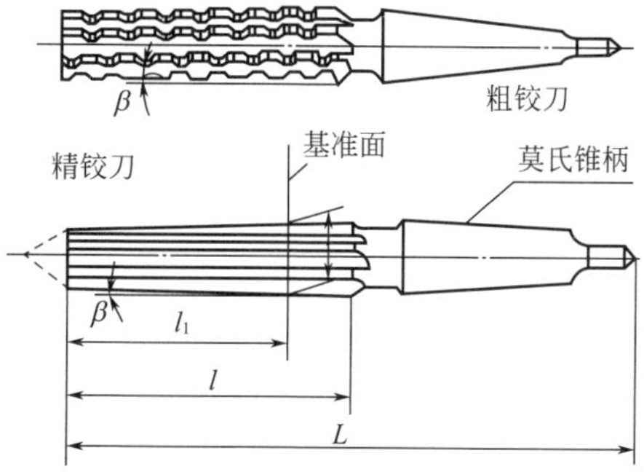 粗铰刀　精铰刀 | 圆锥号:米制:4、6;莫氏:0～6 |
| 带刃倾角直柄机用铰刀 | 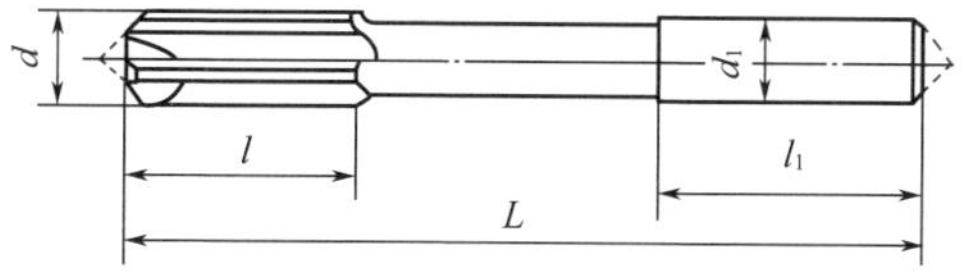  | $d\times L\times l$ 为:(5.5×93×26)～(20×195×60)。分为3个精度等级:H7、H8、H9 |
| 带刃倾角莫氏锥柄机用铰刀 | 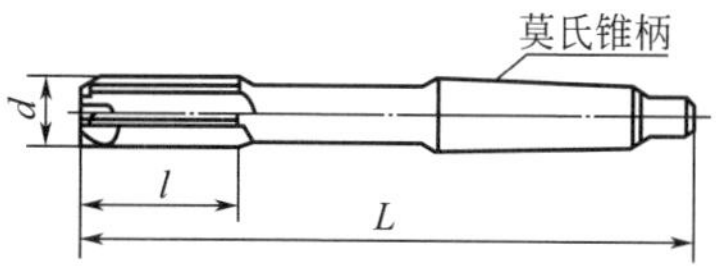  | $d\times L\times l$ 为:(8×156×33)～(40×329×81)。分为3个精度等级:H7、H8、H9 |

续表

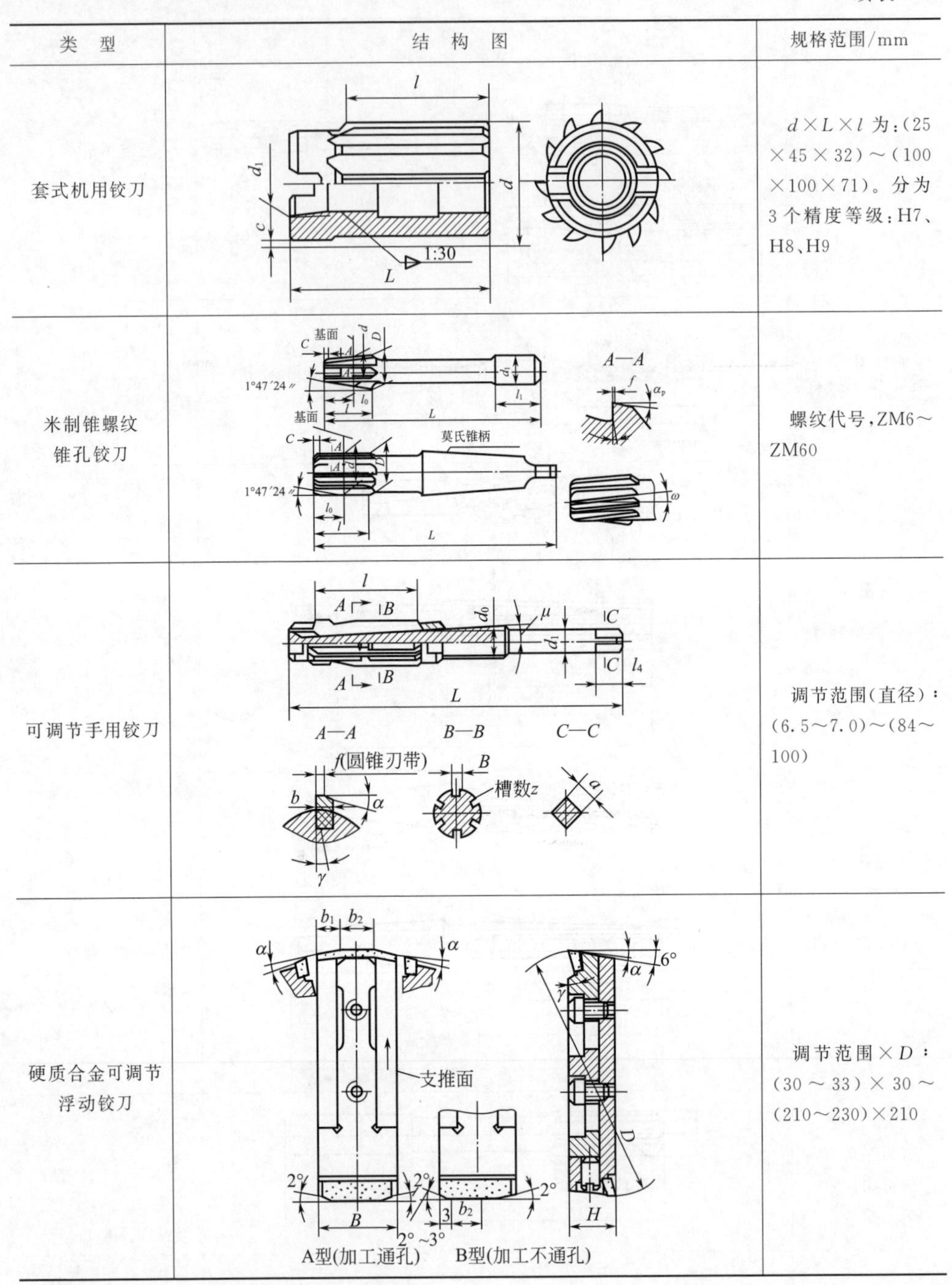

| 类　型 | 结　构　图 | 规格范围/mm |
|---|---|---|
| 套式机用铰刀 | | $d \times L \times l$ 为：(25×45×32)～(100×100×71)。分为3个精度等级：H7、H8、H9 |
| 米制锥螺纹锥孔铰刀 | | 螺纹代号，ZM6～ZM60 |
| 可调节手用铰刀 | | 调节范围(直径)：(6.5～7.0)～(84～100) |
| 硬质合金可调节浮动铰刀 | | 调节范围×$D$：(30～33)×30～(210～230)×210 |

**(5) 其他孔加工刀具**

① 扩孔钻　在实体材料上钻孔时，孔径较小的孔可一次钻出，如果孔径较大($D$>30mm)，则所用麻花钻直径也较大，横刃长，进给力大，钻孔时很费力，这时可

分两次钻削。第一次钻出直径为（0.5～0.7）$D$ 的孔，第二次扩削到所需的孔径 $D$。

扩孔钻一般有高速钢扩孔钻和镶硬质合金扩孔钻两种，其结构如图 2-39 所示。扩孔钻在自动车床和镗床上用得较多。

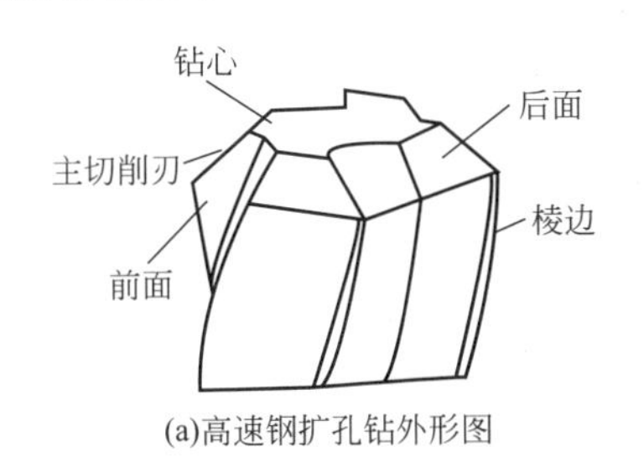


(a)高速钢扩孔钻外形图

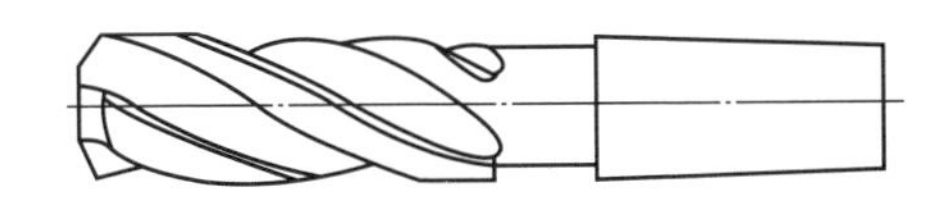

(b)高速钢扩孔钻

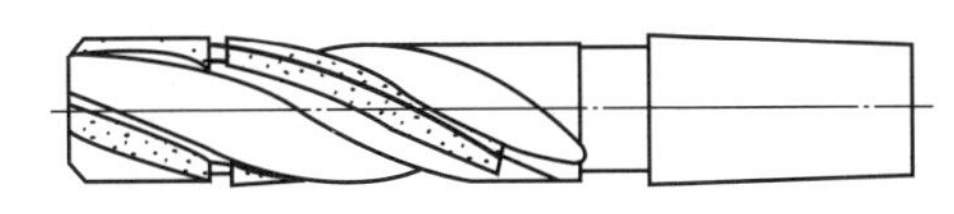

(c)镶硬质合金扩孔钻

图 2-39　扩孔钻

扩孔钻的钻心粗，刚度高，且扩孔时的背吃刀量小，切屑少，排屑容易，能提高切削速度和进给量；另外，扩孔钻的刃齿一般有 3～4 齿，周边棱边数量增多，导向性比麻花钻好，能改善加工质量；同时，相对于麻花钻，扩孔钻能避免横刃引起的不良影响，提高了生产效率。扩孔钻的类型、规格范围见表 2-13。

**表 2-13　扩孔钻的类型、规格范围**

| 类型 | 结构图 | 规格范围 $d$（推荐值）/mm |
| --- | --- | --- |
| 直柄扩孔钻 | A　60°　$d$　$d_1$　A　$l_1$　20°　$l$　A—A 放大　8° | 3～19.7 |
| 莫氏锥柄扩孔钻 | A　60°　莫氏锥柄　$d$　$d_1$　A　$l_1$　20°　$l$　A—A 放大　8° | 7.8～50 |
| 套式扩孔钻 | A　60°　1:30　$d$　$d_2$　A　15°　$d_1$　$L$　A—A 放大　8° | 25～100 |

② 锪钻　用锪削的方法加工平底或锥形沉孔的方法称为锪孔。车削中常用圆锥形锪钻锪锥形沉孔。圆锥形锪钻有 60°、90°和 120°等几种。圆锥形锪钻的结构与

用途见表 2-14。

表 2-14　圆锥形锪钻的结构、用途与应用

| 类　型 | 结构图示 | 用　途 | 应　用 |
|---|---|---|---|
| 60°圆锥形锪钻 | 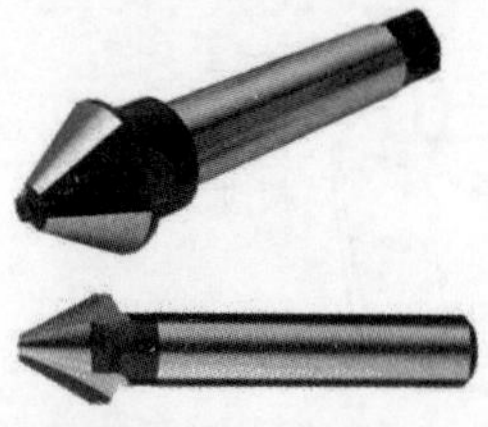 | 用于锪削圆柱孔直径 $d>6.3$mm 中心孔的圆锥孔和护锥 | 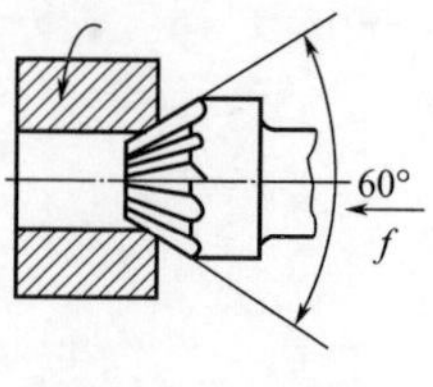 |
| 90°圆锥形锪钻 |  | 用于孔口倒角或锪埋头螺钉孔 | 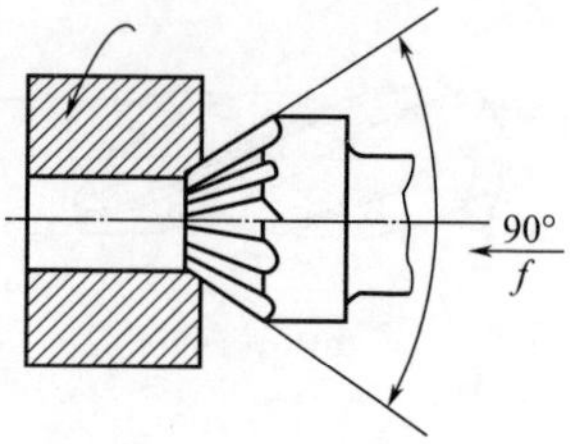 |
| 120°圆锥形锪钻 | 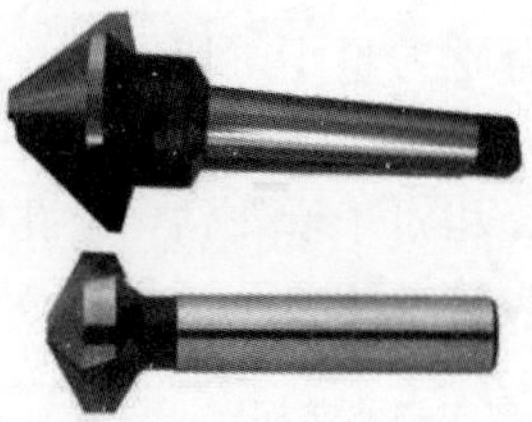 | 用于锪削圆柱孔直径 $d>6.3$mm 中心孔的圆锥孔和护锥 | 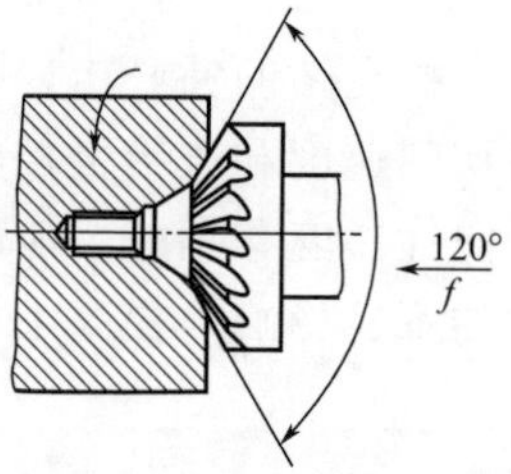 |

③ 深孔加工刀具　在加工深孔时，由于刀柄受孔径和孔深的限制，使得刀柄细长而刚性差，车削时容易产生振动和让刀现象；由于孔深，钻削过程中，钻头容易引偏而导致孔轴线歪斜；由于孔深，切屑不易排除，切削液难于有效地冷却到切削区域，且刀具在深孔内切削，刀具的磨损和刀体的损坏等情况都无法观察，加工质量无法控制。因此，深孔加工时必须使用一些特殊的刀具。

按切削刃的多少，深孔钻可分为单刃和多刃两种；按排屑形式又可分为内排屑和外排屑两种。常用的深孔钻有枪孔钻、喷吸钻和高压内排屑钻，见表 2-15。

表 2-15　深孔钻

| 类型 | 枪孔钻 | 喷吸钻 | 高压内排屑钻 |
|---|---|---|---|
| 外形结构 | 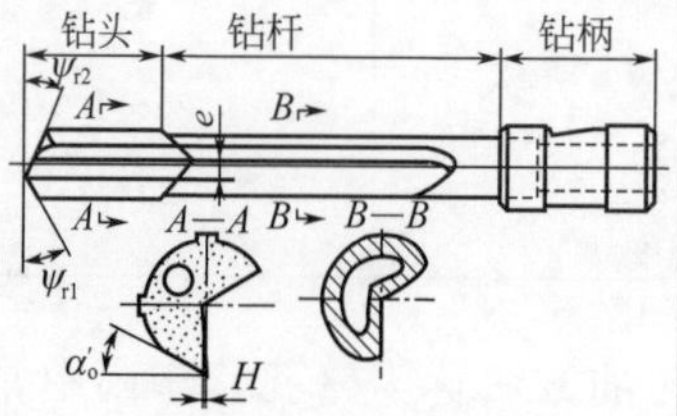 | 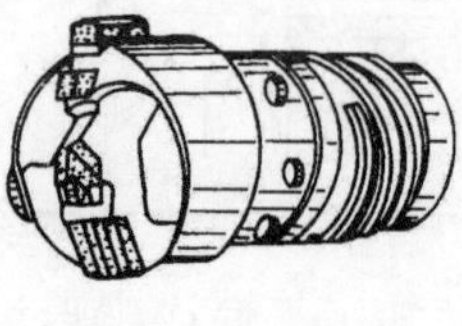 | 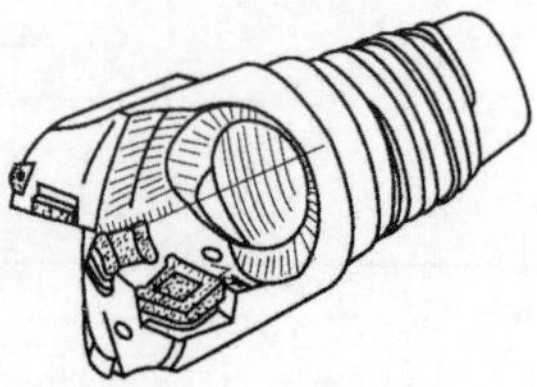 |

续表

| 类型 | 枪孔钻 | 喷吸钻 | 高压内排屑钻 |
|---|---|---|---|
| 原理与排屑方式 | 在加工直径较小的深孔时，一般采用枪孔钻。枪孔钻用高速钢或硬质合金刀头与无缝钢管的刀柄焊接而成。刀柄上压有V形槽，是排出切屑的通道，腰形孔是切削液的出口处。枪孔钻钻孔时，狭棱承受切削抗力，并作为钻孔的导向部分。高压切削液从空心的刀杆经腰形孔进入切削区，切屑就被切削液从V形槽中冲刷向外排出 | 喷吸钻的切削刃交错分布在钻头的两边，颈部有喷射切削液的小孔，前端有两个喇叭形孔，切屑在由小孔喷射出的高压切削液的压力作用下，从这两个喇叭形孔冲入并吸进空心刀杆向外排出 | 高压大流量的切削液从封油头经深孔钻和孔壁之间进入切削区域，切屑在高压切削液的冲刷下从排屑外套管的中间排出。采用这种方式时，由于排屑外套杆内没有压力差，所以需要有较高压力(一般要求1～3MPa)的切削液将切屑从切削区经排屑外套杆内孔排出，因此称为"高压内排屑" |
| 排屑示意 | 切削液进口<br>切屑排出 | 30°<br>A | 进切削液<br>内排屑 |
| 适用场合 | 用来加工直径为1～20mm、深径比超过100的深孔 | 用于加工直径为18～180mm、深径比在100以内的深孔 | 用于加工直径在60mm以上，深径比在100以内的深孔 |
| 加工精度 | IT18～IT10，表面粗糙度 $Ra5$～0.63μm，孔直线度较好 | IT10～IT7，表面粗糙度 $Ra3.2$～0.83μm，孔的直线度达0.1/1000mm | IT9～IT7，表面粗糙度 $Ra6.3$～1.6μm |

## 2.2.2 套类用车刀的使用

### (1) 麻花钻的使用

① 麻花钻的选用　麻花钻在选用时主要考虑麻花钻的直径和长度两个参数。

a. 对于精度要求不高且孔径不大的内孔，可选用与内孔一致的麻花钻直接钻出。

b. 对于精度要求较高的内孔，在选用麻花钻时应留出下道工序的加工余量。

c. 选用麻花钻长度时，一般应使麻花钻螺旋槽部分略长于工件孔深；麻花钻过长则刚性较差，不利于钻削，过短又会使排屑困难，也不宜钻穿孔。

② 麻花钻的安装。

a. 钻夹头安装。直柄麻花钻用钻夹头直接装夹，再将钻夹头的锥柄插入尾座锥孔内，如图2-40所示。

b. 用变径套安装。锥柄麻花钻可直接（或用Morse变径套过渡）插入尾座锥孔，如图2-41所示。

c. 用专用工具安装。因加工需要，锥柄麻花钻有时也会使用专用工具进行装夹，如图2-42所示。

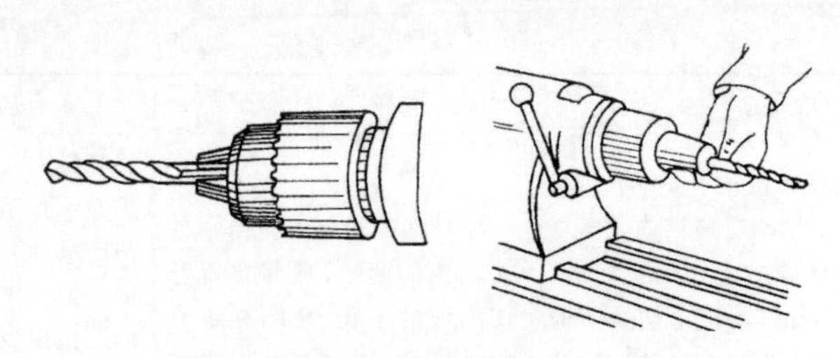

图 2-40　直柄麻花钻的安装

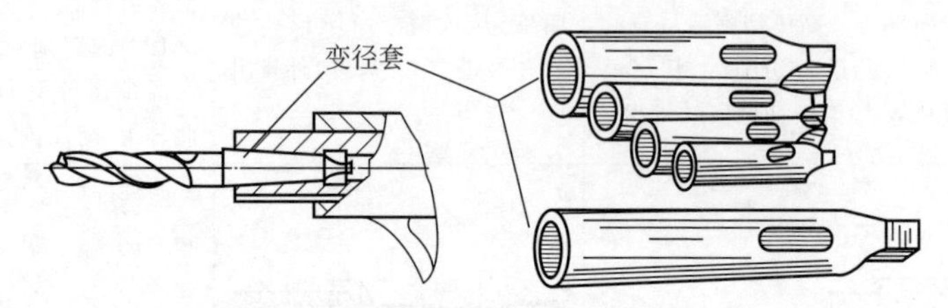


图 2-41　锥柄麻花钻的安装

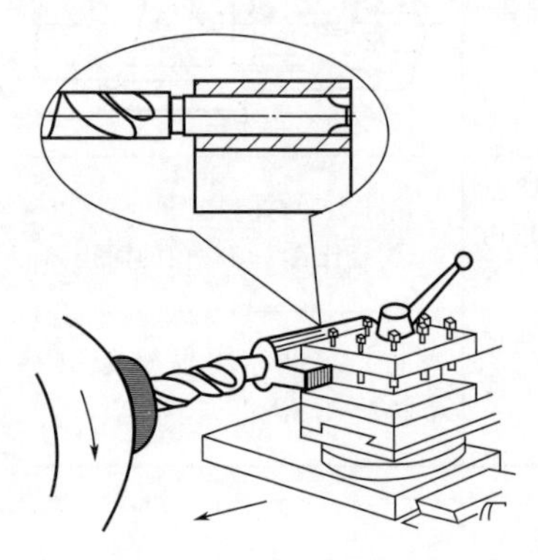

图 2-42　用专用工具安装

③ 麻花钻的拆卸　用扳手将钻夹头的 3 个卡爪松开，就可以取下直柄麻花钻，如图 2-43（a）所示；而锥形麻花钻则用斜铁插入过渡套的腰形孔中，再敲击斜铁就可把钻头卸下来，如图 2-43（b）所示。

④ 麻花钻的使用　麻花钻使用时应注意以下几点。

a. 为利于麻花钻的定心，保证麻花钻轴线与工件旋转轴线相重合，不致使钻头折断，工件端面中心处不能留有凸头。

b. 在实体材料上钻孔，小径孔可一次钻出。若孔径超过 30mm，则不宜一次钻出，最好先用小直径麻花钻钻出底孔，再用大麻花钻钻出所需尺寸孔径，一般情况下，第一支麻花钻直径为第二次钻孔直径的 0.5～0.7 倍。

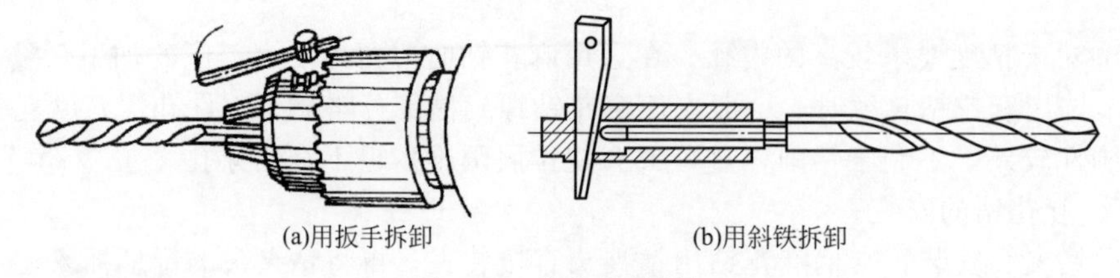


图 2-43　麻花钻的拆卸

c. 当采用细条麻花钻钻孔时，为防止钻头晃动，可在刀架上夹一挡铁，以支顶钻头头部来帮助钻头定心，如图 2-44 所示。具体操作是：先用钻头钻入工件端面少许，然后摇动中滑板移动挡铁支顶，见钻头逐渐不晃动时则继续钻削，当钻头已正确定心后，则可退出挡铁。应当注意的是，挡铁切不可把钻头支顶过中心，否则钻头会折断。

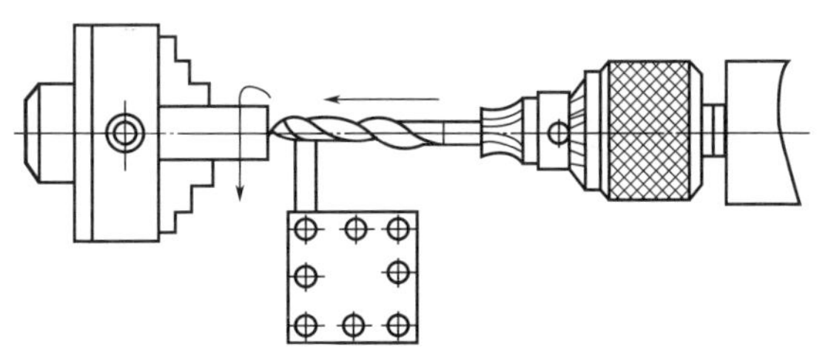

图 2-44　用挡铁支顶麻花钻

d. 在麻花钻起钻时或是快钻穿孔时，手动进给要缓慢，如图 2-45 所示，以防麻花钻折断。

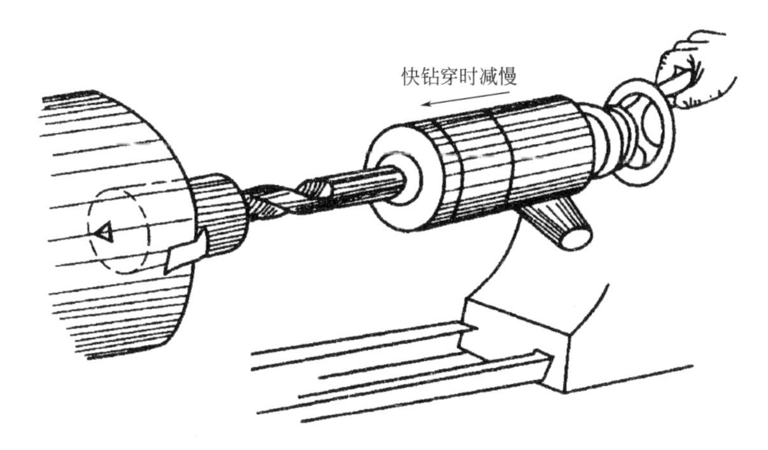


图 2-45　工件钻穿时进给速度的控制

e. 在钻削过程中，要经常退出麻花钻清除切屑，如图 2-46 所示，以免切屑堵塞在孔内造成麻花钻被“咬死”或折断。

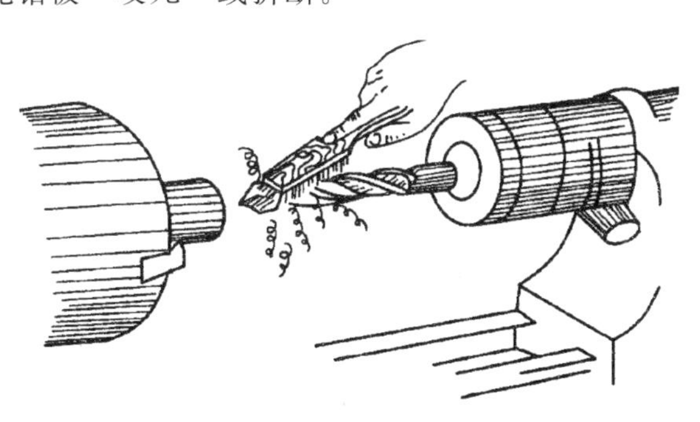

图 2-46　清除切屑

f. 在钻削钢料时必须浇注切削液，但在钻削铸件时可不用切削液。

**(2) 内孔车刀的使用**

① 内孔车刀的安装　内孔车刀安装时应注意以下几点。

a. 内孔车刀刀尖应对准工件中心。

b. 刀杆应与内孔轴心线基本平行。

c. 刀杆伸出长度应尽可能短一些，一般比被加工孔长5～10mm，如图2-47所示。

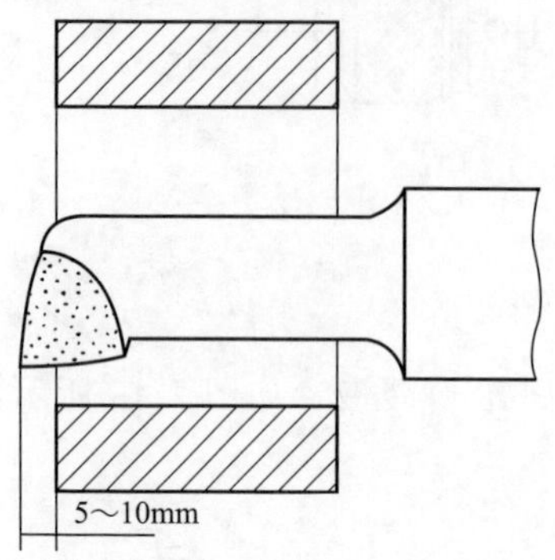


图2-47　刀杆伸出长度

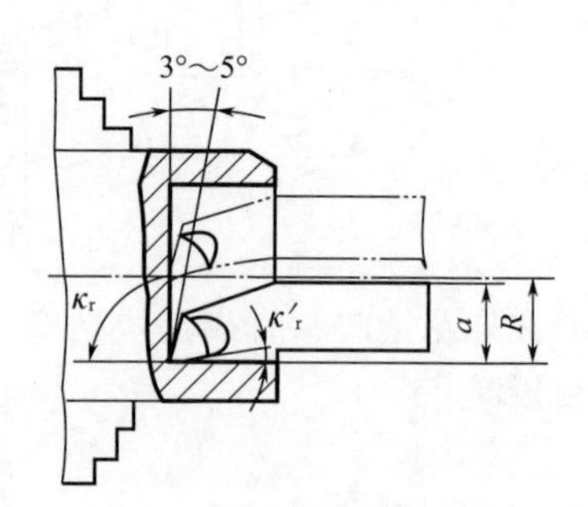


图2-48　不通孔车刀的安装

d. 对于不通孔车刀，则要求其主切削刃与平面成3°～5°的夹角，横向应有足够的退刀余地。如图2-48所示。

e. 车孔前应先把内孔车刀在孔内试走一遍，以防止车到一定深度后刀杆与孔壁相碰。

② 内孔车刀使用时增加刚性的方法　解决内孔车刀刚性要从下面两个方面入手。

a. 增加刀柄截面积。一般的内孔车刀的刀尖位于刀柄的上面，这样的车刀有一个缺点，即刀柄的截面积小于孔截面积的1/4，如图2-49（a）所示。如果使内孔车刀的刀尖位于刀柄的中心线上［见图2-49（b）］，则刀柄的截面积可大大增加。

内孔车刀的后面如果刃磨成一个大后角，如图2-49（c）所示，则刀柄的截面积必然减小；如果刃磨成两个后角，如图2-49（d）所示，或将后面磨成圆弧状，则既可防止内孔车刀的后面与孔壁摩擦，又可使刀柄的截面积增大。

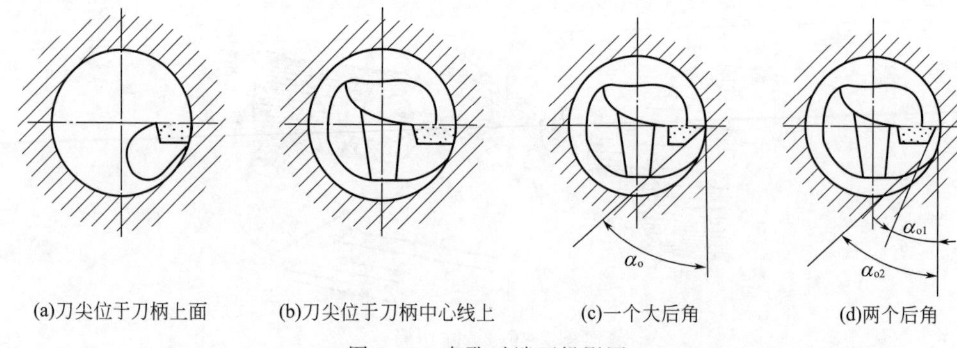


图2-49　车孔时端面投影图

b. 缩短刀柄伸出长度。刀柄伸出太长，会降低刀柄的刚度，容易引起振动。图2-31（a）和图2-33所示的内孔圆刀柄的伸出长度固定，不能适应各种不同孔深的工件。为此，可把内孔刀柄做成两个平面，刀柄做得很长，使用时根据不同的孔深调节刀柄的伸出长度，如图 2-50 所示。调节时只要刀柄的伸出长度大于孔深即可，这样有利于使刀柄以最大刚度状态工作。



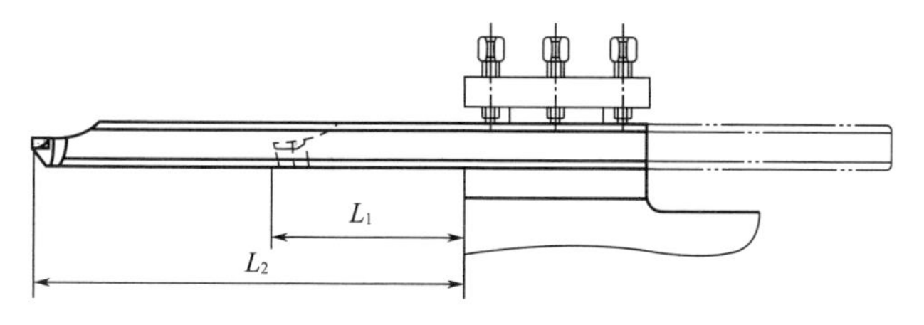


图 2-50　可调节伸出长度的刀柄

**(3) 内沟槽车刀的使用**

内孔车刀在安装时应注意以下几点。

a. 装刀时，内沟槽车刀的主切削刃应与沟槽底平面平行。

b. 应使主切削刃与内孔中心高等高或略高。

c. 两侧副偏角必须对称。

d. 如图 2-51 所示，采用装夹式内沟槽车刀车槽时，应满足

$$a>h \text{ 和 } d+a<D$$

式中　$D$——内孔直径，mm；

$d$——刀杆直径，mm；

$h$——槽深，mm；

$a$——刀头伸出长度，mm。

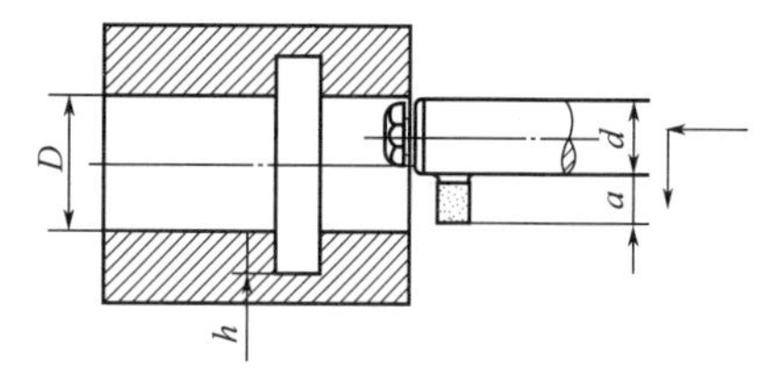


图 2-51　内沟槽车刀的安装要求

**(4) 铰刀的使用**

① 铰刀的安装　铰刀在车床上有如下两种安装方法。

a. 钻夹头或变径套安装。与麻花钻的安装相同，对于直柄铰刀，通过钻夹头安装；对于锥柄铰刀，通过变径套过渡安装，如图 2-52 所示。使用这种安装方法时，要求铰刀轴线与工件轴线严格重合，安装精度较低。

(a)钻夹头装夹

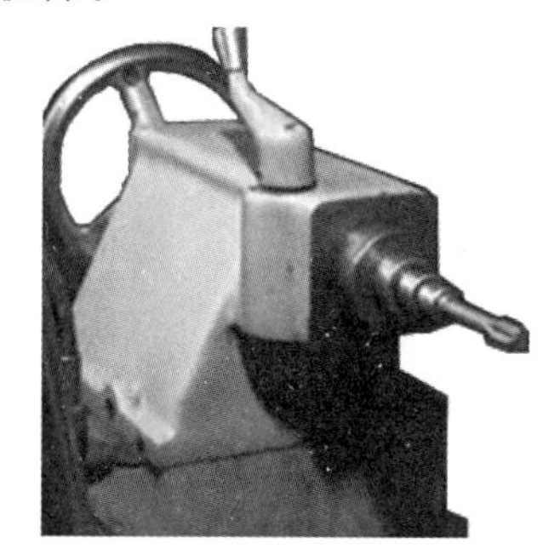

(b)变径套过渡安装

图 2-52　铰刀的安装

b. 用浮动套筒安装。将铰刀通过浮动套筒装入车床尾座中，由于浮动套筒的衬套和套筒之间的配合较松，并存在一定间隙，当工件轴线与铰刀轴线之间不重合时，允许铰刀浮动，这样铰刀就能够自动适应工件轴线，并消除二者之间的不重合偏差。如图 2-53 所示。

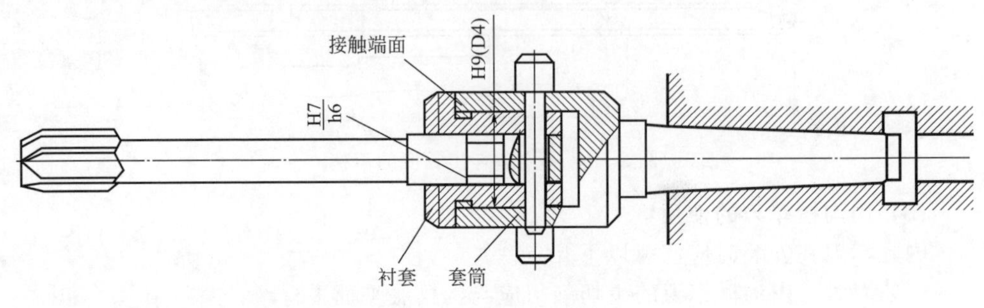


图 2-53　铰刀浮动安装

② 铰刀使用时直径的选择　铰孔的精度主要取决于铰刀的尺寸。铰刀的基本尺寸与孔基本尺寸相同。铰刀的公差是根据孔的精度等级、加工时可能出现的扩大或收缩及允许铰刀的磨损量来确定的。

一般可按下面的计算方法来确定铰刀的上、下偏差：

上偏差（es）＝2/3 被加工孔的公差

下偏差（ei）＝1/3 被加工孔的公差

即：铰刀选择被加工孔公差带中间 1/3 左右的尺寸。

## 2.3　螺纹用车刀

### 2.3.1　螺纹用车刀的种类

#### (1) 三角形螺纹车刀的种类与几何形状

① 高速钢三角形外螺纹车刀　高速钢三角形外螺纹车刀如图 2-54 所示。为保证车削顺利，粗车刀应选用较大的背前角（$\gamma_p=15°$）。它的径向后角取 6°～8°，两侧后角进刀方向为（3°～5°）$+\psi$，背进刀方向为（3°～5°）$-\psi$。刀尖处还应适当倒圆。为了获得较正确的牙型，精车刀应选用较小的背前角（$\gamma_p=6°\sim10°$），其刀尖角应等于牙型角，如图 2-55 所示。

图 2-54　高速钢三角形外螺纹车刀

② 高速钢三角形内螺纹车刀　高速钢三角形内螺纹车刀的结构如图 2-56（a）

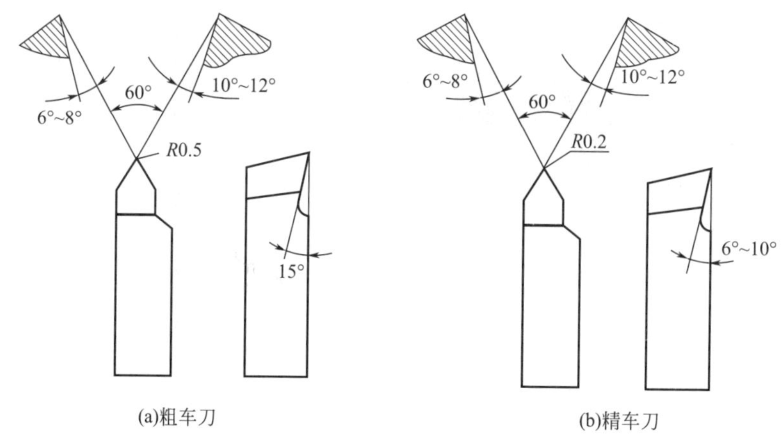


图 2-55　高速钢三角形外螺纹车刀几何角度

所示。除了刀刃几何形状应具有外螺纹车刀的几何形状特点外，它还具有内孔车刀的特点。由于内螺纹车刀的大小受内螺纹孔径的限制，所以内螺纹车刀刀体的径向尺寸应比螺纹孔径小 3～5mm。

(a)高速钢三角形内螺纹车刀的结构

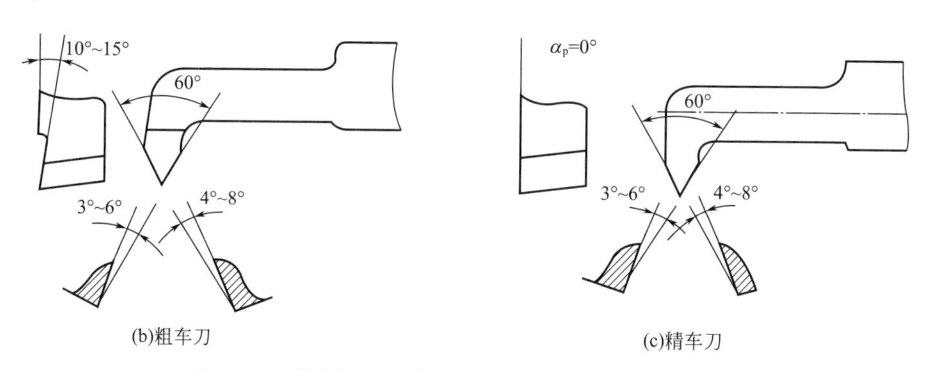


图 2-56　高速钢三角形内螺纹车刀的结构与几何角度

③ 硬质合金三角形外螺纹车刀　硬质合金三角形外螺纹车刀如图 2-57 所示。硬质合金外螺纹车刀的径向前角应为 0°，后角取 4°～6°。在车削较大螺距（$P>$ 2mm）以及材料硬度较高的螺纹时，应在车刀两侧切削刃上磨出宽度为 $b_{\gamma 1}=$ 0.2～0.4mm、$\gamma_{o1}=-5°$的倒棱。因为在调整切削下牙型角会扩大，所以其刀尖角要适当减少 30′，且刀尖处还应适当倒圆。

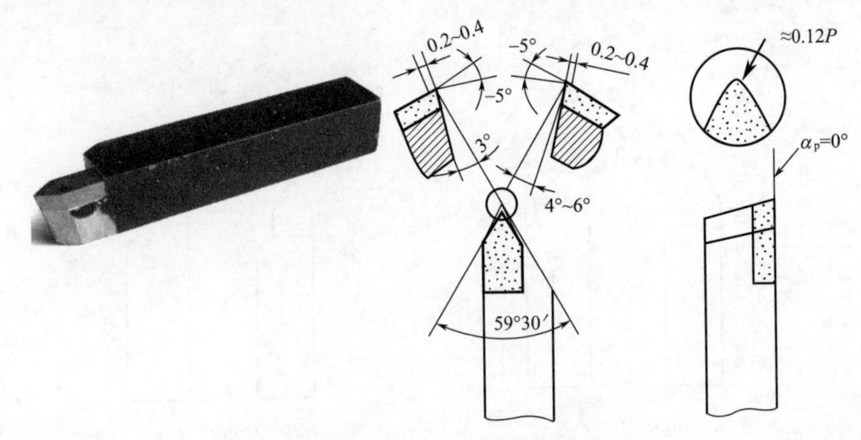


图 2-57　硬质合金三角形外螺纹车刀

④ 硬质合金三角形内螺纹车刀　硬质合金三角形内螺纹车刀如图 2-58 所示，其基本结构特点与高速钢内螺纹车刀相同。

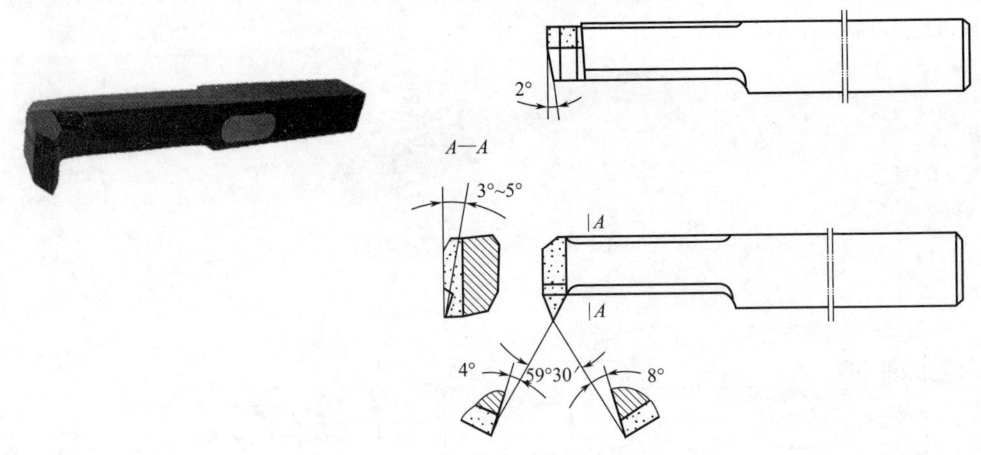


图 2-58　硬质合金三角形内螺纹车刀

**（2）梯形螺纹车刀的种类与几何角度**

① 高速钢梯形外螺纹车刀　高速钢梯形螺纹外车刀有粗、精之分。高速钢梯形外螺纹粗车刀如图 2-59 所示，其刀尖角应小于牙型角，刀尖宽度应小于牙型槽底宽（2/3$W$）。径向前角取 10°～15°，径向后角取 6°～8°，两侧后角进刀方向为（3°～5°）＋$\psi$，背进刀方向为（3°～5°）－$\psi$，刀尖处应适当倒圆。

高速钢梯形外螺纹精车刀如图 2-60 所示，径向前角为 0°，刀尖角应等于牙型角，即 30°，径向后角取 6°～8°，两侧后角进刀方向为（5°～8°）＋$\psi$，背进刀方向为（5°～8°）－$\psi$。刀尖宽度等于牙型槽宽 $W$ 减去 0.05mm。为保证两侧切削刃切削顺利，在两侧磨有较大的前角（$\gamma_o$＝10°～20°）的卷屑槽。车削时，车刀前端的切削刃不能参与切削，只能精车。

② 硬质合金梯形外螺纹车刀　为了提高效率，在车削一般精度梯形螺纹时，

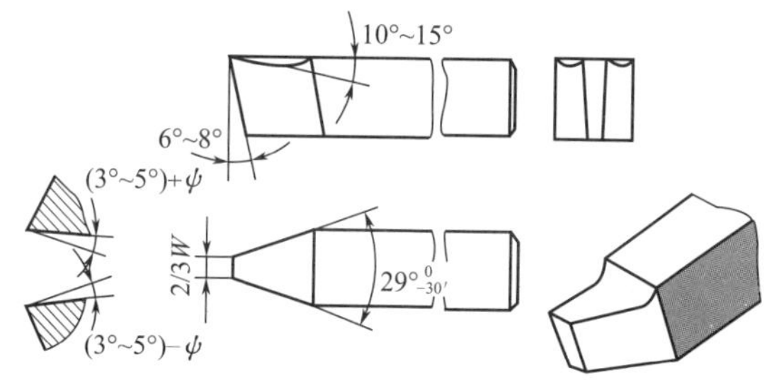


图 2-59　高速钢梯形外螺纹粗车刀

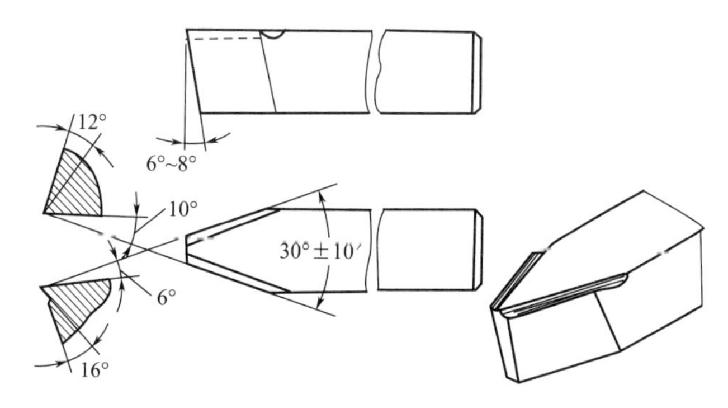


图 2-60　高速钢梯形外螺纹精车刀

可采用普通硬质合金梯形螺纹车刀（见图 2-61）进行高速车削。

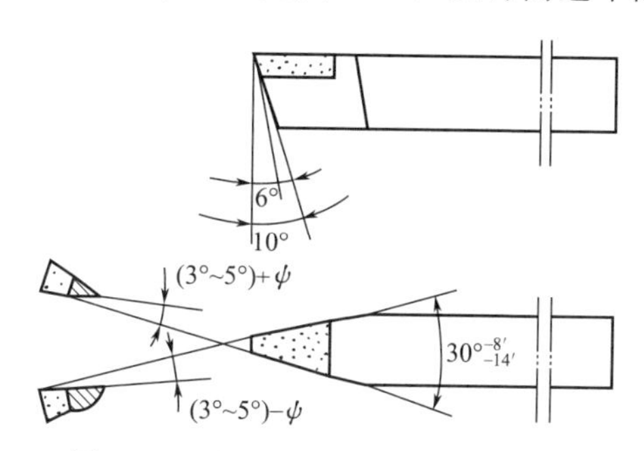


图 2-61　普通硬质合金梯形螺纹车刀

但由于其径向前角 $\gamma_o=0°$，刀尖角等于牙型角，即 30°。径向后角取 5°～6°，两侧后角进刀方向为（3°～5°）$+\psi$，背进刀方向为（3°～5°）$-\psi$。高速车削螺纹时，由于 3 个切削刃同时切削，切削力较大，易引起振动；并且当刀具前面为平面时，切屑呈带状排出，操作很不安全。因此，可在前面上磨出两个 $R$7mm 的圆弧，如图 2-62 所示，这样就使径向前后角得以增大，切削轻快且不易引起振动，同时切屑会呈球头排出，保证安全，清除切屑也很方便。

③ 弹簧梯形外螺纹车刀　车精度较低的梯形螺纹或粗车梯形螺纹时，常用弹簧车刀（见图 2-63）以减小振动并获得较小的表面粗糙度值。当采用法向装刀时，可用调节式弹簧车刀，这样装刀很是方便。

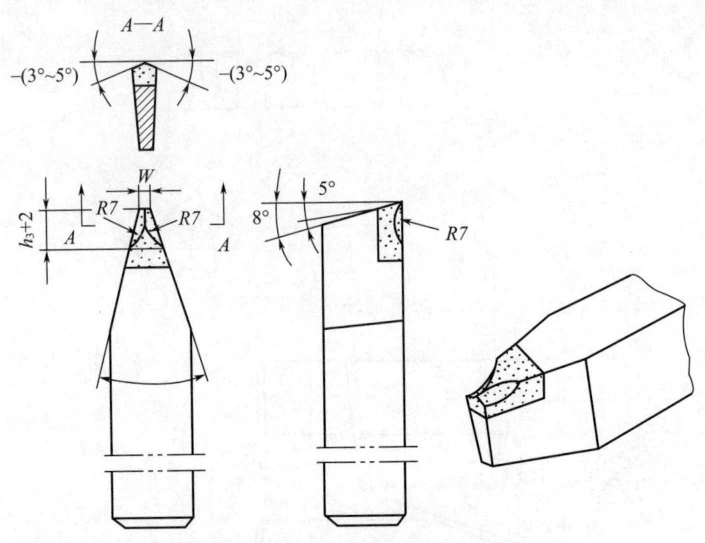


图 2-62　双圆弧硬质合金梯形螺纹车刀

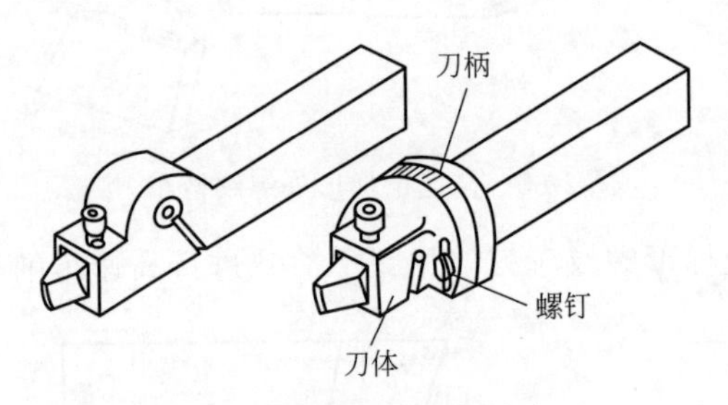


图 2-63　弹簧梯形外螺纹车刀

④ 梯形内螺纹车刀　梯形内螺纹车刀如图 2-64 所示，它与三角形内螺纹车刀基本相同，只是刀尖角等于 30°。为了增加刀头强度及减小振动，梯形内螺纹车刀的前刀面应适当磨得低一些。

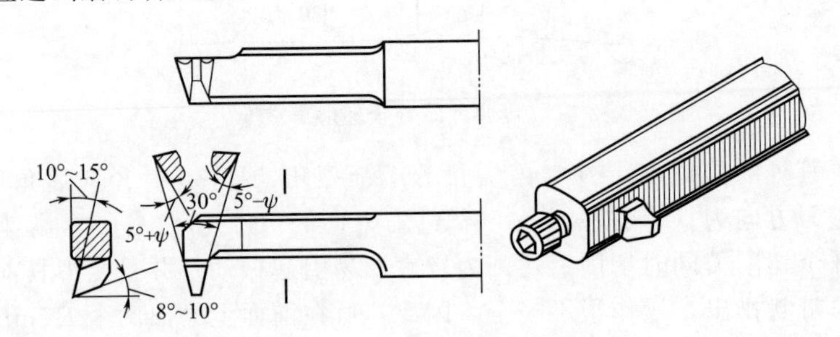


图 2-64　梯形内螺纹车刀

**(3) 矩形螺纹车刀**

矩形螺纹车刀的前刀面与车槽刀十分相似，可分为粗车刀和精车刀。

① 矩形螺纹粗车刀　矩形螺纹粗车刀的几何形状如图 2-65（a）所示。其刀尖

角 $\varepsilon_r=0°$；由于前角对牙型角没有影响，因此为使切削顺利进行，一般选择较大的背前角 $\gamma_p=12°\sim15°$；背后角 $\alpha_p=6°\sim8°$；两侧刃副偏角一般为 $1°\sim1°30'$；外螺纹的刀头宽度 $b=0.5p-(0.4\sim0.8)$ mm；刀头长 $L=0.5p+(2\sim4)$ mm。

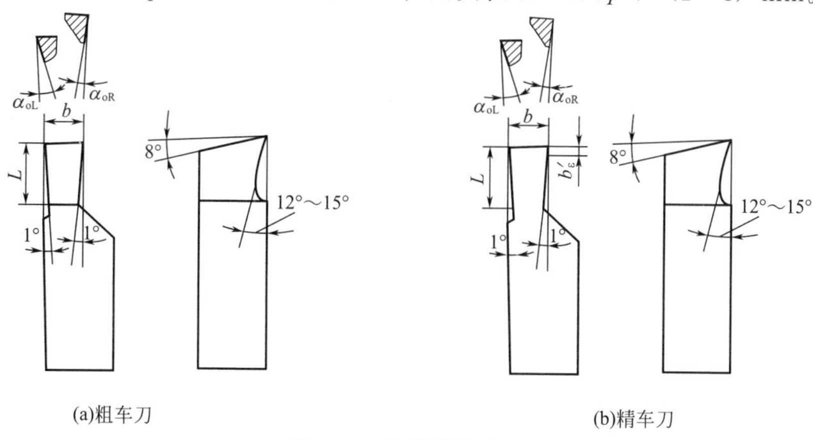


图 2-65 矩形螺纹车刀

② 矩形螺纹精车刀 矩形螺纹精车刀的几何形状如图 2-65（b）所示。与粗车刀不同的是，精车刀在两侧刃上磨有 $b'_\varepsilon=0.3\sim0.5$mm 的修光刃，以减小螺纹牙侧的表面粗糙度。

**(4) 蜗杆车刀**

蜗杆可分为米制蜗杆（$\alpha=20°$）和英制蜗杆（$\alpha=14.5°$）两种。蜗杆车刀的几何形状和角度是由蜗杆的牙型和加工方法决定的。本书仅介绍我国常用的米制蜗杆。

蜗杆车刀也分粗车刀和精车刀，如图 2-66 所示。粗车刀的刀尖角 $\varepsilon_r=40°{}^{\ 0}_{-30'}$；背前角 $\gamma_p=10°\sim15°$；车刀两侧刃之间的夹角 $\theta=39°26'\sim38°44'$；背后角 $\alpha_p=6°\sim8°$；刀头宽小于齿根槽宽。对于精车刀来说，其刀尖角 $\varepsilon_r=40°\pm10'$；背前角 $\gamma_p=0°$；车刀两侧刃之间的夹角 $\theta=\varepsilon_r=40°\pm10'$；背后角 $\alpha_p=6°\sim8°$。

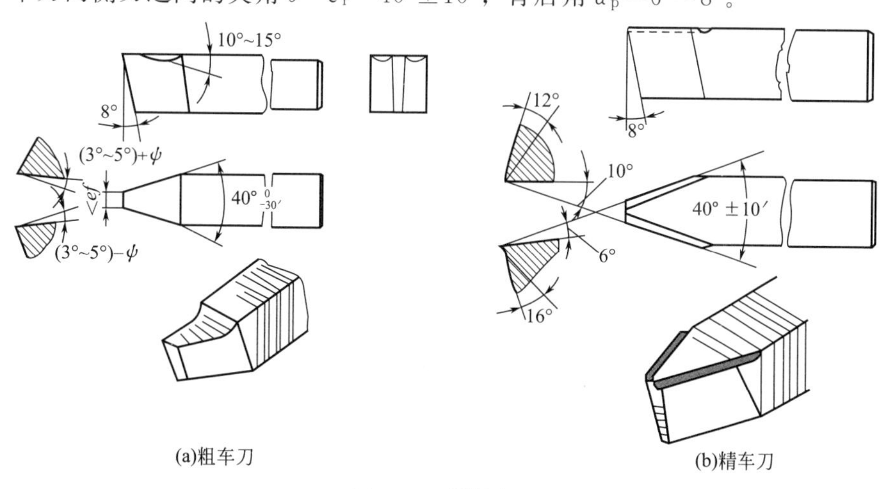


图 2-66 蜗杆车刀

**(5) 螺纹用刀具简介**

① 板牙　板牙是加工外螺纹的标准刀具之一，其外形像螺母，所不同的是在其端面上钻有几个排屑孔而形成刀刃。板牙的切削部分为两端的锥角部分。它不是圆锥面，是经过铲磨后形成的阿基米德螺旋面。板牙前面就是排屑孔，前角大小沿着切削刃而变化，外径处前角最小。板牙的中间一段是校准部分，也是导向部分。圆板牙的结构如图 2-67 所示。

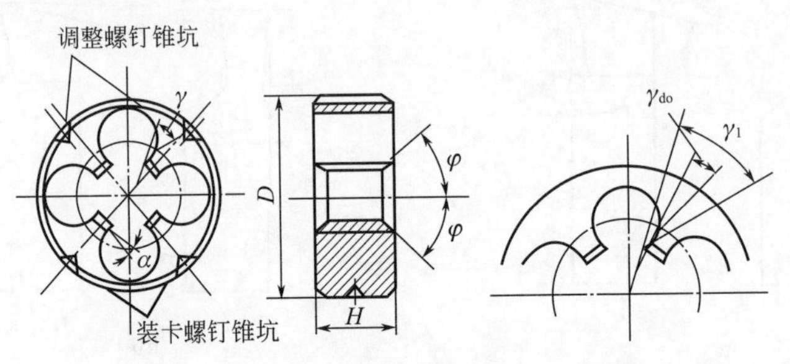


图 2-67　圆板牙的结构

② 丝锥　丝锥也叫丝攻，是一种成形多刃刀具，其结构如图 2-68 所示。实际上，丝锥就是一螺钉，但开有纵向沟槽，以形成切削刃和容屑槽。其结构简单，使用方便，在小尺寸的内螺纹加工上应用极为广泛。丝锥的种类很多，按牙的粗细不同，分为粗牙丝锥和细牙丝锥；按其功能来分，有手用丝锥、机用丝锥等。通常 M6～M24 的手用丝锥一套为两支，称头锥、二锥；M6 以下及 M24 以上的手用丝锥一套有 3 支，即头锥、二锥、三锥。

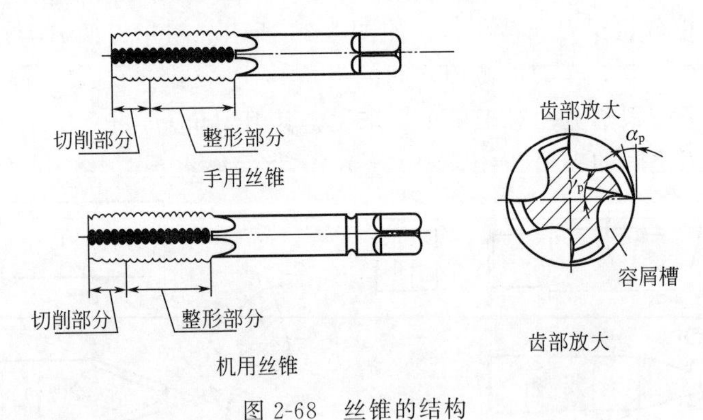


图 2-68　丝锥的结构

## 2.3.2　螺纹用车刀的使用

**(1) 三角形螺纹车刀的使用**

① 外螺纹的安装　安装要求有以下几点。

a. 螺纹车刀刀尖应与车床主轴轴线等高，一般可根据尾座顶尖高低进行调整和检查。

b. 螺纹车刀的两刀尖半角的对称中心线应与工件轴线垂直，装刀时可用对刀样板调整，如图 2-69 所示。如果把车刀装歪了，会使车出的螺纹两牙型半角不相等，产生倒牙，如图 2-70 所示。

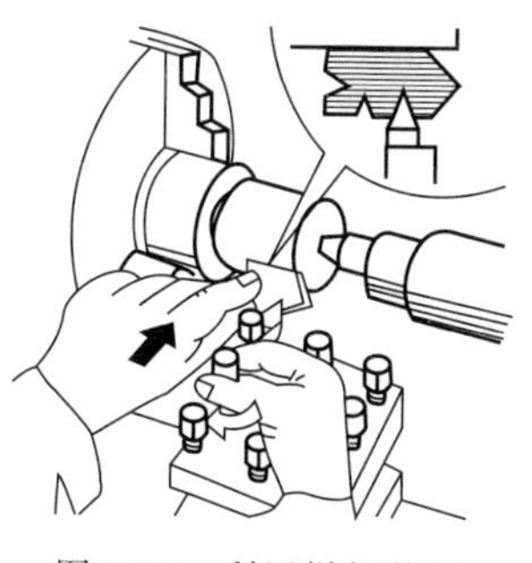

图 2-69　利用样板装刀

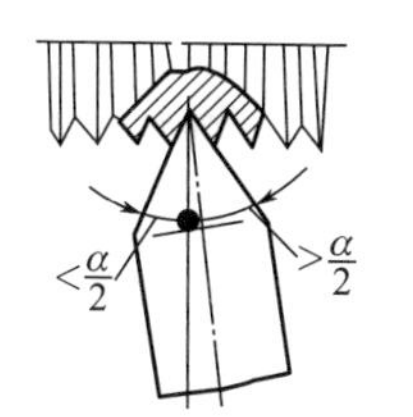


图 2-70　装刀歪斜

c. 螺纹车刀不宜伸出过长，一般伸出长度为 25～30mm。

d. 高速车削三角形外螺纹时，为了防止工件振动和发生扎刀，可使用有弹性刀柄的螺纹车刀。装刀时刀尖还应略高于工件中心，一般为 0.1～0.3mm。

② 内螺纹的安装　安装要求有以下几点。

a. 刀柄伸出长度应大于内螺纹长度 10～20mm。

b. 调整车刀的高低，使刀尖对准工件的回转中心。

c. 如图 2-71 所示，将螺纹对刀样板侧面靠平工件端面，刀尖部分进入样板的槽内进行对刀，调整并夹紧车刀。

d. 装刀时要保证车刀刀尖角与刀柄垂直，否则车削时刀柄会与内孔相碰。如图 2-72 所示。

e. 安装好螺纹车刀后应在底孔内手动试走一次，防止刀柄与内孔相碰从而影响车削。

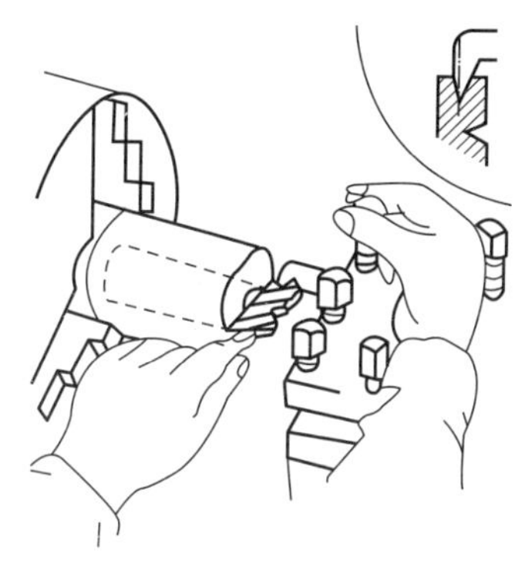

图 2-71　利用样板装内螺纹车刀

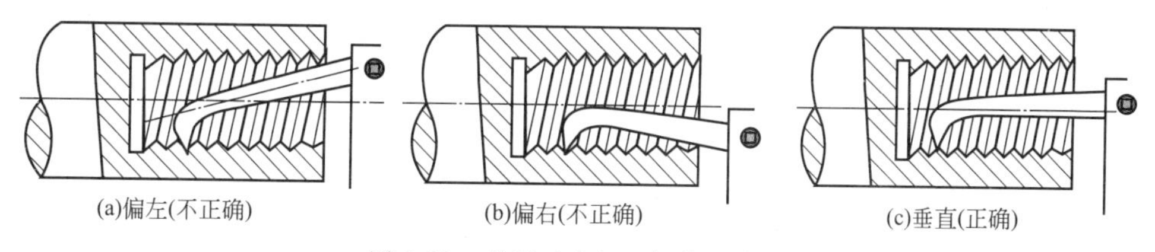

(a)偏左(不正确)　(b)偏右(不正确)　(c)垂直(正确)

图 2-72　车刀刀尖与刀柄位置关系

**(2) 梯形螺纹车刀的使用**

① 梯形螺纹车刀的安装方式　根据梯形螺纹的车削特点，车刀的安装方法一般分为轴向装刀法和法向装刀法两种。轴向装刀是使车刀前刀面与工件重合，如图 2-73（a）所示，这种装刀的优点就是能使车出的螺纹直线度好；法向装刀是使车刀前刀面在纵向进给方向对基面倾斜一个螺纹升角，即使前刀面在纵向进给方向垂直于螺旋线的切线，如图 2-73（b）所示，这种装刀的优点是使螺纹车刀左右切削

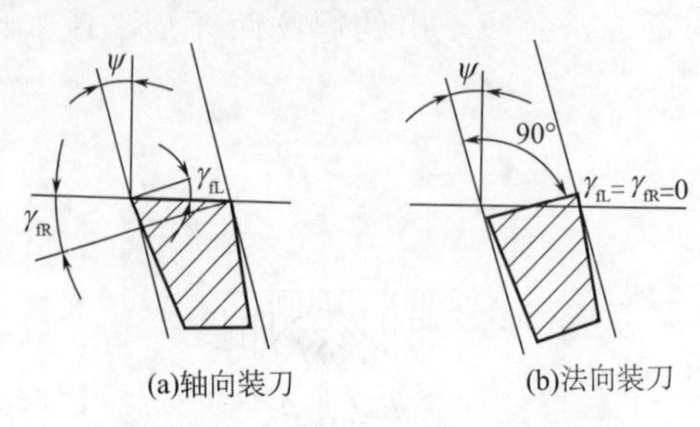


图 2-73　螺纹车刀的安装方式

刃的工作前角相等，它改善了切削条件，使排屑顺畅，但螺纹牙型不成直线，而是双曲线。因此，粗车梯形螺纹时（特别是螺旋升角较大时），宜采用法向装刀，而精车梯形螺纹时，则采用轴向装刀，这样既能顺利地进行粗车，又能保证精车后螺纹牙型的准确性。

② 螺纹车刀的安装要求　安装要求有如下几点。

a. 螺纹车刀刀尖应与工件轴线等高。弹性螺纹车刀由于车削时受切削抗力的作用会被压低，所以刀尖应高于工件轴线 0.2～0.5mm。

b. 为了保证梯形螺纹车刀两刃夹角中线垂直于工件轴线，当梯形螺纹车刀在基面内安装时，可以用螺纹样板进行对刀，如图 2-74 所示。若以刀柄左侧面为定位基准，在工具磨床上刃磨的梯形螺纹精车刀，装刀时可用百分表校正刀柄侧面位置以控制车刀在基面内的装刀偏差，如图 2-75 所示。

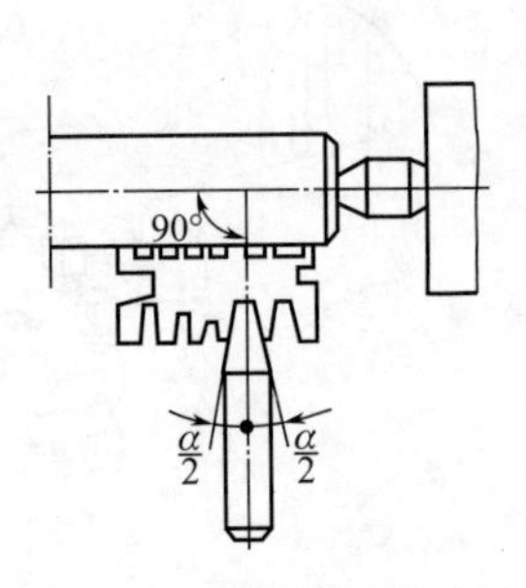


图 2-74　用螺纹样板对刀

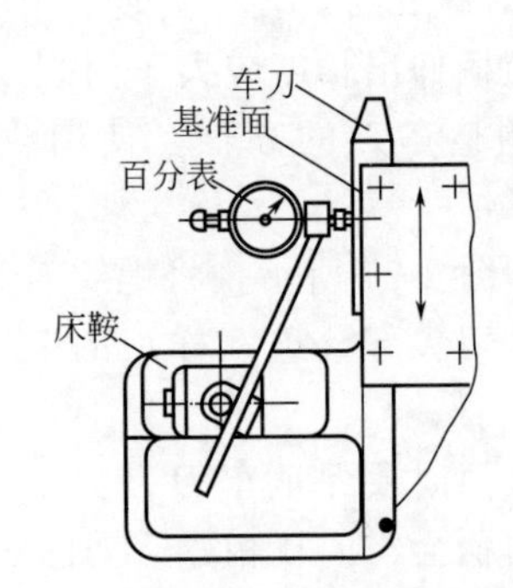


图 2-75　用百分表校正刀柄侧面位置

③ 梯形螺纹车刀的选用　车精度较低或是粗车梯形螺纹时，常采用弹簧车刀以减小振动并获得较小的表面粗糙度值。当采用法向装刀时，可用调节式弹簧车刀，这样装刀很是方便。如图 2-76 所示。

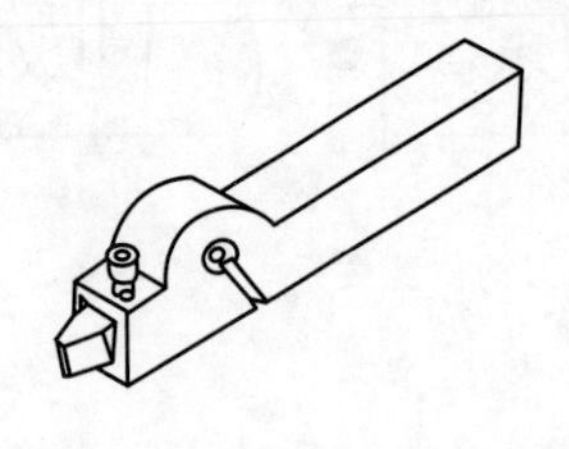

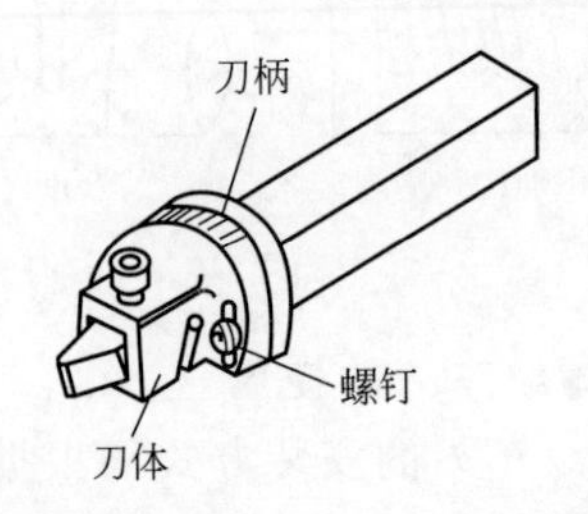


图 2-76　弹簧梯形外螺纹车刀

**(3) 蜗杆车刀的使用**

蜗杆车刀有如下两种安装方法。

① 水平装刀法　车削轴向直廓蜗杆时，应采用水平装刀法，就是要使蜗杆车刀两侧切削刃组成的平面与蜗杆轴线在同一水平面内，且与蜗杆轴线等高。

② 垂直装刀法　车削法向直廓蜗杆时，必须使车刀两侧切削刃组成的平面与蜗杆齿面垂直，这种装刀方法称为垂直装刀法。

在车削轴向直廓蜗杆时，本应采用水平装刀，但由于车刀其中一侧切削刃的后角变小，为使切削顺利，在粗车时也可采用垂直装刀法，如图 2-77 所示，但在精车时一定要采用水平装刀法，以保证齿形的正确。

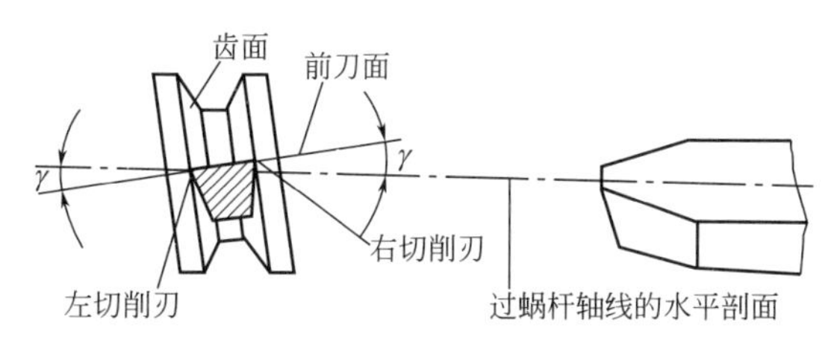


图 2-77　垂直装刀法

在安装模数较小的蜗杆车刀时，可用样板找正；在安装模数较大的蜗杆车刀时，通常用万能角度尺找正，如图 2-78 所示。

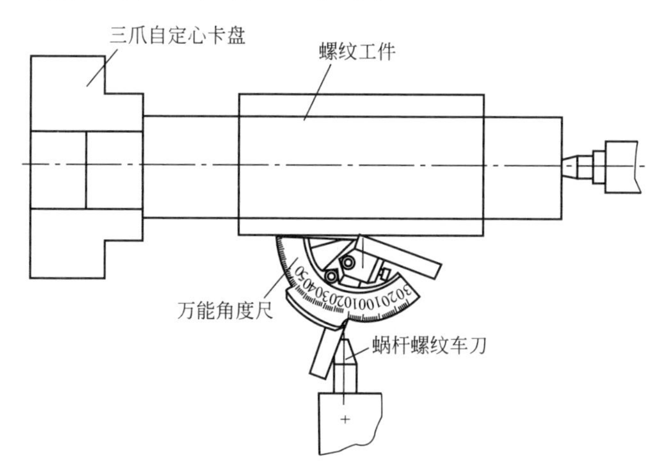


图 2-78　用万能角度尺安装蜗杆车刀

由于蜗杆的导程角 $\gamma$ 比较大，为了改善切削条件和达到垂直装刀法的要求，可采用如图 2-79 所示的可回转刀柄。刀柄头部可相对于刀柄回转一个所需的导程角，头部旋转后用两只紧固螺钉紧固。这种刀柄开有弹性槽，车削时不易产生扎刀现象。

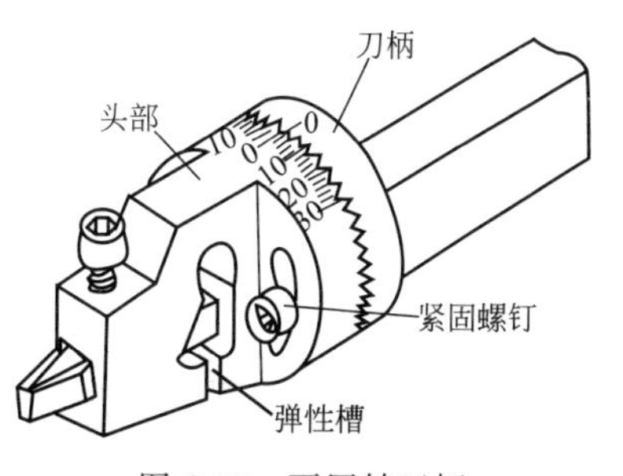


图 2-79　可回转刀柄

**(4) 螺纹升角 $\psi$ 对螺纹车刀工作角度的影响**

车螺纹时，由于螺纹升角的不同会引起切削平面和基面位置的变化，从而使车刀工作时的前角和后角与车刀的刃磨前角和刃磨后角的数值不相同。螺纹的导程越大，对工作时的前角和后角的影响越明显。因此，必须考虑螺纹升角对螺纹车刀工作角度的影响。

① 螺纹升角 $\psi$ 对螺纹车刀工作前角的影响　如图 2-80 所示，车削右旋螺纹时，如果车刀左右侧切削刃的刃磨前角均为 0°，即 $\gamma_{oL}=\gamma_{oR}=0°$，螺纹车刀水平装夹时，左切削刃在工作时是正前角（$\gamma_{oeL}>0°$），切削比较顺利；而右切削刃在工作时是负前角（$\gamma_{oeR}<0°$），切削不顺利，排屑也困难。

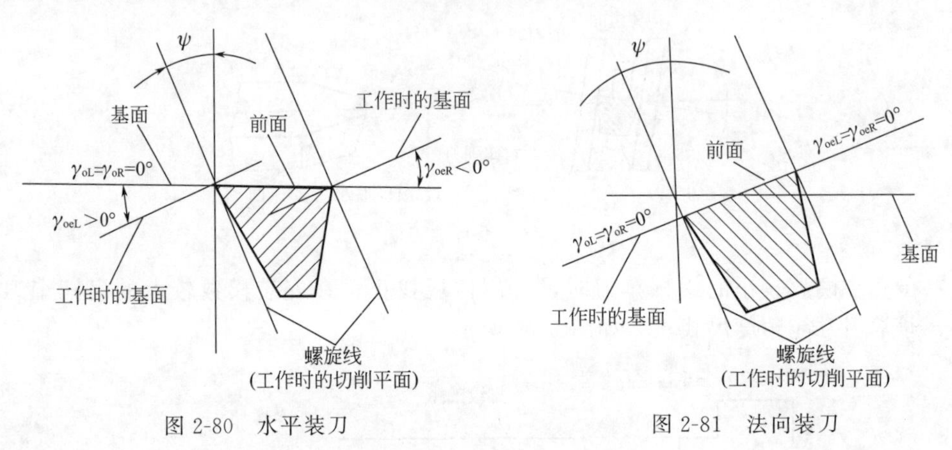


图 2-80　水平装刀　　　图 2-81　法向装刀

为了改善上述状况，一是将车刀左右两侧切削刃组成的平面垂直于螺旋线装夹（法向装刀），这时两侧刀刃的工作前角都为 0°，即 $\gamma_{oeL}=\gamma_{oeR}=0°$，如图 2-81 所示；二是车刀仍然水平装夹，但在前面上沿左右两侧的切削刃上磨有较大前角的卷屑槽，如图 2-82 所示，这样可使切削顺利，并利于排屑；三是采用法向装刀时，在前面上也磨出有较大前角的卷屑槽，如图 2-83 所示，这样切削更顺利。

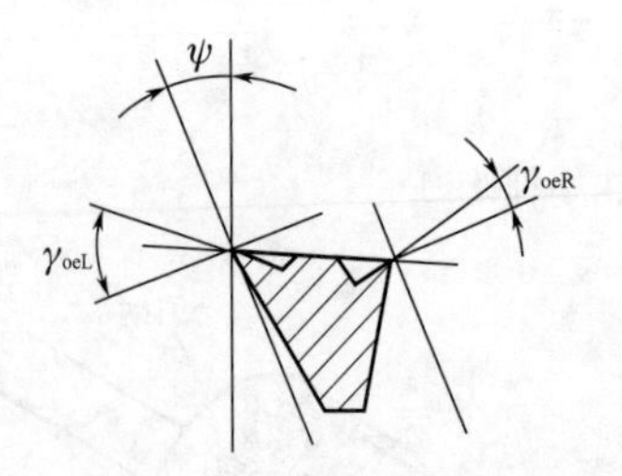


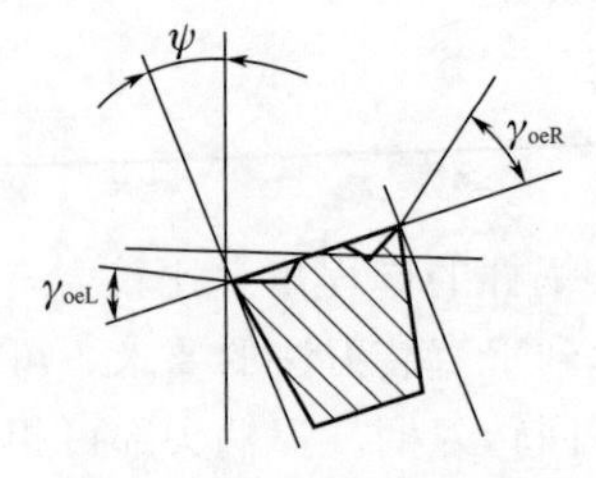

图 2-82　水平装刀且磨有较大前角的卷屑槽　　图 2-83　法向装刀且磨有较大前角的卷屑槽

② 螺纹升角 $\psi$ 对螺纹车刀工作后角的影响　螺纹车刀的工作后角一般为 3°～5°。当不存在螺纹升角（如横向进给车槽）时，车刀左右切削刃的工作后角与刃磨后角相同。但在车螺纹时.由于螺纹升角的影响，车刀左右切削刃的工作后角与刃磨后角不相同，如图 2-84 所示。

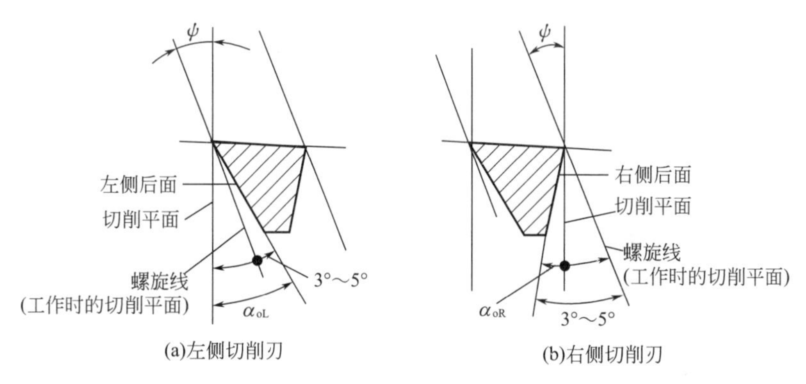


图 2-84　车右旋螺纹时螺纹升角对螺纹车刀工作后角的影响

## 2.4　成形车刀

### 2.4.1　成形车刀的种类与几何角度

成形车刀又叫样板车刀，是加工回转体成形表面的专用刀具。

**(1) 成形车刀的种类和用途**

成形车刀按进给方式可分为径向成形车刀、切向成形车刀和轴向成形车刀 3 种。

① 径向成形车刀　径向成形车刀按刀体形状和结构不同也分为 3 种，其具体种类与用途见表 2-16。

表 2-16　径向成形车刀的种类与用途

| 种　类 | 结　构 | 说　明 | 用　途 |
|---|---|---|---|
| 普通成形车刀 | | 也称平体成形车刀。刀体结构和普通车刀较为相似,只是切削刃有一定形状的要求,是将切削刃磨成和成形面表面轮廓素线相同的曲线形状,制造简单,允许重磨的次数少 | 用来加工简单的成形表面 |
| 棱体成形车刀 | | 由刀头和弹性刀柄两部分组成,刀头的切削刃按工件的形状在工具磨床上磨出,刀头后部的燕尾块装夹在弹性刀柄的燕尾槽中,并用紧固螺栓紧固。棱体成形刀磨损后,只需刃磨前刀面,并将刀头稍向上升即可继续使用。该车刀可以一直用到刀头无法夹持为止。棱体成形车刀加工精度高,使用寿命长,但制造复杂 | 主要用于车削较大直径的成形面 |

续表

| 种　类 | 结　构 | 说　明 | 用　途 |
| --- | --- | --- | --- |
| 圆体成形车刀 |  | 做成圆轮形,在圆轮上开有缺口,从而形成前刀面和主切削刃。圆体成形车刀允许重磨的次数较多,较易制造 | 常用于车削直径较小的成形面 |

② 切向成形车刀　切向成形车刀如图 2-85 所示，工作时，其切削刃是沿工件已加工表面的切线方向切入的，由于切削刃具有偏角，因此切削时只有一部分切削刃在工作，切削力较小，但因切削行程长，生产效率低。切向成形车刀主要用于车削轮廓形深不大的、细长的和刚度差的工件。

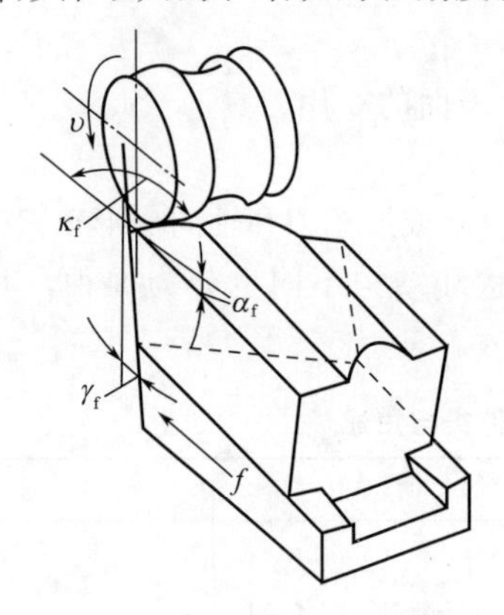


图 2-85　切向进刀的成形车刀

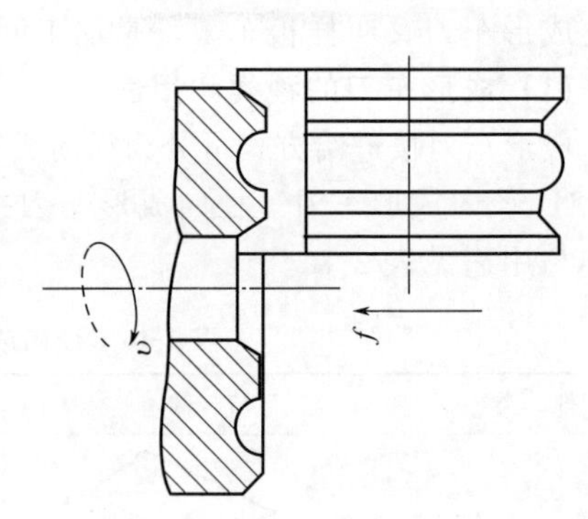


图 2-86　轴向成形车刀

③ 轴向成形车刀　轴向成形车刀如图 2-86 所示，用以加工端面成形表面。加工过程中，工件回转，而成形车刀做轴向进给运动。

**(2) 成形车刀的几何角度**

① 成形车刀前、后角的形成　由于成形车刀刃形的复杂性，其切削刃各段的正交平面方向皆不相同，因此规定，成形车刀的前角和后角在剖面中测量，而不在正交平面中测量，并且以刀刃上与工件中心等高的最外一点处的前角和后角作为标注值（该点称为基准点）。成形车刀的前、后角是在安装后形成的，如图 2-87 所示，将车刀楔角做成 $90-(\gamma_f+\alpha_f)$，安装时车刀倾斜 $\alpha_f$ 角，即形成所需的前角和后角。

对于圆体成形车刀，如图 2-88 所示。制造时使车刀中心到前角刀的垂直距离为 $h_o=R_1\sin(\gamma_f+\alpha_f)$，而安装时使车刀中心比工件中心高 $H=R_1\sin\alpha_f$ 的距离，并使刀刃上的基准点和工件中心等高，便得到所需的前角和后角。

成形车刀的前角和后角不仅影响车刀的切削性能，而且还影响零件形状的加工

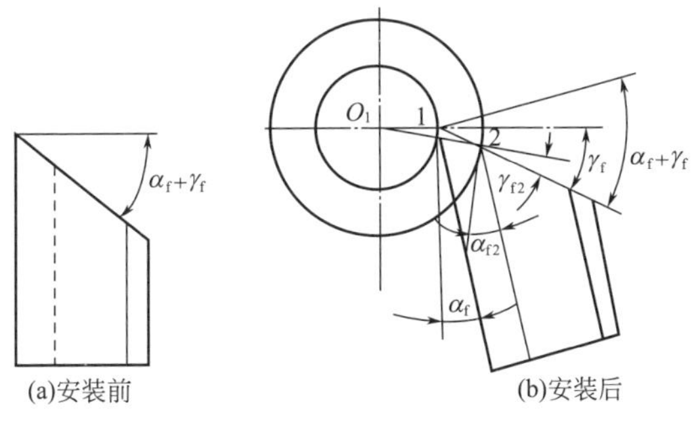


图 2-87 棱体成形车刀前角和后角的形成

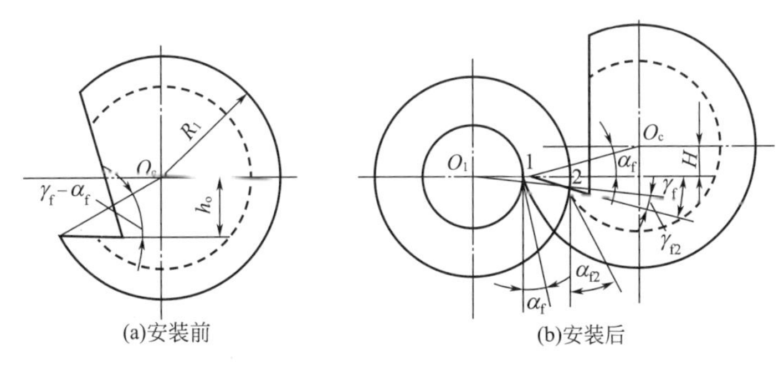


图 2-88 圆体成形车刀前角和后角的形成

精度，因此，确定了前角和后角值后，在制造、重磨和安装使用时不能随意变动，应得到保证。成形车刀的前角可根据工件材料性质按表 2-17 选取。但在加工锥形表面时，为减小由前角所引起的误差可将前角适当减小。后角则要根据刀具类型的工作情况而定，见表 2-18。

**表 2-17 成形车刀前角的选取**

| 工件材料 | | 前角($\gamma_f$) |
|---|---|---|
| 碳钢 | $\sigma_b$<0.49GPa | 12°～20° |
| | $\sigma_b$=0.49～0.784GPa | 10°～15° |
| | $\sigma_b$=0.784～1.176GPa | 0°～10° |
| 铸铁 | <150HB | 15° |
| | 150～200HB | 12° |
| | 150～250HB | 8° |
| 铜 | 黄铜 | 0°～10° |
| | 青铜 | 0°～5° |
| | 紫铜、铝 | 20°～25° |

表 2-18　成形车刀后角的选取

| 车刀类型 | | 后角($\alpha_f$) |
|---|---|---|
| 圆体 | | 10°～15° |
| 棱体 | | 12°～17° |
| 平体 | 普通 | 10°～12° |
| | 铲齿 | 25°～30° |

② 切削刃上各点的前角和后角　如图 2-89 所示，成形车刀在车削时，除切削刃上 1′点在工件中心等高位置外，其余各点 2′、3′（4′）……均低于中心线，这些切削点的基面和切削平面的位置都在变化，因此由它们形成的前角和后角也各不相同，离工件中心越远，前角越小，后角越大，即：$\gamma_f > \gamma_{f2} > \gamma_{f3} > \cdots$，$\alpha_f < \alpha_{f2} < \alpha_{f3} < \cdots$。

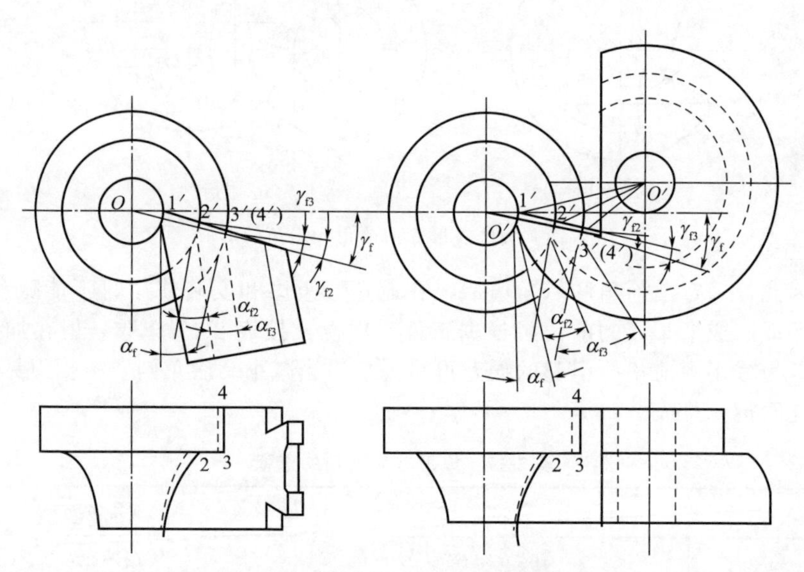


图 2-89　切削刃上各点的前角和后角

由于主偏角 $\kappa_r$ 的影响，成形车刀正交平面内的后角变小，会使车刀与工件产生较大的摩擦，加剧车刀的磨损。如图 2-90 所示，任取切削刃上 $x$ 点为例，该点主偏角为 $\kappa_{rx}$，后角为 $\alpha_{fx}$，正交平面后角为 $\alpha_{ox}$。

设 $x$ 点上的刃倾角为 0°，根据公式 $\cos\alpha_f = \cos\alpha_o \sin\kappa_r - \tan\lambda_s \cos\kappa_r$ 可求得

$$\tan\alpha_{ox} = \tan\alpha_{fx} \sin\kappa_{rx}$$

切削刃上任意点 $x$ 的主偏角 $\kappa_{rx}$ 是该点切削平面与进给运动方向间的夹角。当主偏角 $\kappa_r < 90°$时，正交平面后角 $\alpha_{ox}$ 小于后角 $\alpha_{fx}$，$\kappa_{rx}$ 越小，$\alpha_{ox}$ 越小；当 $\alpha_{rx} = 0°$时，$\alpha_{ox} = 0°$。为改善 $\alpha_{ox}$ 过小所带来的不利影响，常用的措施见表 2-19。

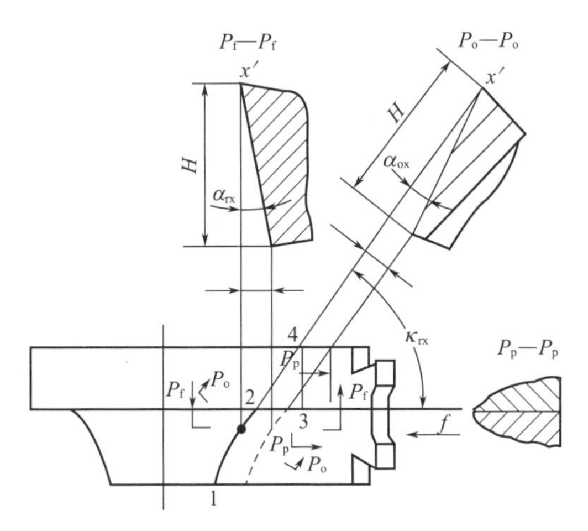


图 2-90 正交平面后角 $\alpha_{ox}$

**表 2-19 改善切削状况（$\alpha_{ox}=0°$）措施**

| 措 施 | 说 明 | 图 示 |
| --- | --- | --- |
| 改变廓形 | 在不影响零件使用性能的条件下，改变刀具轮廓形状 | $\kappa_{rx}=7°\sim10°$<br>$f$ |
| 磨凹 | 在成形车刀端面切削刃的后刀面上磨出凹槽，以减小摩擦面积 | 0.3～0.5<br>0.3～0.5<br>$f$ |
| 做侧隙角 | 在端面刃上做出 2°～3°的侧隙角 | $\kappa_{rx}=2°\sim3°$<br>$f$ |

续表

| 措施 | 说明 | 图示 |
|---|---|---|
| 改变装刀方式 | 采用斜装成形车刀，改变成形车刀的结构，以使 $\kappa_{rx}>0°$ | |
| 用圆体车刀 | 采用具有 $\alpha_{ox}>0°$ 的螺旋后刀面圆体车刀 | |

## 2.4.2 成形车刀的轮廓设计与结构

### (1) 廓形设计的必要性

成形车刀的廓形设计（零件轴线剖面的形状尺寸，包括宽度、深度、圆弧和曲线等）就是根据零件的廓形来确定成形车刀需要的相应廓形。

如图 2-92 所示，当成形车刀的前角 $\gamma_f=0°$、后角 $\alpha_f>0°$时，成形车刀的前角刀面与零件的轴线剖面重合，两剖面中的廓形相同，并与要求的成形车刀廓形相同，车刀的廓形 $T$ 小于零件的廓形深度 $t$。

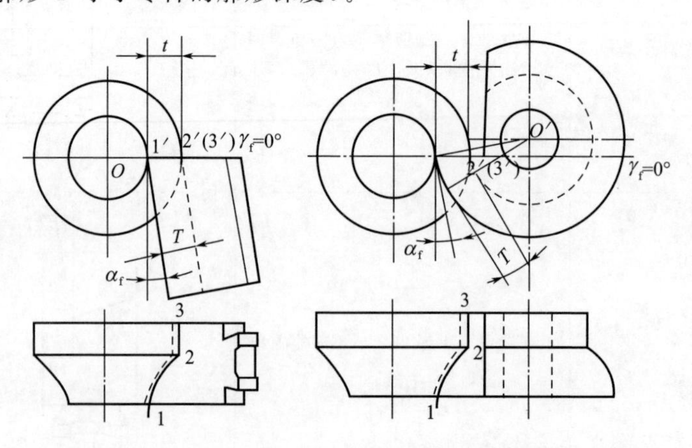


图 2-91　$\gamma_f=0°$、$\alpha_f>0°$时，车刀廓形与零件廓形的关系

如图 2-92 所示的是前角 $\gamma_f > 0°$、后角 $\alpha_f > 0°$时的情况。此时车刀前刀面不再和零件的轴向剖面重合，因而车刀在前刀面上的廓形也和零件的轴向廓形不一致，这时车刀的廓形 $T$ 将更小于零件的廓形深度 $t$。

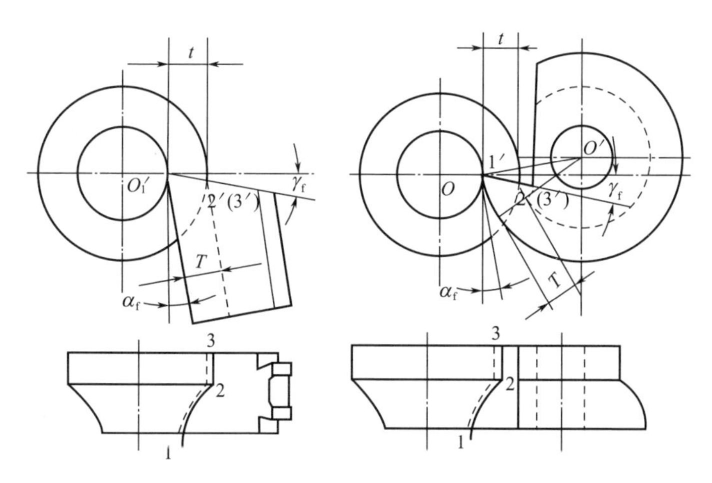


图 2-92 $\gamma_f > 0°$、$\alpha_f > 0°$时，车刀廓形与零件廓形的关系

成形车刀有了前角和后角后，棱体成形车刀垂直于后刀面的剖面、圆体成形车刀的轴向剖面与零件的轴向剖面重合，造成了两者廓形深度的差异。由于车刀和廓形宽度与零件上相应的廓形宽度应相等，因此要对成形车刀进行修正。

**（2）廓形设计**

成形车刀廓形设计的方法有图解法和计算法两种。

① 图解法　下面介绍棱体成形刀和圆体成形刀的作图设计。

a. 棱体成形刀的作图设计。棱体成形刀的作图设计的方法与步骤见表 2-20。

**表 2-20　棱体成形刀的作图设计的方法与步骤**

| 步　骤 | 图　示 | 步　骤 | 图　示 |
|---|---|---|---|
| 按放大比例，用平均尺寸画出零件的主、俯视图 | O　$L_4$　$L_3$　$L_2$　$r$ | 在俯视图中找出廓形的转折点 1、2、3、4 | O　1　2　3　4　$L_4$　$L_3$　$L_2$　$r$ |

续表

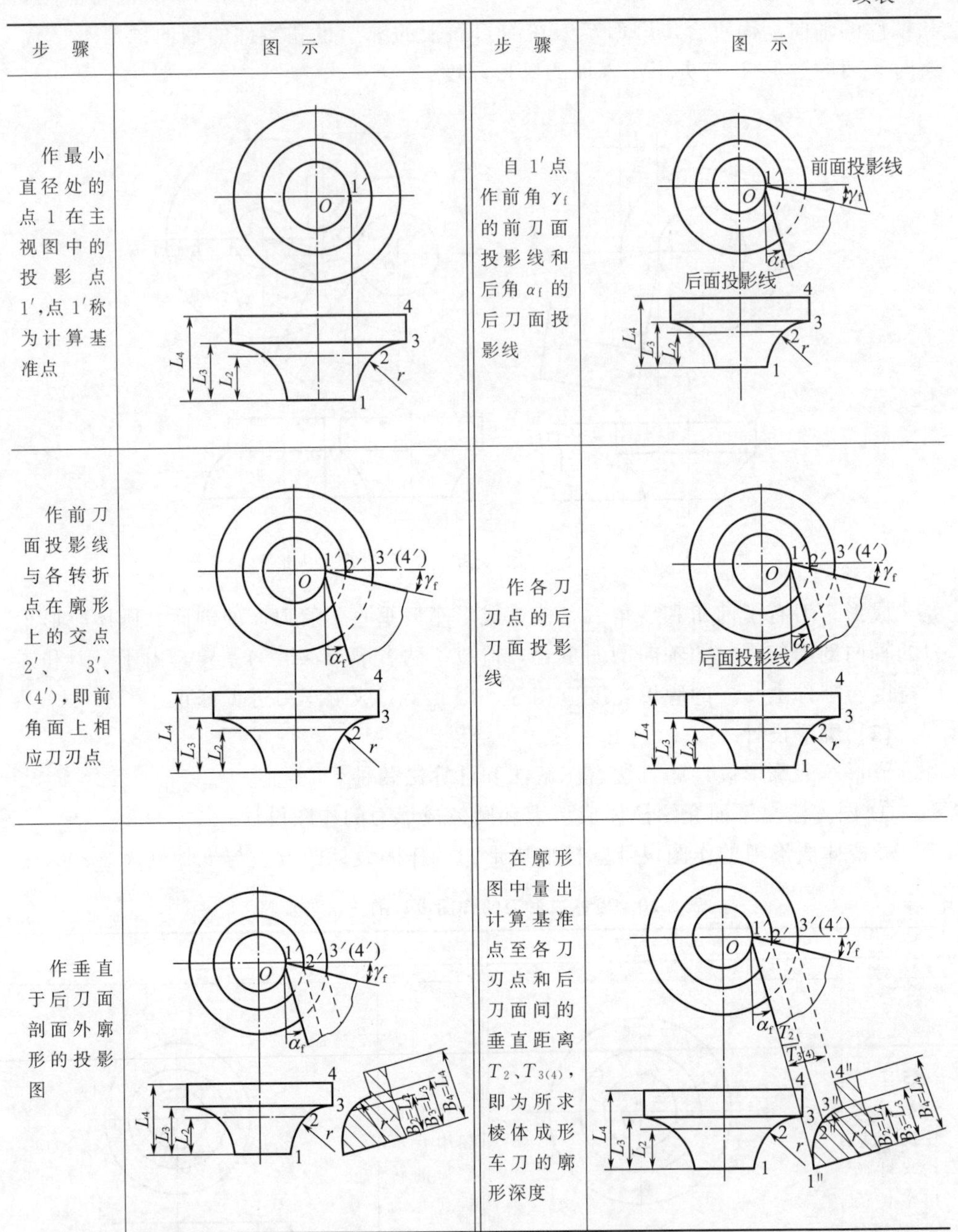

| 步骤 | 图示 | 步骤 | 图示 |
|---|---|---|---|
| 作最小直径处的点1在主视图中的投影点1′，点1′称为计算基准点 | | 自1′点作前角$\gamma_f$的前刀面投影线和后角$\alpha_f$的后刀面投影线 | |
| 作前刀面投影线与各转折点在廓形上的交点2′、3′、(4′)，即前角面上相应刀刃点 | | 作各刀刃点的后刀面投影线 | |
| 作垂直于后刀面剖面外廓形的投影图 | | 在廓形图中量出计算基准点至各刀刃点和后刀面间的垂直距离$T_2$、$T_{3(4)}$，即为所求棱体成形车刀的廓形深度 | |

b.圆体成形车刀作图设计。圆体成形车刀的作图设计的方法与步骤如图2-93所示。首先根据后角$\alpha_f$与圆体成形车刀半径$R$值确定圆体成形车刀中心位置$O'$。以圆心$O'$至各刀刃点2′、3′、(4′)间的距离为半径作同心圆。外圆半径与各同心圆半径之差$T_2$、$T_{3(4)}$即为所求圆体成形车刀的廓形深度。

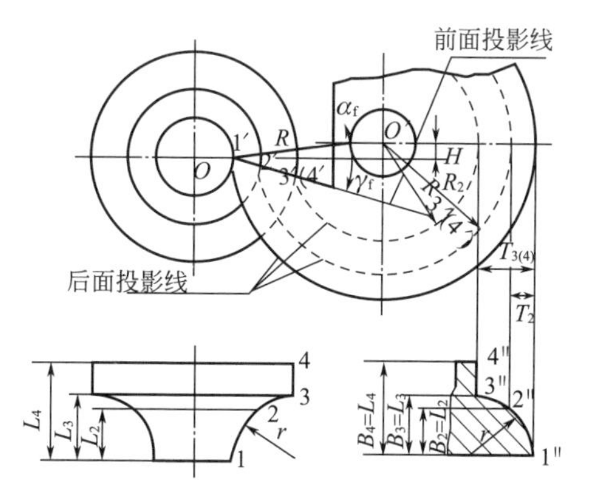


图 2-93　图解法求圆体成形车刀的廓形深度

② 计算法　计算法求成形车刀廓形时的方法和步骤如下。

a. 画出关系图，并在图中标出相应的辅助尺寸，如图 2-94 所示。

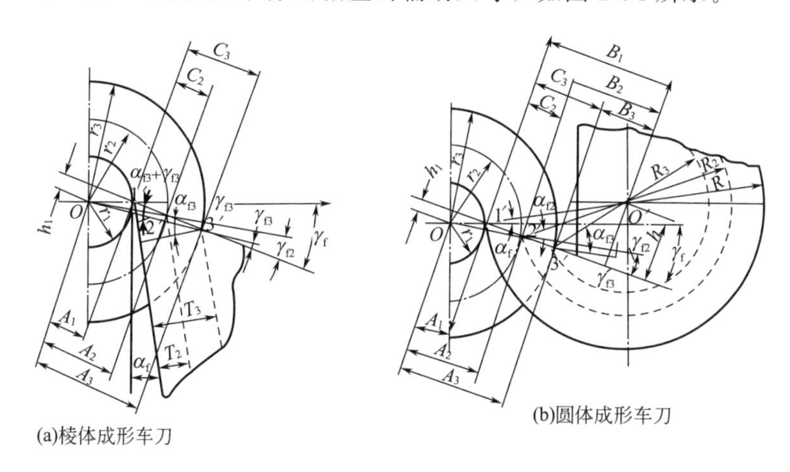


图 2-94　计算法求成形车刀廓形时关系图

b. 利用表 2-21 所列计算公式和顺序计算出廓形深度 $T_2$、$T_3$、$T_4$。或计算出圆体成形车刀各刀刃点所在的半径，各半径之差即为相应的廓形深度。

c. 根据计算所得廓形深度获取零件上相对应的宽度，画出廓形设计图。

成形车刀廓形深度和宽度的设计基准应为基准点 1。廓形尺寸的标注基准应取零件直径的精度最高处，如果两者不重合，应将计算尺寸换成标注尺寸。

**(3) 成形车刀附加刀刃对廓形的影响**

成形车刀切削刃的宽度主要由零件的廓形决定，并要考虑到端面的修光、倒角和预切实断等加工。因此应使成形车刀切削刃两侧超出零件的廓形宽度，超出的部分就称为附加刀刃。

如图 2-95 所示，成形车刀切削刃的总宽度 $B$ 应为零件廓形宽度和附加刀刃的宽度之和，其最大宽度应根据加工零件、车床及刀柄的刚性来决定。

表 2-21　成形车刀廓形设计计算公式

<table>
<tr><th>棱体成形车刀</th><th>圆体成形车刀</th></tr>
<tr><td colspan="2">$h_1=r_1\sin\gamma_f$</td></tr>
<tr><td colspan="2">$A_1=r_1\cos\gamma_f$</td></tr>
<tr><td colspan="2">$\sin\gamma_{f2}=h_1/h_2$</td></tr>
<tr><td colspan="2">$A_2=r_2\cos\gamma_{f2}$</td></tr>
<tr><td colspan="2">$C_2=A_2-A_1$</td></tr>
<tr><td>$T_2=C_2\cos(\gamma_{f2}+\alpha_{f2})=C_2\cos(\gamma_f+\alpha_f)$</td><td>$h_1=R\sin(\gamma_f+\alpha_f)$</td></tr>
<tr><td>$\sin\gamma_{f3}=h_1/\gamma_3$</td><td>$B_1=R\cos(\gamma_f+\alpha_f)$</td></tr>
<tr><td>$A_3=r_3\cos\gamma_{f3}$</td><td>$B_2=B_1-C_2$</td></tr>
<tr><td>$C_3=A_3-A_1$</td><td>$\tan(\gamma_{f2}+\alpha_{f2})=h/B_2$</td></tr>
<tr><td>$T_3=C_3\cos(\gamma_{f3}+\alpha_{f3})=C_3\cos(\gamma_f+\alpha_f)$</td><td>$R_2=h/R\sin(\gamma_{f2}+\alpha_{f2})$</td></tr>
<tr><td></td><td>$\sin\gamma_{f3}=h_1/\gamma_3$</td></tr>
<tr><td></td><td>$A_3=r_3\cos\gamma_{f3}$</td></tr>
<tr><td></td><td>$C_3=A_3-A_1$</td></tr>
<tr><td></td><td>$B_3=B_1-C_3$</td></tr>
<tr><td></td><td>$\tan(\gamma_{f3}+\alpha_{f3})=h/B_3$</td></tr>
<tr><td></td><td>$R_3=h/R\sin(\gamma_{f3}+\alpha_{f3})$</td></tr>
</table>

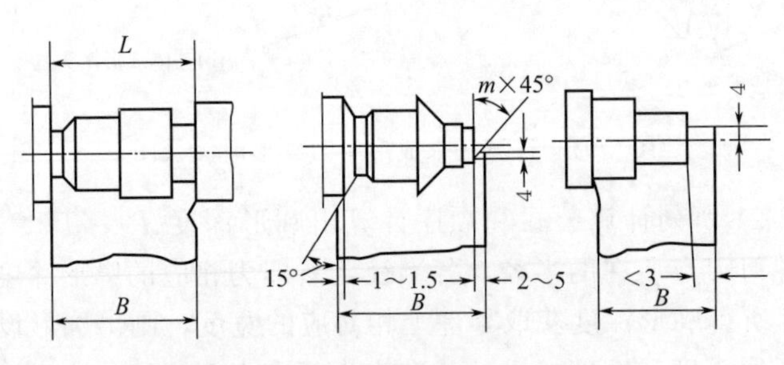


图 2-95　成形车刀切削刃的宽度

通常情况下，为避免在切削加工时产生振动，成形车刀切削刃总宽度不得超过零件所需加工表面最小直径的 3 倍，即 $B/d_{wmin}\leqslant 3$。如果零件所需加工表面过宽，则应采用分段加工的方法完成。

## 2.4.3　成形车刀的使用

成形车刀的使用见表 2-22。

表 2-22 成形车刀的使用

| 种　类 | 图　示 | 使用说明 |
| --- | --- | --- |
| 普通 | 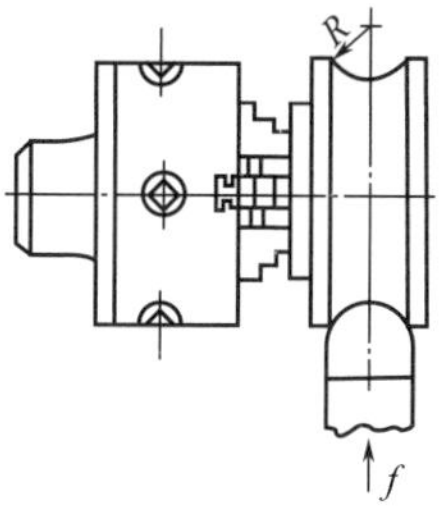  | 直接装夹在刀架上 |
| 棱体 | 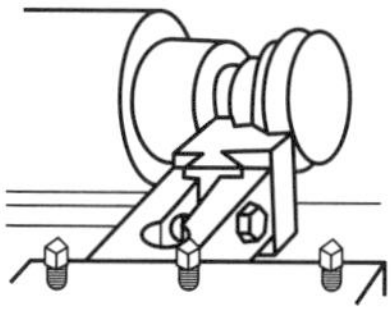  | 棱体成形车刀刀头后部的燕尾块装夹在弹性刀柄的燕尾槽中，并用紧固螺栓紧固，刀柄安装在刀架上 |
| 圆体 |   | 装夹在刀柄或弹性刀柄上。为防止圆体成形车刀转动，侧面有端面齿，使之与刀柄侧面上的端面齿啮合 |

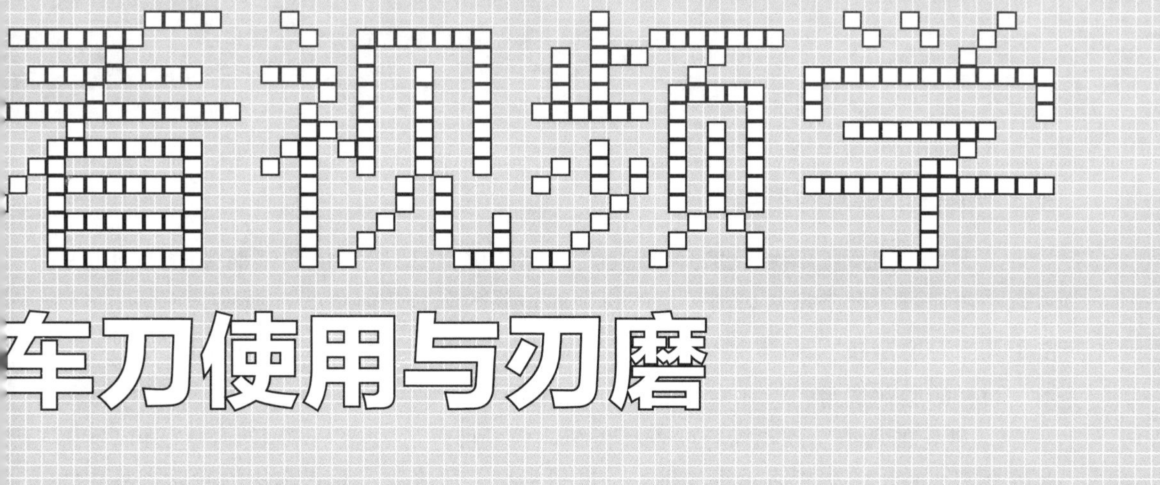


# 第3章 车刀的刃磨

## 3.1 轴类用车刀的刃磨

车刀在使用过程中由于摩擦和切削热的作用会使切削刃口变钝而失去切削能力，必须通过刃磨来恢复切削刃口的锋利和正确的车刀几何角度。

### 3.1.1 刃磨准备

**(1) 砂轮的选用**

① 砂轮的种类　砂轮以粒度表示粗细，一般可分为36粒、60粒、80粒和120粒等级别，粒度愈多则表示组成砂轮的磨料愈细，反之则愈粗。常用的砂轮有氧化铝和碳化硅两类，见表3-1。

**表3-1　砂轮的类型**

| 砂轮类型 | 图　示 | 特　征 | 应用范围 |
|---|---|---|---|
| 氧化铝 | | 又称刚玉砂轮，多呈白色，其磨粒韧性好，比较锋利，硬度较低，自锐性好 | 适用于刃磨高速钢车刀和硬质合金车刀的刀体部分 |
| 碳化硅 | | 多呈绿色，其磨粒的硬度较高，刃口锋利，但脆性大 | 适用于刃磨硬质合金车刀 |

② 砂轮的选用　车刀刃磨时须根据其材料来选定砂轮，一般采用平行砂轮，粗磨时应选用粗砂轮，精磨时应选用细砂轮。刃磨车刀时砂轮的选择原则是：

a. 高速钢车刀及硬质合金车刀刀体的刃磨，采用白色氧化铝砂轮。

b. 硬质合金车刀的刃磨，采用绿色碳化硅砂轮。

c. 粗磨车刀时，采用磨料颗粒尺寸大的粗粒度砂轮，一般选用36# 或 60# 砂轮。

d. 精磨车刀时，采用磨料颗粒尺寸小的细粒度砂轮，一般选用80# 或 120# 砂轮。

③ 砂轮机　砂轮机是用来刃磨各种刀具、工具的常用设备，分立式和台式两

种，由电动机、砂轮机座、托架和防护罩等部分组成，如图 3-1 所示。

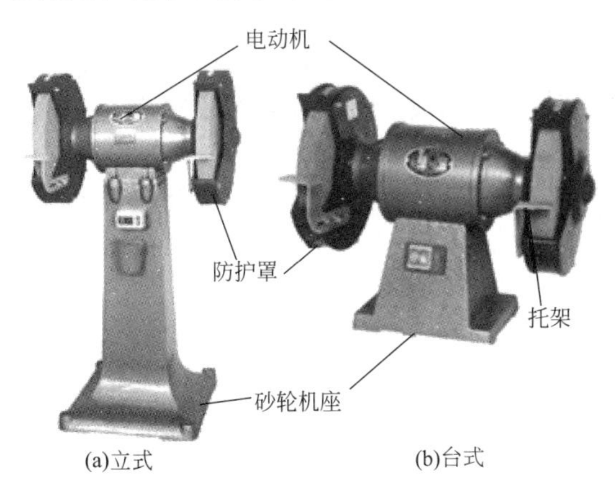


图 3-1　砂轮机

**(2) 车刀刃磨的要求与注意事项**

① 车刀刃磨的基本要求。

a. 按图示要求刃磨各刀面。

b. 刃磨、修磨时，姿势要正确，动作要规范，方法要正确。

c. 遵守安全文明操作的有关规定。

② 车刀刃磨的注意事项。

a. 刃磨车刀时，最好戴上防护眼镜。

b. 先检查砂轮机是否有防护罩，否则不可使用。再检查砂轮托架与砂轮间的间隙，其间隙应小于 3mm，如图 3-2 所示。

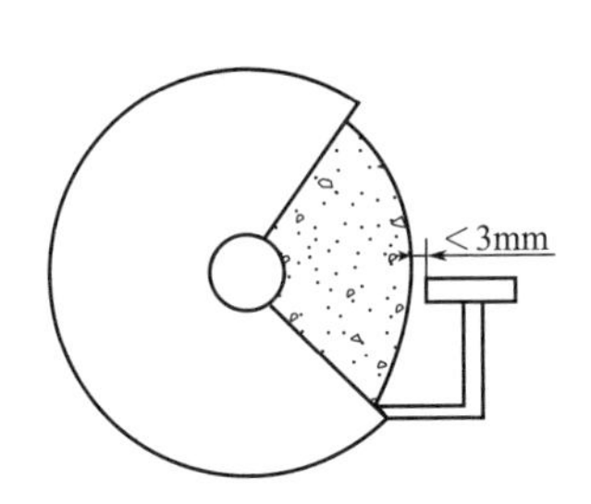


图 3-2　托架与砂轮间的间隙要求

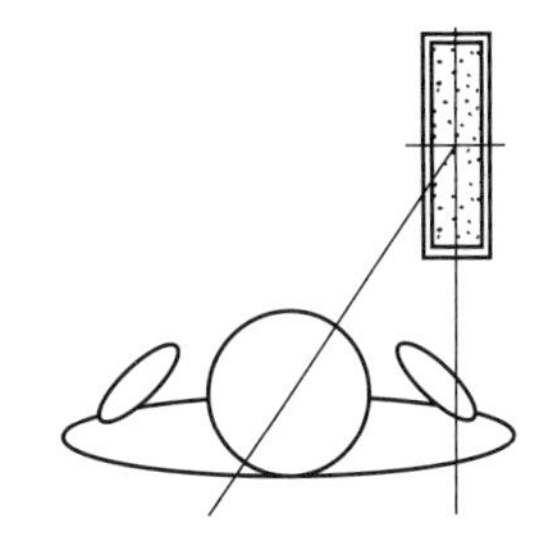

图 3-3　磨刀时的站位

c. 磨车刀时，站立位置不可正面对砂轮，而应站在砂轮的侧面，如图 3-3 所示，以防止砂轮碎裂时，碎片飞出伤人。

d. 砂轮机启动后，应在砂轮旋转平稳后再进行磨削。若砂轮跳动明显，应及时停机修整。平行砂轮一般用砂轮刀在砂轮上来回修整，如图 3-4 所示。

e. 两手握车刀的距离应拉开，两肘应夹紧腰部，以减小刃磨时的抖动。

f. 刃磨车刀时用力要均匀，不能用力过大，以防打滑伤手。

g. 磨高速钢车刀时，应随时将车刀入水冷却，防止退火。

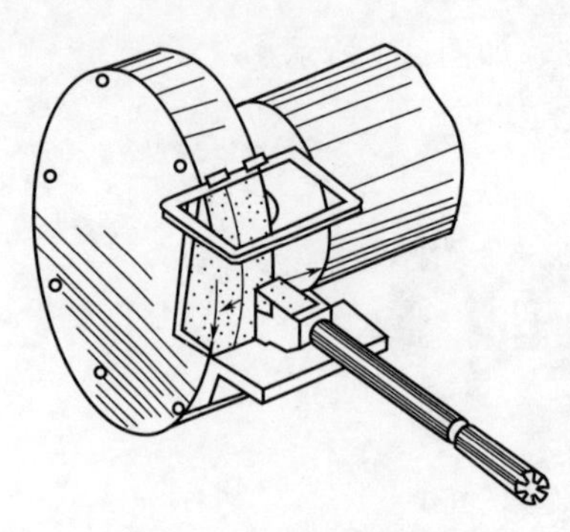

图 3-4 砂轮刀修整砂轮

h. 磨硬质合金车刀时，须防止刀片因热胀冷缩而产生裂纹，可将刀体入水冷却。

i. 一个砂轮不可两人同时使用，且在刃磨结束离开时应及时关闭砂轮机电源。

③ 车刀刃磨的次序　车刀的刃磨分成粗磨和精磨。刃磨硬质合金焊接车刀时，还需先将车刀前面、后面上的焊渣磨去。

a. 粗磨。粗磨时，按主后面、副后面、前面的顺序刃磨。

b. 精磨。精磨时，按前面、主后面、副后面、修磨刀尖圆弧的顺序进行。

c. 硬质合金车刀还需要用细油石研磨其刀刃。

## 3.1.2 常用轴类用车刀的刃磨

**(1) 90°车刀的刃磨**

① 磨焊渣。

砂轮选用：24$^{\#}$～36$^{\#}$氧化铝砂轮。

刃磨内容：车刀主、副后面上的焊渣（并根据情况磨平底面），如图 3-5 所示。

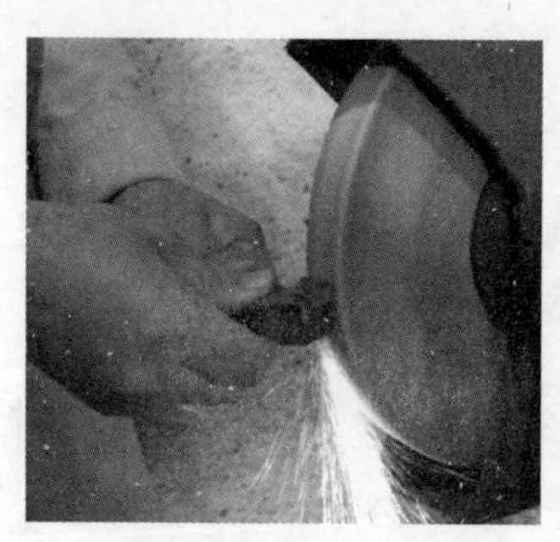

(a)磨主后刀面焊渣

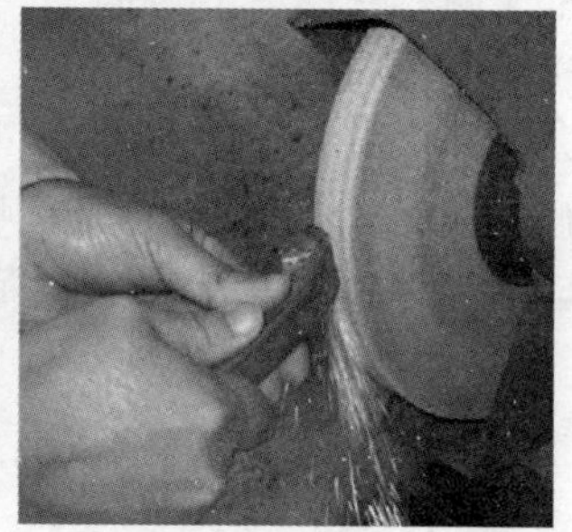

(b)磨副后刀面焊渣

图 3-5 磨焊渣

② 粗磨主后刀面。

砂轮选用：36$^{\#}$～60$^{\#}$碳化硅砂轮。

刃磨姿势：右手握住刀头，左手在后握住刀体，在略高于砂轮中心水平位置处粗磨主后刀面，如图 3-6 所示。

主后刀面刃磨时的操作要点示意如图 3-7 所示。

a. 前刀面向上。

b. 刃磨开始时，车刀由下至上接触砂轮，且主切削刃应与砂轮外圆平行（90°主偏角）。

c. 车刀需向上翘一个 6°～8°的角度（形成主后角）。

d. 刃磨时应左右水平移动。

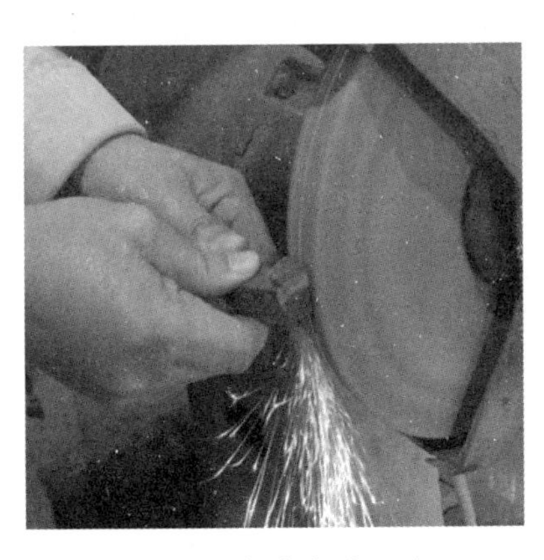

图 3-6　粗磨主后刀面

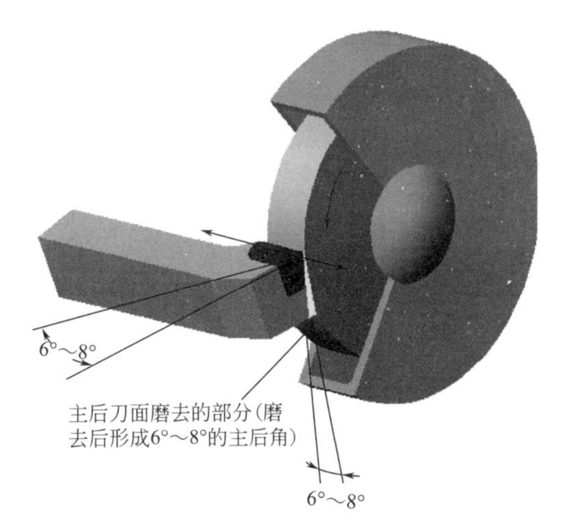


图 3-7　主后刀面刃磨操作要点示意

e. 刃磨结束时，车刀由上至下离开砂轮。

③ 粗磨副后刀面。

砂轮选用：36#～60#碳化硅砂轮。

刃磨姿势：两手握刀，在略高于砂轮中心水平位置处粗磨副后刀面，如图 3-8 所示。

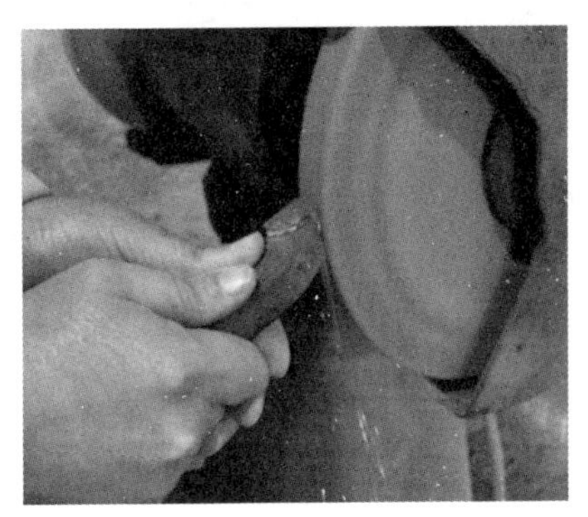

图 3-8　粗磨副后刀面

副后刀面刃磨时的操作要点示意如图 3-9 所示。

a. 前刀面向上。

b. 车刀刀头向上翘 8°左右（形成副后角）。

c. 刀杆向右摆 6°左右（形成副偏角）。

d. 刃磨时应左右水平移动。

④ 粗、精磨前刀面。

砂轮选用：36#～60#碳化硅砂轮。

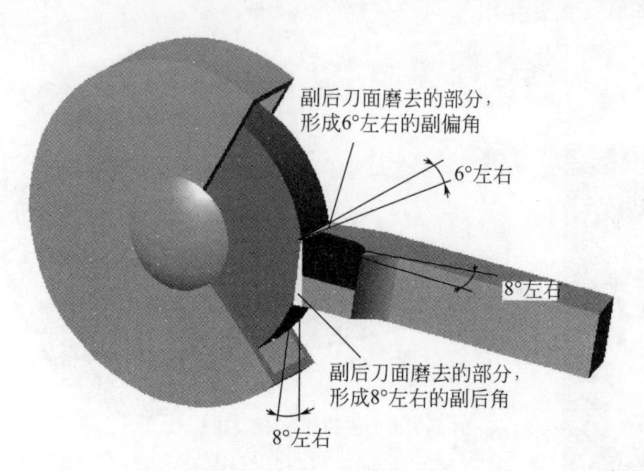

3-2 副后刀面刃磨视频

图 3-9 副后刀面刃磨操作要点示意

刃磨姿势：两手握刀，在略高于砂轮中心水平位置处粗、精磨前刀面，如图 3-10 所示。

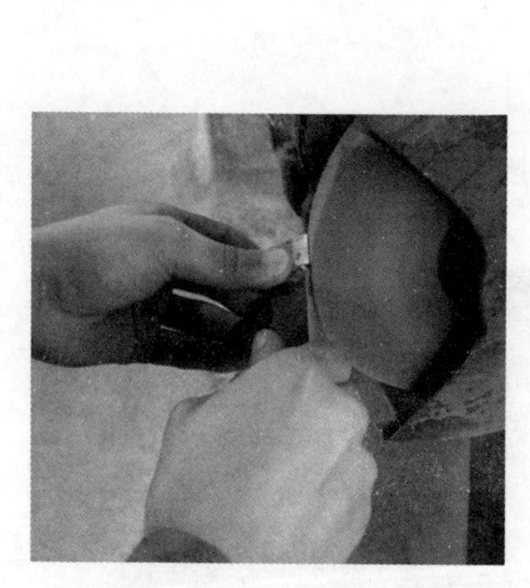

图 3-10 粗、精磨前刀面

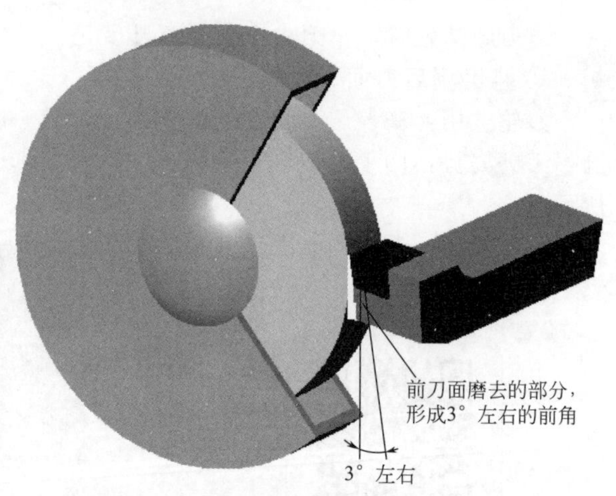


图 3-11 前刀面刃磨操作要点示意

前刀面刃磨时的操作要点示意如图 3-11 所示。

a. 主后刀面向上。

b. 刀头略向上翘 3°左右（一个前角）或不翘（0°的前角）。

c. 主刀刃与砂轮外圆平行（0°的刃倾角），左右水平移动刃磨。

⑤ 精磨主、副后刀面　按②和③的方法，精磨主、副后刀面。

⑥ 修磨刀尖圆弧。

砂轮选用：36#～60# 碳化硅砂轮。

刃磨姿势：两手握刀，在砂轮中心水平位置由下至上接触砂轮进行刃磨，如图 3-12 所示。

3-3 前刀面刃磨视频

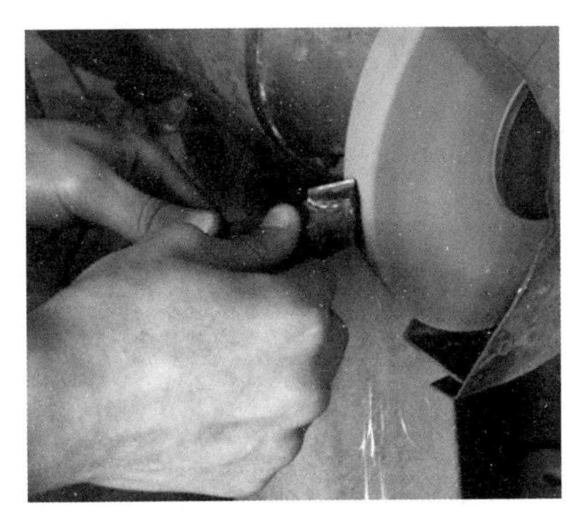

图 3-12　修磨刀尖圆弧

刀尖圆弧修磨时的操作要点示意如图 3-13 所示。

a. 前刀面向上。

b. 刀头与砂轮形成 45°角。

c. 以右手握车刀前端为支点，用左手转动车刀尾部刃磨出圆弧过渡刃。

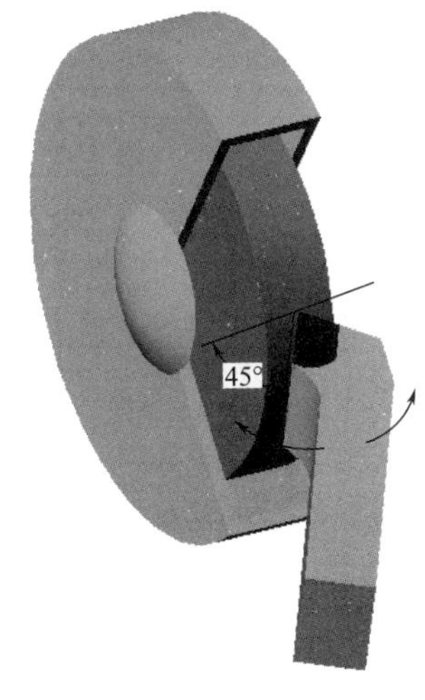


图 3-13　刀尖圆弧修磨操作要点示意

3-4　刀尖圆弧修磨视频

⑦ 断屑槽的刃磨　车削工作时，有时切屑不断、成带状缠绕在工件和车刀上，从而将影响正常的车削，并降低工件表面质量，甚至会发生事故。因此须采取断屑措施，在车刀刀头上磨出断屑槽。

a. 断屑槽的形式。常用的断屑槽有直线形和圆弧形两种（手工刃磨的断屑槽一般为圆弧形），如图 3-14 所示。断屑槽的尺寸大小主要取决于背吃刀量和进给量。硬质合金车刀断屑槽的参考尺寸见表 3-2。

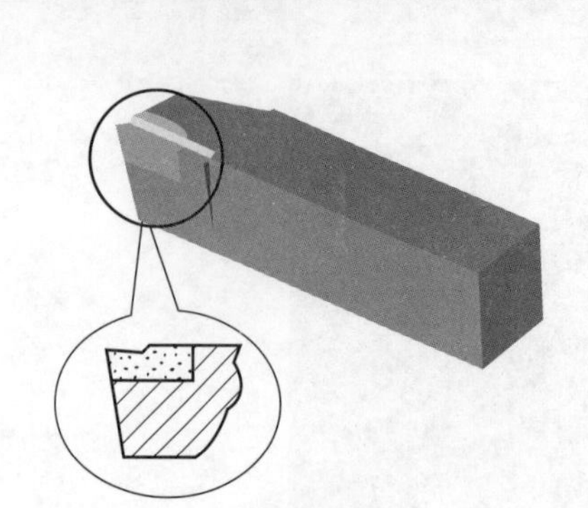
(a)直线型

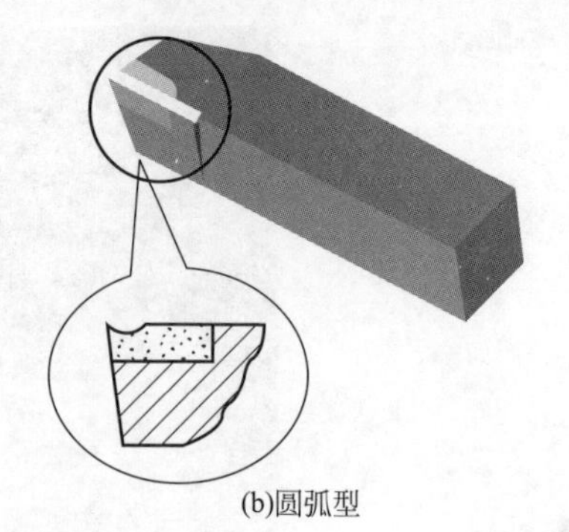
(b)圆弧型

图 3-14 断屑槽的形式

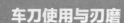

**表 3-2 硬质合金车刀断屑槽的参考尺寸** mm

| 形式 | 说明 | 背吃刀量 $a_p$ | 进给量 $f$ | | | |
|---|---|---|---|---|---|---|
| | | | 0.15～0.3 | 0.3～0.45 | 0.45～0.7 | 0.7～0.9 |
| | | | $L_{Bn}\times C_{Bn}$ | | | |
| 直线形 | $b_{\gamma1}=(0.5\sim0.8)f$<br>$\gamma_{o1}=-10°\sim-5°$ | 0～1 | 1.5×0.3 | 2×0.4 | 3×0.5 | 3.25×0.5 |
| | | 1～4 | 2.5×0.5 | 3×0.5 | 4×0.6 | 4.5×0.6 |
| | | 4～9 | 3×0.5 | 4×0.6 | 4.5×0.6 | 5×0.6 |

| 形式 | 说明 | 背吃刀量 $a_p$ | 进给量 $f$ | | | | |
|---|---|---|---|---|---|---|---|
| | | | 0.3 | 0.4 | 0.5～0.6 | 0.7～0.8 | 0.9～1.2 |
| | | | $r_{Bn}$ | | | | |
| 圆弧形 | $C_{Bn}$ 为 5～1.3mm(由所取的前角值决定)，$r_{Bn}$ 在 $L_{Bn}$ 的宽度和 $C_{Bn}$ 的深度下成一自然圆弧 | 2～4 | 3 | 3 | 4 | 5 | 6 |
| | | 5～7 | 4 | 5 | 6 | 8 | 9 |
| | | 7～12 | 5 | 8 | 10 | 12 | 14 |

b. 断屑槽斜角。断屑槽的侧边与主切削刃之间的夹角叫断屑槽斜角，用符号 $\tau$ 表示。断屑槽斜角有 3 种形式，其结构特点与适用情况见表 3-3。

**表 3-3 断屑槽斜角的结构特点与适用情况**

| 形式 | 图示 | 说明 | 适用 |
|---|---|---|---|
| 外斜式 | | 前宽后窄，前深后浅，在靠近工件外圆表面 $A$ 处的切削速度最高、槽最窄，且卷曲半径小、变形大，切屑易翻到车刀后刀面上碰断，从而形成 C 形切屑 | 适用于中等背吃刀量时的车削。斜角大小主要根据工件材料选取：切削中碳钢时 $\tau=8°\sim10°$；切削合金钢时 $\tau=10°\sim15°$；切削高韧性不锈钢时 $\tau=6°\sim8°$ |

续表

| 形式 | 图示 | 说明 | 适用 |
|---|---|---|---|
| 平行式 | | 槽宽前后一样，切屑大多是碰在工件加工表面上折断的 | $\tau=0°$，适用于背吃刀量变化不大时的车削 |
| 内斜式 | | 前窄后宽，它在工件外圆表面A处最宽，而刀尖处最窄，故切屑常在刀尖处卷曲成小卷，在外圆表面处卷成大卷 | $\tau=-(8°\sim10°)$，适用于精车或半精车 |

c. 断屑槽的刃磨。断屑槽刃磨时须将砂轮的外圆和端面的交角处用金刚石笔（或硬砂条）进行修整，如图3-15所示。

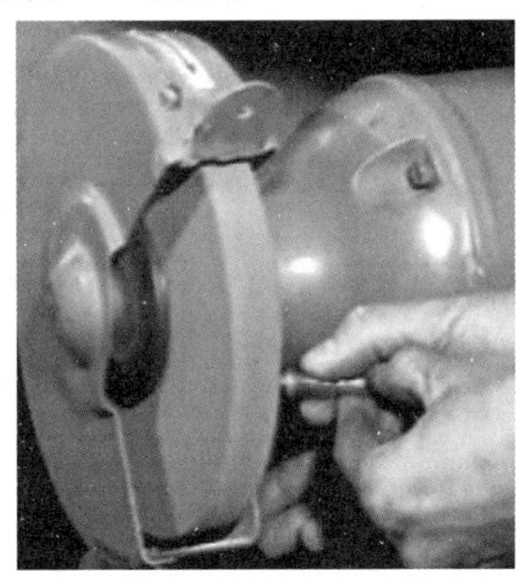

图3-15 用金刚石笔修整砂轮交角处

刃磨时刀尖可向下磨或向上磨，如图3-16所示。但选择刃磨断屑槽的部位时应考虑留出倒棱的宽度（即留出相当于进给量大小的距离）。

断屑槽刃磨时的操作要点示意如图3-17所示。

a. 刀体与砂轮圆弧切线垂直。

b. 做上下小幅度的缓慢移动。

c. 需要时可左右摆动车刀，以磨出所需的断屑槽斜角。

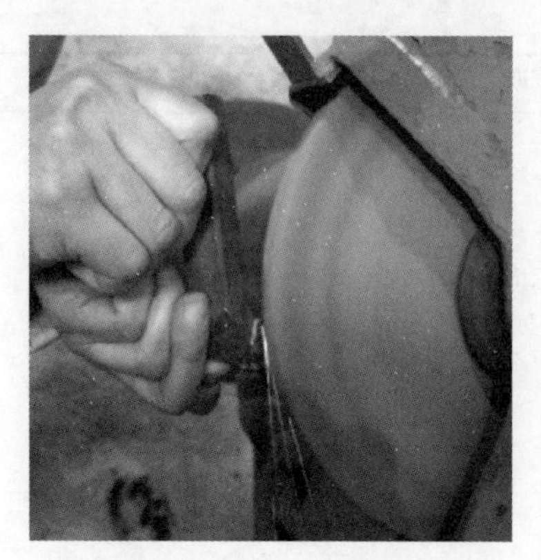

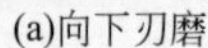
(a)向下刃磨

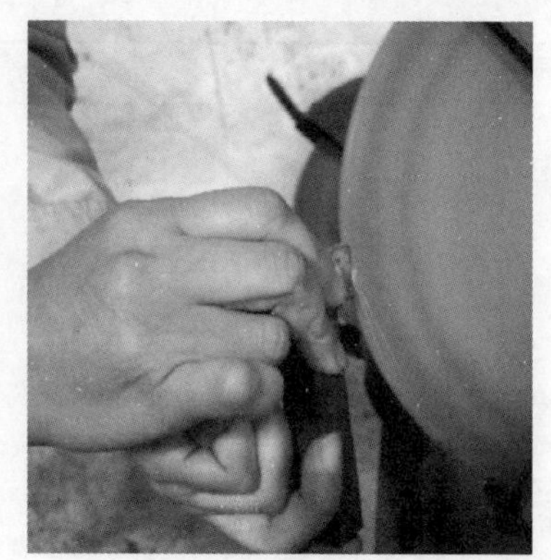

(b)向上刃磨

图 3-16 刃磨断屑槽

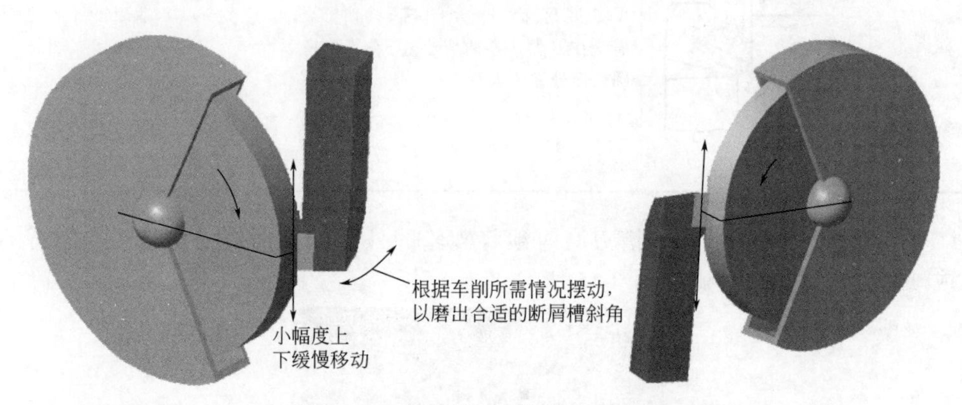


图 3-17 断屑槽刃磨操作要点示意

⑧ 研磨 由于受砂轮粒度、跳动等影响，砂轮机磨出的车刀各刀面形状与角度不准，表面粗糙度值较大，因此应采用油石（见图 3-18）进行手工研磨，以达到更好的效果。研磨时可先采用粗粒度的油石粗研，再用细粒度的油石进行精研。

油石特性与砂轮特性相同，研磨高速钢、碳素工具钢刀具时选用刚玉类油石；研磨硬质合金刀具时选用绿色碳化硅油石，形状则以矩形条状油石为宜。但新的油石不宜直接研磨车刀，这是因为油石是通过高温烧结而成，其变形是难以避免的，特别是那些较薄、较长的油石变形更加严重；此外，烧结后的油石与烧结后的砂轮一样，砂粒均为圆形，是没有“刀口”的油石，如图 3-19 所示，如果不经“开口”就使用，势必会因油石无刃口而出现修磨时打滑，刀刃修磨后的直线性差等现象。

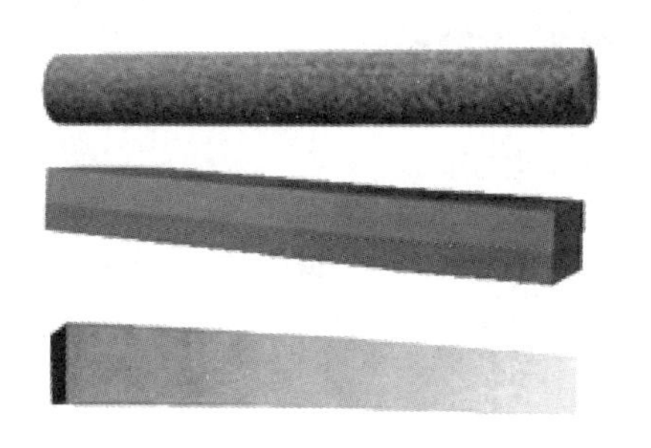

图 3-18　车刀研磨常用油石

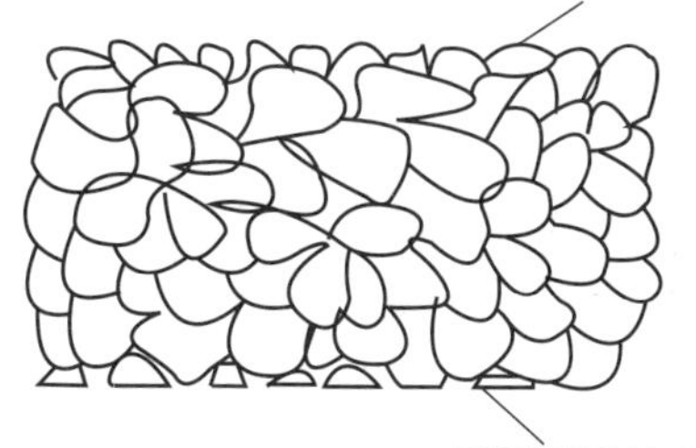


图 3-19　油石研磨前后刃口对比放大图

油石的“开口”一般采用粒度 80# ～100# 的绿色碳化硅研磨砂作研磨剂，用煤油或柴油作研磨液，在平板上手工按“8”字形或“0”字形轨迹进行研磨，如图 3-20 所示。研磨时手的压力不宜过大。圆形油石的研磨是用手指轻按油石在平板上滚动，在滚动过程中观察，待到各部位全研磨出即可。研磨好的油石的手感与研磨前截然不同，能明显地感觉到“刀口”的锋利。此外，使用过久、表面有划痕、磨损不均的油石也应及时研磨，避免因油石问题而影响车刀的研磨质量。

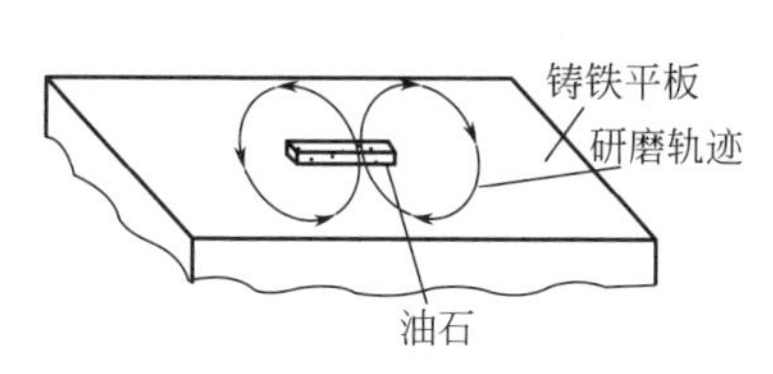


图 3-20　油石研磨“开口”

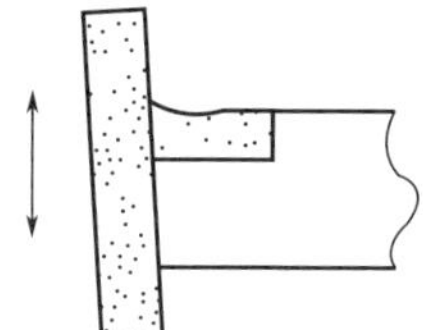
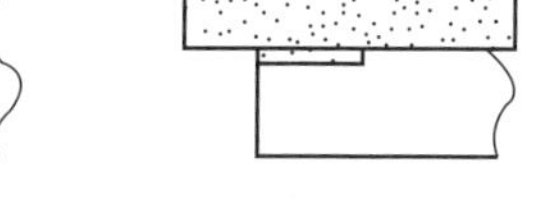

图 3-21　车刀的研磨

研磨时要注意：

a. 油石应紧贴研磨面作短程往复运动，幅度不可过大，防止被研磨面不平直。研磨至砂轮的磨削痕迹消失为止。

b. 研磨过程中，手持油石，贴平各刀面平行移动以研磨各刀面（只需研磨切削刃部分）。如图 3-21 所示。

**（2）45°车刀的刃磨**

① 磨焊渣。

砂轮选用：24# ～36# 氧化铝砂轮。

刃磨内容：车刀主、副后面上的焊渣（并根据情况磨平底面），如图 3-22 所示。

② 粗磨主后刀面。

砂轮选用：36# ～60# 碳化硅砂轮。

刃磨姿势：右手在前，左手在后握刀，略高于砂轮中心水平位置处刃磨，如图 3-23 所示。

(a)磨主后刀面焊渣

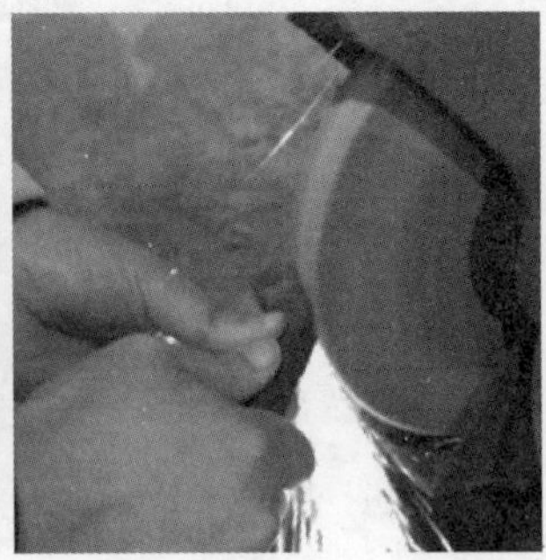

(b)磨右侧副后刀面焊渣

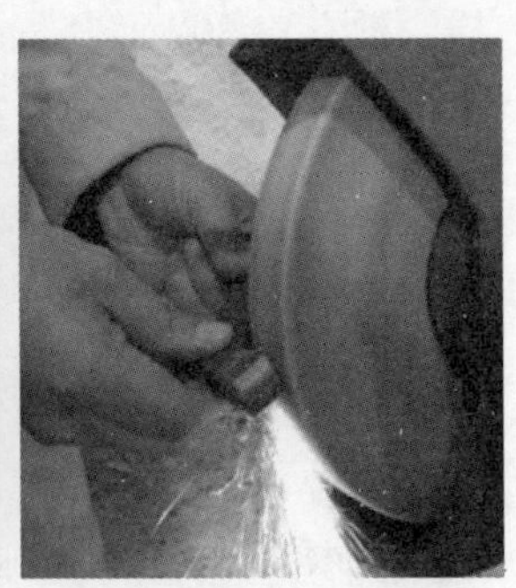

(c)磨左侧副后刀面焊渣

图 3-22 磨焊渣

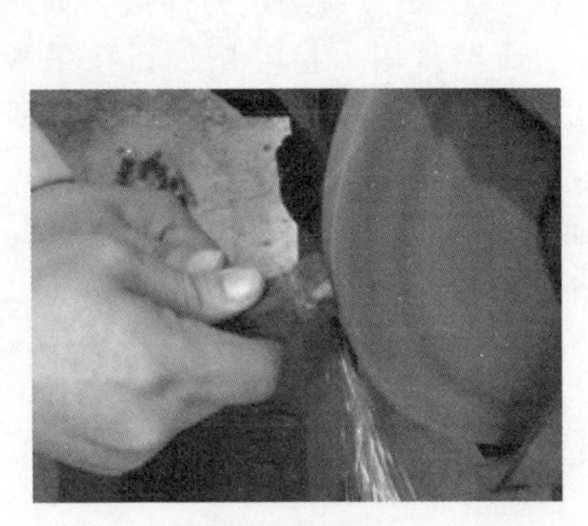

图 3-23 粗磨 45°车刀主后刀面

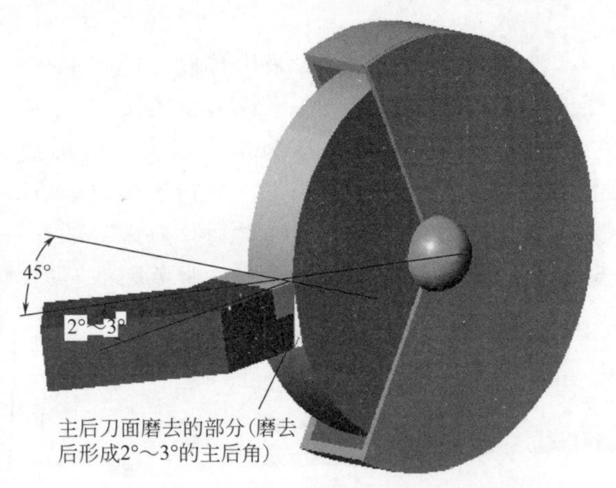



图 3-24 45°车刀主后刀面刃磨操作要点示意

主后刀面刃磨时的操作要点示意如图 3-24 所示。

a. 前刀面向上。

b. 刀体与砂轮轴线保持 45°夹角。

c. 车刀由上至下接触砂轮，刀头向上翘一个比主后角大 2°～3°的角度。

d. 左右移动刃磨。

③ 粗磨右侧副后刀面。

砂轮选用：36# ～60# 碳化硅砂轮。

刃磨姿势：左手在前，右手在后握刀，略高于砂轮中心水平位置处刃磨，如图 3-25 所示。

右侧副后刀面刃磨时的操作要点示意如图 3-26 所示。

a. 前刀面向上。

b. 刀体与砂轮轴线保持 45°夹角。

c. 车刀由上至下接触砂轮，刀头向上翘一个比主后角大 2°～3°的角度。

d. 左右移动刃磨。

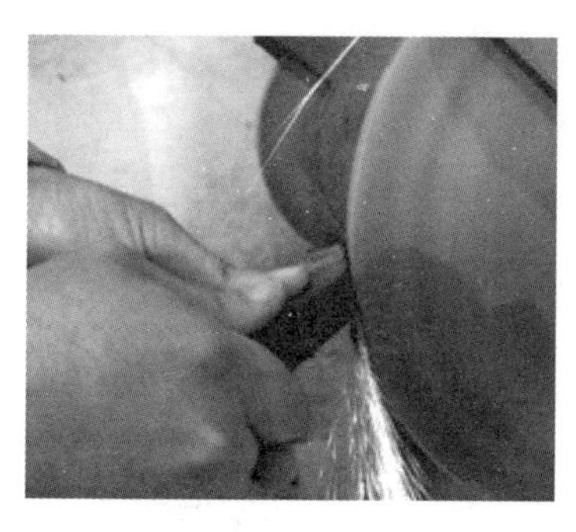

图 3-25　粗磨右侧副后刀面

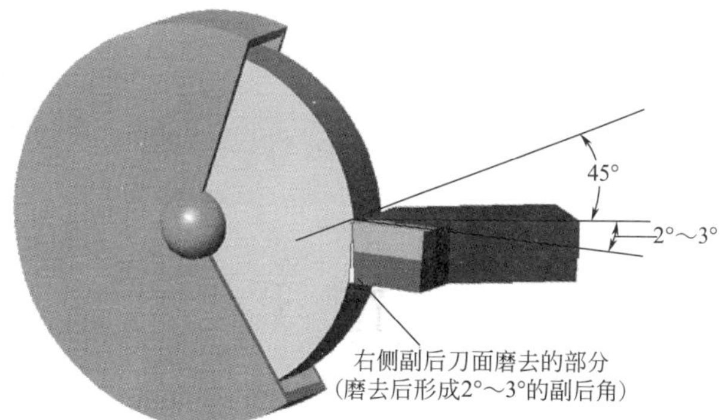


图 3-26　45°车刀右侧副后刀面刃磨操作要点示意

④ 粗磨左侧副后刀面。

砂轮选用：36# ～60# 碳化硅砂轮。

刃磨姿势：右手在前，左手在后握刀，略高于砂轮中心水平位置处刃磨，如图 3-27 所示。

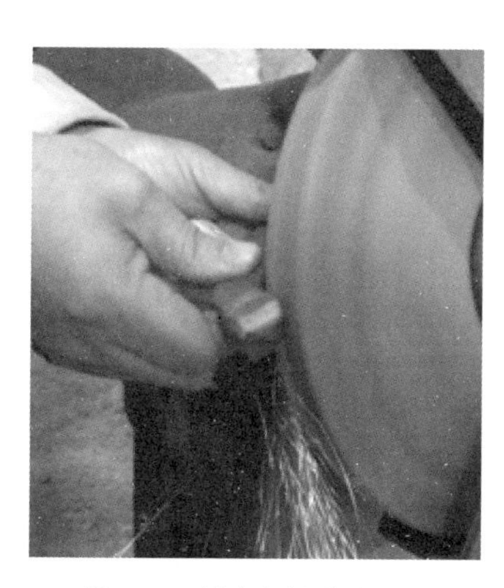

图 3-27　粗磨左侧副后刀面

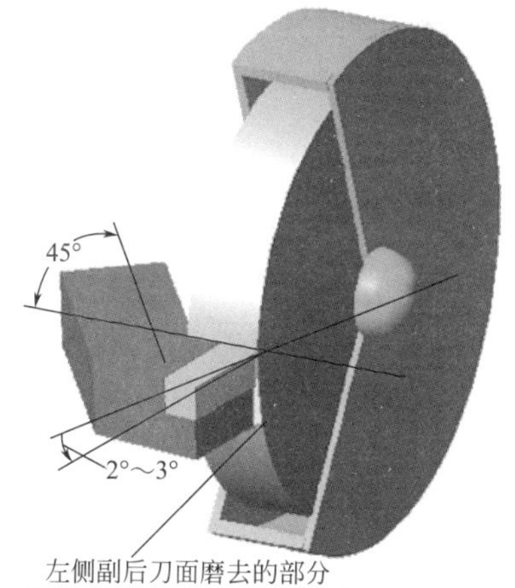


图 3-28　45°车刀左侧副后刀面刃磨操作要点示意

左侧副后刀面刃磨时的操作要点示意如图 3-28 所示。

a. 前刀面向上。

b. 刀体与砂轮轴线保持 45°夹角。

c. 车刀由上至下接触砂轮，刀头向上翘一个比主后角大 2°～3°的角度。

d. 左右移动刃磨。

⑤ 刃磨断屑槽　45°车刀断屑槽刃磨操作要点示意如图 3-29 所示。

⑥ 精磨前刀面。

砂轮选用：36＃～60＃碳化硅砂轮。

刃磨姿势：右手在上，左手在下握刀，略高于砂轮中心水平位置处刃磨，如图 3-30 所示。

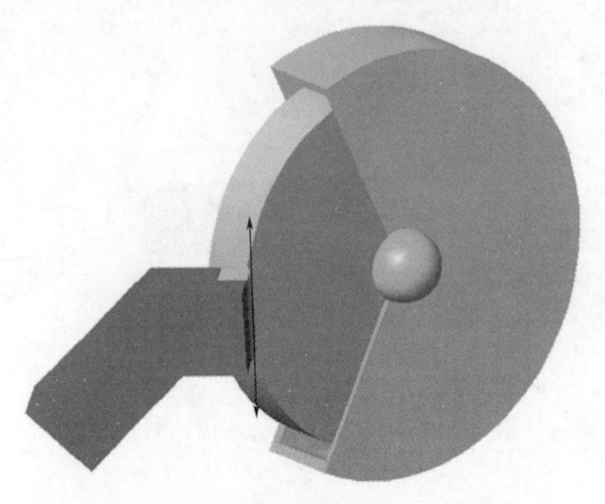

图 3-29　45°车刀断屑槽刃磨操作要点示意

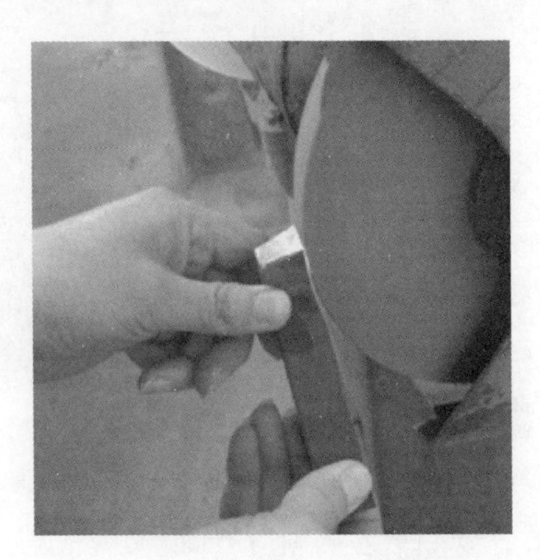

图 3-30　精磨前刀面

前刀面刃磨时的操作要点示意如图 3-31 所示。

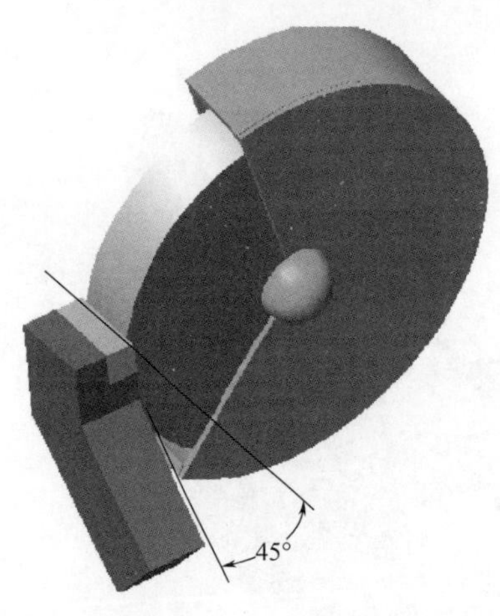


图 3-31　前刀面刃磨时的操作要点示意

a. 主后刀面向上。

b. 刀体与砂轮轴线保持 45°夹角。

c. 车刀头部接触砂轮。

⑦ 精磨主后刀面、副后刀面　按上述②、③、④方法刃磨。

⑧ 修磨刀尖过渡刃。

砂轮选用：36# ～60# 碳化硅砂轮。

刃磨姿势：以右手握车刀前端为支点，左手握刀柄，车刀主后刀面与副后刀面交接处自下而上轻轻接触砂轮，使刀尖处具有 0.2mm 左右的小圆弧和短直线过渡刃，如图 3-32 所示。

刀尖过渡刃修磨时的操作要点示意（右侧）如图 3-33 所示。

a. 主后刀面向上。

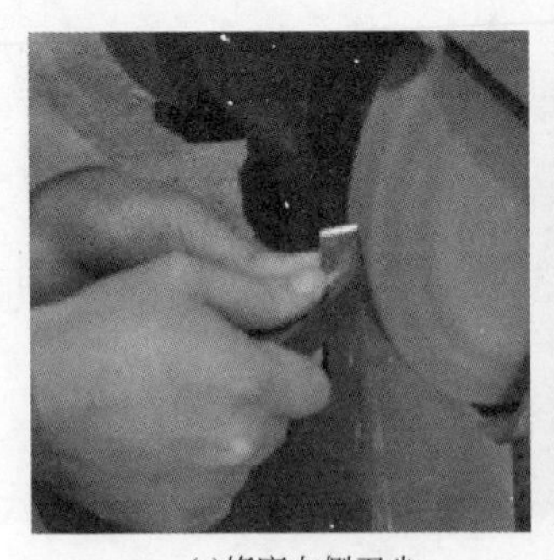

(a)修磨右侧刀尖

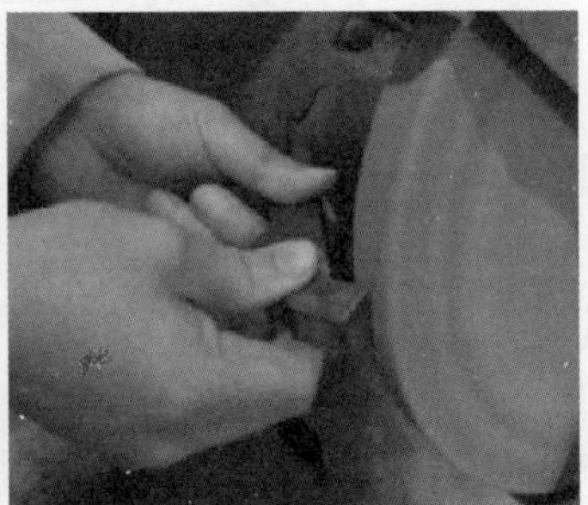

(b)修磨左侧刀尖

图 3-32　修磨刀尖过渡刃

b. 刀体与砂轮轴线垂直（左侧刃磨成保持 45°夹角）。

c. 左右摆动刀体。

⑨ 车刀研磨　手持油石，贴平各刀面平行移动以研磨各刀面，如图 3-34 所示。

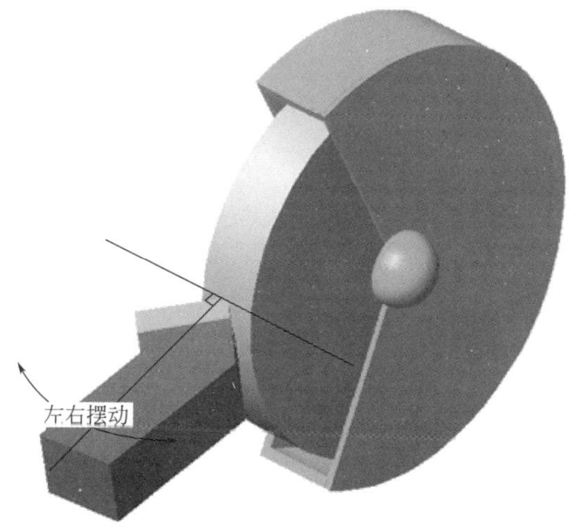


图 3-33　刀尖过渡刃修磨时的操作要点示意（右侧）

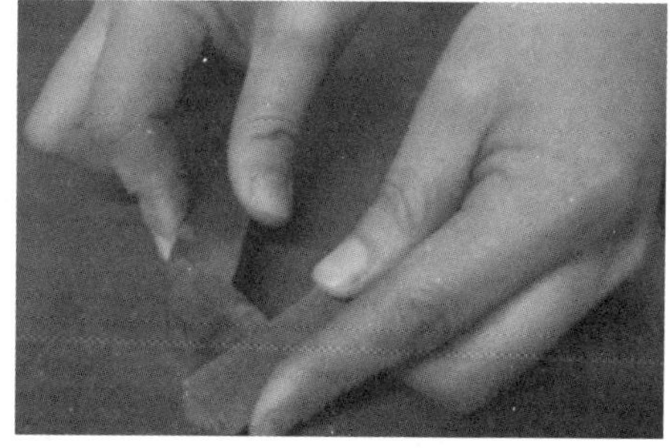

图 3-34　45°车刀的研磨

**(3) 切断刀的刃磨**

① 磨焊渣。

3-7 45° 车刀刃磨视频

砂轮选用：24# ～36# 氧化铝砂轮。

刃磨次序：先磨去车刀主后刀面的焊渣，再磨去副后刀面上的焊渣，然后根据情况将车刀底面磨平，如图 3-35 所示。

② 粗磨主后刀面。

(a)磨主后刀面焊渣

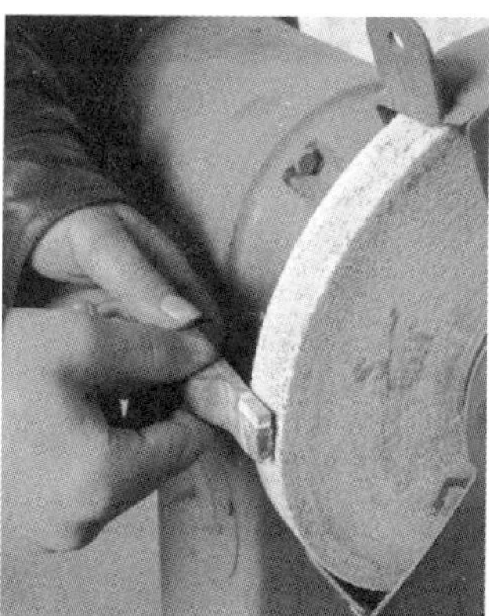

(b)磨左侧副后刀面焊渣

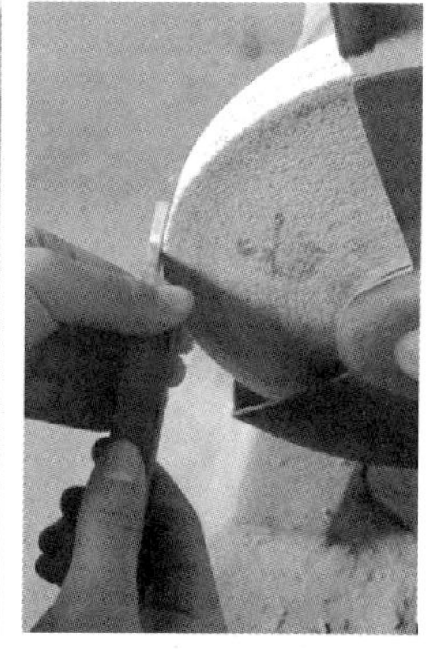

(c)磨右侧副后刀面焊渣

图 3-35　切断刀的焊渣刃磨

砂轮选用：36# ～60# 碳化硅砂轮。

刃磨姿势：左手在前，右手在后握刀，两肘夹紧腰部，刀头略高于砂轮中心线处刃磨，如图 3-36 所示。

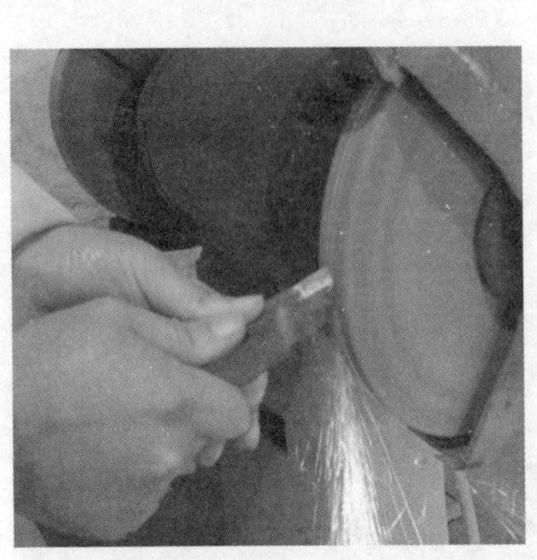

图 3-36　粗磨主后刀面

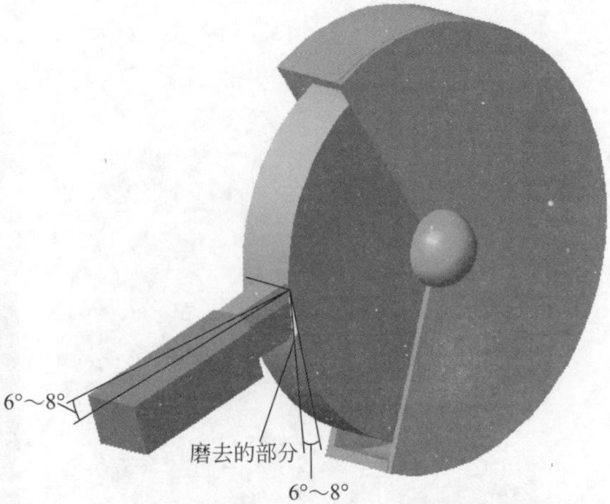

6°～8°
磨去的部分
6°～8°

图 3-37　切断刀主后刀面刃磨操作要点示意

切断刀主后刀面刃磨时的操作要点示意如图 3-37 所示。

a. 前刀面向上。

b. 主切削刃与砂轮外圆平行。

c. 刀头略向上翘 6°～8°（形成主后角）。

③ 粗磨左侧副后刀面。

砂轮选用：36#～60# 碳化硅砂轮。

刃磨姿势：右手在前，左手在后握刀，两肘夹紧腰部，刀头略高于砂轮中心线处，同时磨出左侧副后角和副偏角。如图 3-38 所示。

切断刀左侧副后刀面刃磨时的操作要点示意如图 3-39 所示。

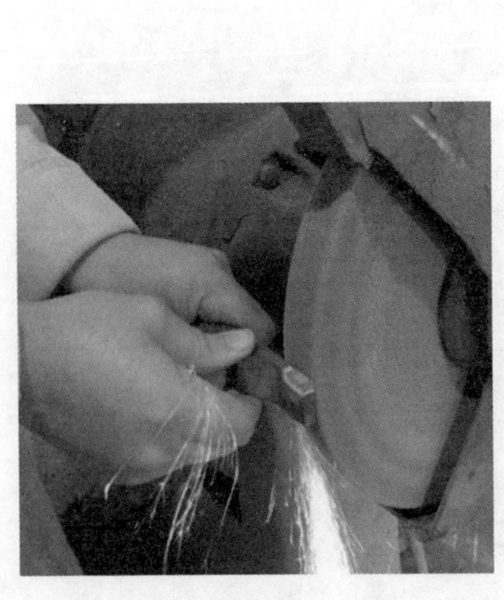

图 3-38　粗磨左侧副后刀面

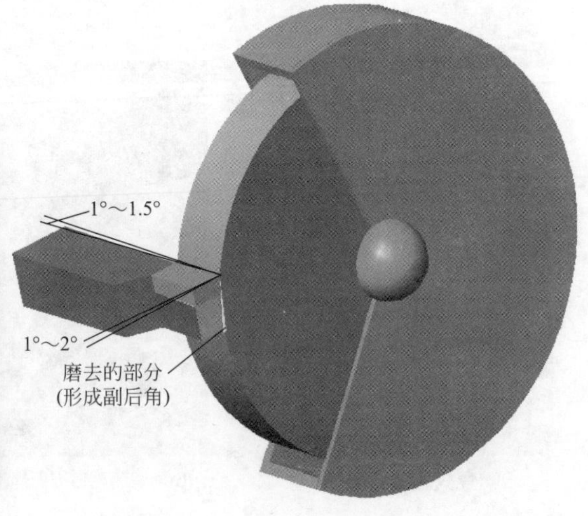


图 3-39　切断刀左侧副后刀面刃磨操作要点示意

a. 前刀面向上。

b. 刀头向里摆 1°～1.5°（形成副偏角）。

c. 刀头略向上翘 1°～2°（形成副后角）。

④ 粗磨右侧副后刀面。

砂轮选用：36# ～60# 碳化硅砂轮。

刃磨姿势：左手在前，右手在后握刀，两肘夹紧腰部，刀头略高于砂轮中心线处，同时磨出右侧副后角和副偏角。如图 3-40 所示。

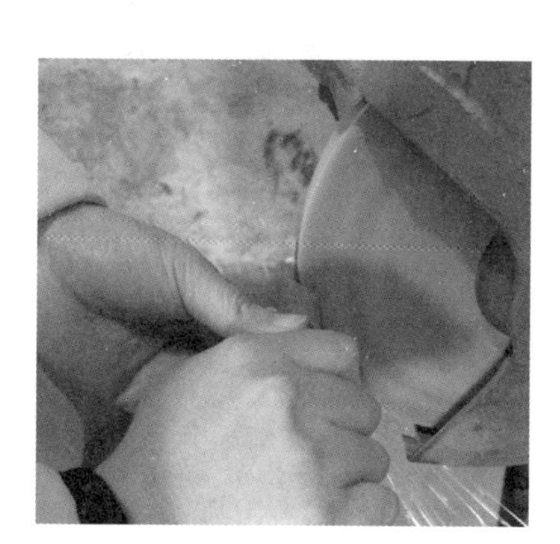

图 3-40　粗磨右侧副后刀面

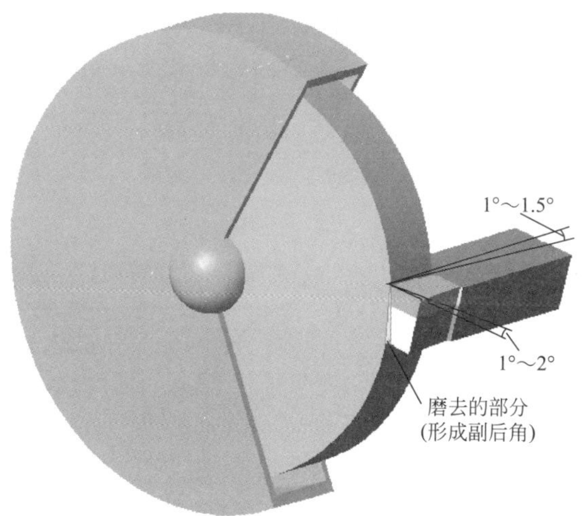


图 3-41　切断刀右侧副后刀面刃磨操作要点示意

切断刀右侧副后刀面刃磨时的操作要点示意如图 3-41 所示。

a. 前刀面向上。

b. 刀头向里摆 1°～1.5°（形成副偏角）。

c. 刀头略向上翘 1°～2°（形成副后角）。

⑤ 刃磨断屑槽。

砂轮选用：36# ～60# 碳化硅砂轮。

刃磨姿势：右手在前，左手在后握刀，前刀面贴向砂轮，两肘夹紧腰部。如图 3-42 所示。

切断刀断屑槽刃磨时的操作要点示意如图 3-43 所示。

a. 右侧副后刀面向上。

b. 刀体与砂轮形成一定夹角。

c. 根据需要适当摆动刀体，以磨出所需的前角与卷曲槽。

对于高速钢切断刀（或切槽刀），则应使主后刀面向上，使刀头高于砂轮中心 1～1.5mm，前刀面贴平砂轮刃磨，至砂轮圆弧处磨削自然形成圆弧形卷屑槽（一个大的前角），如图 3-44 所示。

⑥ 精磨主、副后刀面　按照②、③和④的方法精磨主后刀面和两副后刀面。

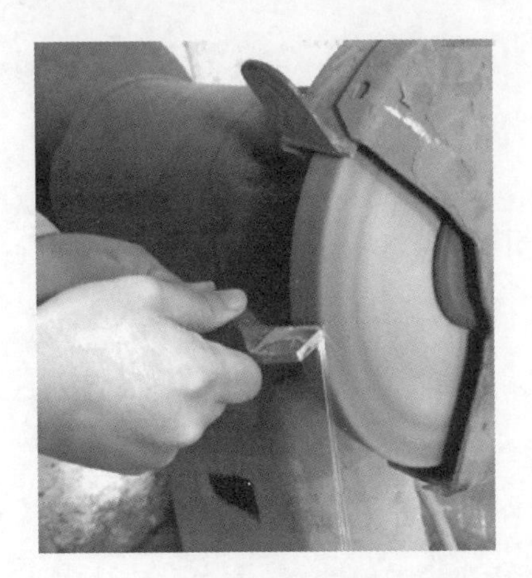

图 3-42　刃磨断屑槽

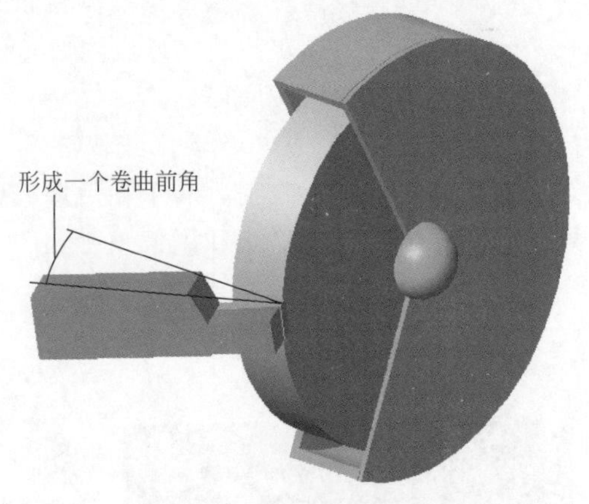


图 3-43　切断刀断屑槽刃磨操作要点示意

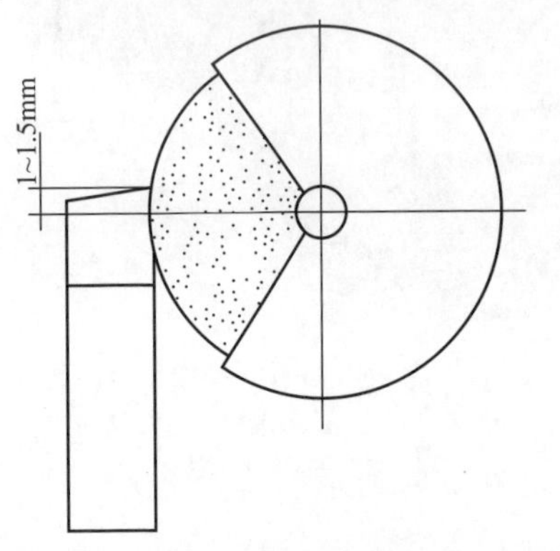


图 3-44　高速钢切断刀卷屑槽的刃磨

⑦ 修磨两侧过渡刃。

砂轮选用：36# ～60# 碳化硅砂轮。

刃磨姿势：两手握刀，两肘夹紧腰部，如图 3-45 所示。

过渡刃修磨时的操作要点示意如图 3-46 所示。

a. 主后刀面向上。

b. 刀体与砂轮形成 45°夹角。

c. 由上至下接触砂轮至刀尖处。

⑧ 车刀研磨　手持油石，贴平各刀面平行移动以研磨各刀面。

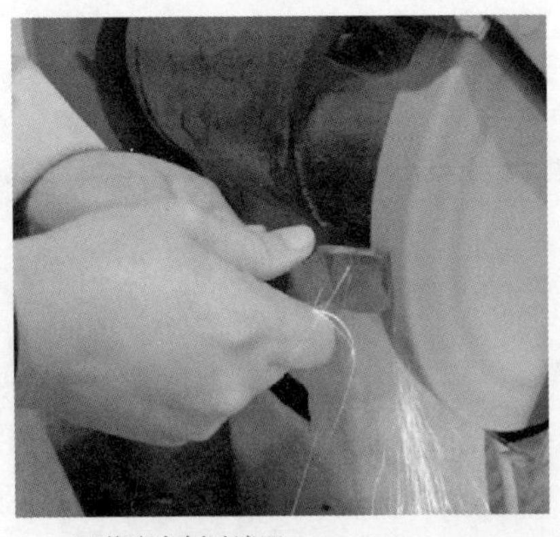

(a)修磨左侧过渡刃

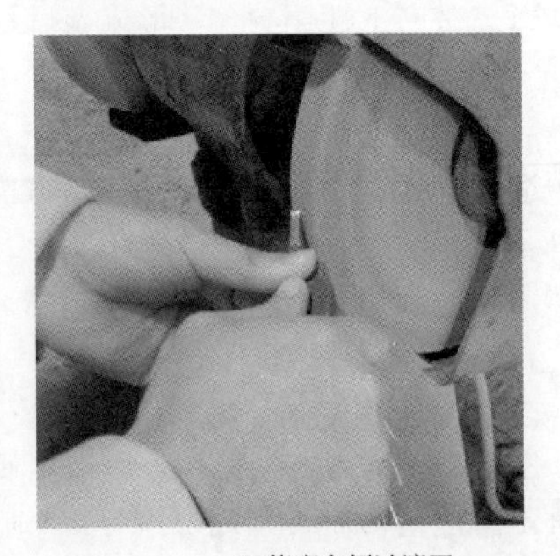

(b)修磨右侧过渡刃

图 3-45　修磨两侧过渡刃

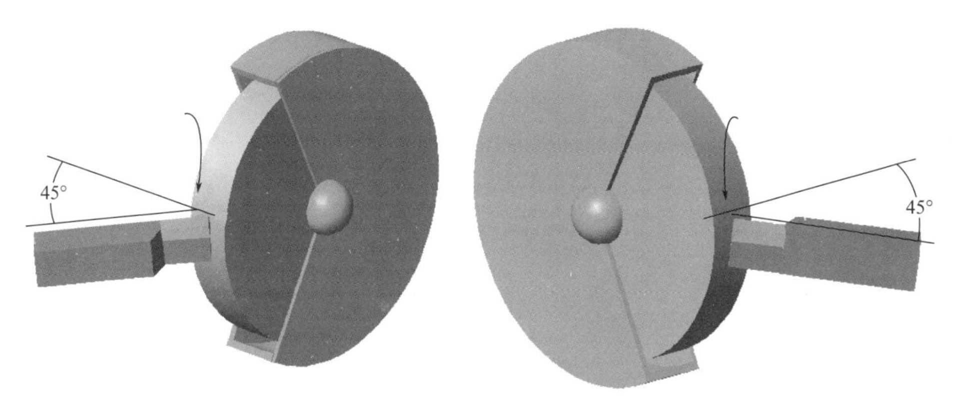


图 3-46 过渡刃修磨时的操作要点示意

### 3.1.3 车刀的检测与刃磨缺陷

3-8 切断(槽)刀刃磨视频

#### (1) 车刀的检测

刃磨后的车刀要测量其几何角度，以检验刃磨质量的好坏，从而保证切削加工的顺利进行。

① 用角度样板检测 如图 3-47 所示的是用角度样板检测车刀几何角度的情形。这种检测方法极为简单易行，但它测量不出车刀几何角度的具体数值，只能测出车刀角度的接近值。

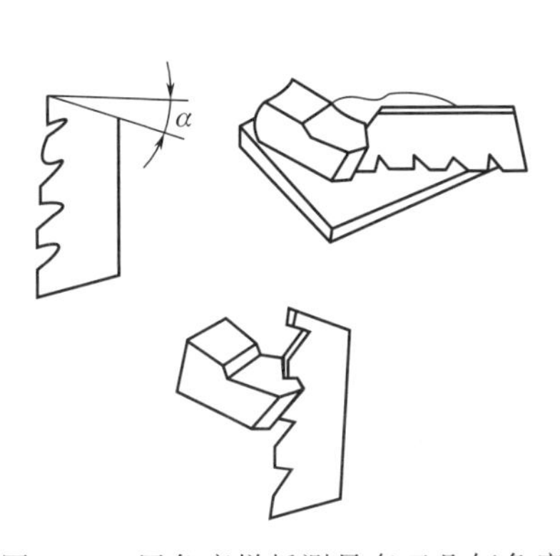


图 3-47 用角度样板测量车刀几何角度

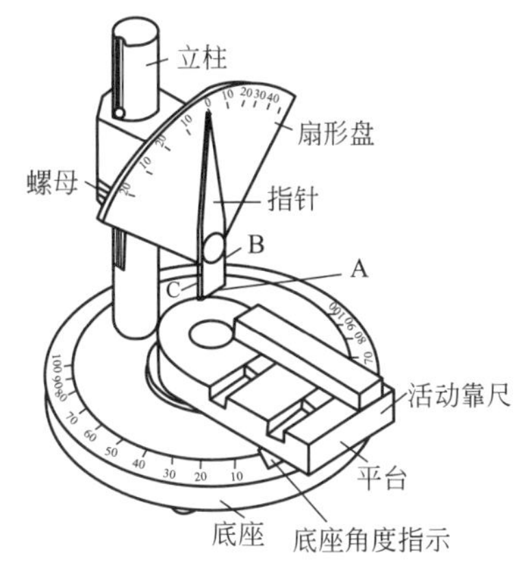


图 3-48 车刀量角台

② 用车刀量角台检测 量角台是一种新型的测量工具，可测量出车刀全部角度的具体大小。如图 3-48 所示。

量角台由底座、平台、立柱和扇形盘等组成。底座为圆盘形，在零度线左右方向各有刻度 100°，用于测量主偏角和副偏角。扇形盘上有刻度 ±45°，用于测量前角、后角和刃倾角。扇形盘的前面有一个指针，指针下端是测量板。测量板的前、后两平面和 3 个刃口（左侧刃 C、右侧刃 B、下刃 A）可供测量使用。立柱上带有螺纹，旋转螺母就可以上下调整扇形盘的位置。测量时，应把车刀安放在平台上，并靠紧活动靠尺。平台可在圆盘形底座上转动。

量角台测量前角时如图 3-49 所示。将车刀放在平台上，并使其侧面紧靠活动靠尺，转动平台，使主切削刃与测量板的前平面贴合无缝，然后将平台旋转 90°，也就是旋转到 0°线右侧 30°处，这时主切削刃在基面内的投影与测量板的平面垂直，将测量板的下刃与车刀前面重合无缝，指针在扇形盘上指示的数值就是前角的大小。图示前角为 20°。前角正、负的判断：指针在 0°线右侧为正，在 0°线左侧为负。

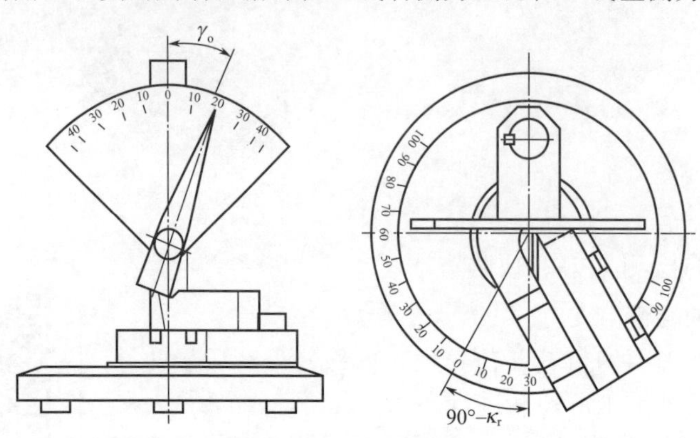


图 3-49 前角的测量

其他角度如主后角、副后角、主偏角、副偏角和刃倾角的测量，分别如图 3-50～图 3-54 所示。

**(2) 车刀的刃磨缺陷**

① 主切削刃不直　指车刀刃磨后主切削刃成凹凸状和其他形状，如图 3-55 所示。

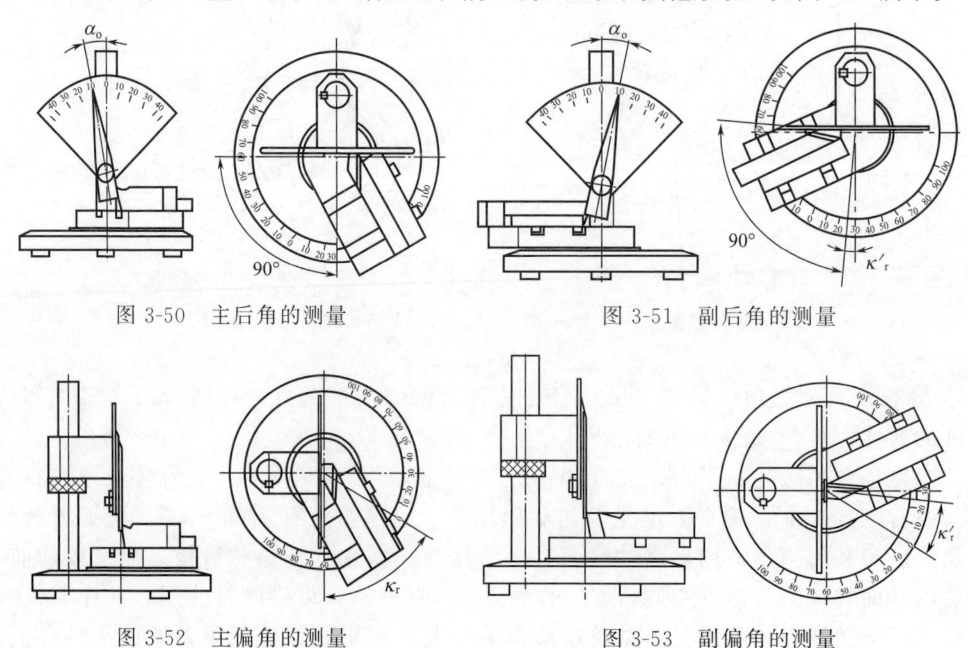


图 3-50 主后角的测量　图 3-51 副后角的测量

图 3-52 主偏角的测量　图 3-53 副偏角的测量

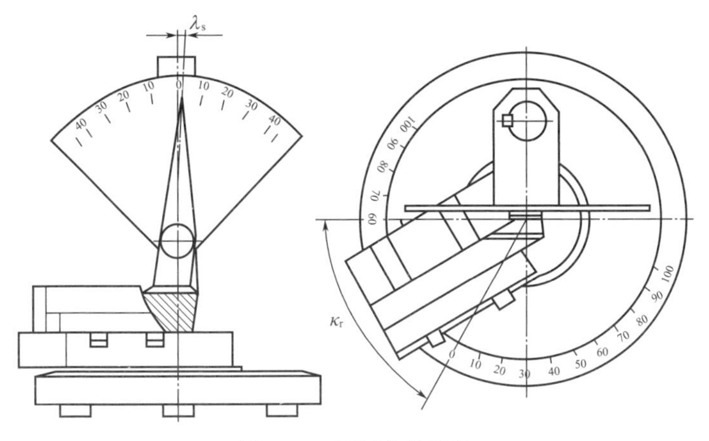


图 3-54　刃倾角的测量

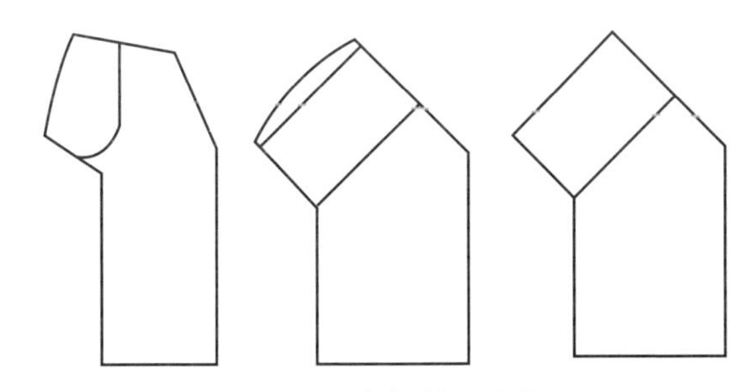

图 3-55　主切削刃不直

这种缺陷产生的主要原因有以下几点。

a. 刃磨时移动姿势不正确。

b. 砂轮外圆外歪。

c. 车刀摆放位置不正确。

② 角度不正确　如图 3-56 所示，这种缺陷主要是由于刃磨时车刀位置没按要求摆放正确而造成的。

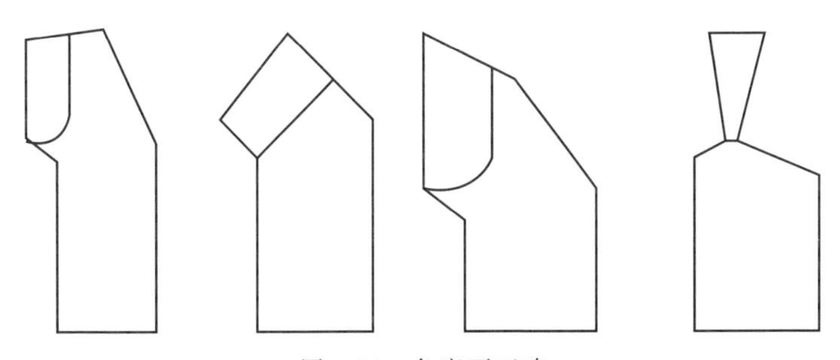

图 3-56　角度不正确

③ 崩刃和烧刀　崩刃如图 3-57 所示，它和烧刀是刃磨时时常会发生的两种重大缺陷。它们对车刀是一个致命的伤害，严重时会造成车刀完全丧失切削能力。

产生崩刃的主要原因有以下几点。

a. 砂轮不平衡，出现抖动。

b. 双手握刀力度不够。

c. 所选用砂轮磨粒过大过粗。

d. 刃磨压力过大。

而烧刀则一般是由于刃磨时过热而没及时退热而烧坏刀头。

④ 切刀卷屑槽过深　如图 3-58 所示，切刀卷屑槽不宜刃磨太深，一般应为 0.75～1.5mm。卷屑槽太深，刀头强度低，易折断。

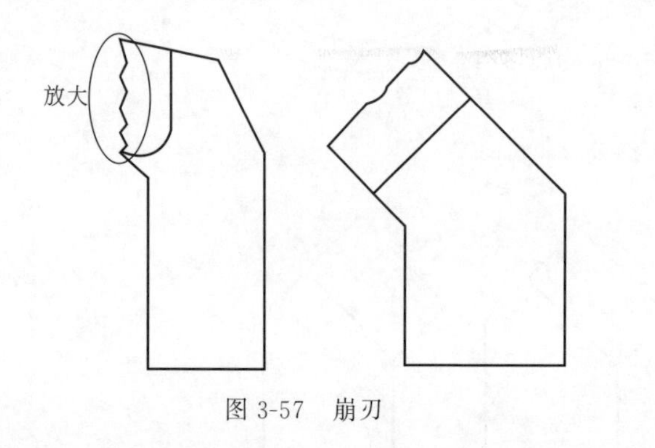


图 3-57　崩刃

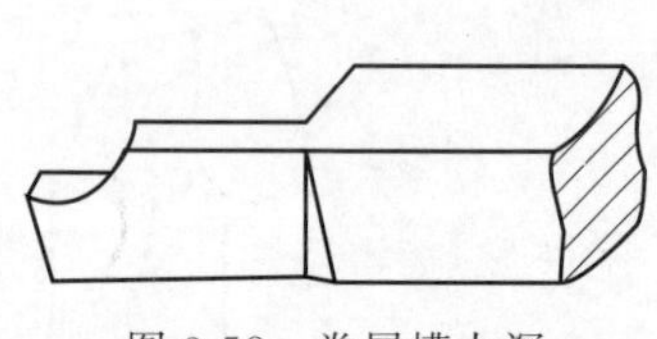

图 3-58　卷屑槽太深

另外，如图 3-59 所示，切断刀前面不允许磨得过低或形成台阶，这种切刀切削不顺畅，排屑也困难，切削负荷大增，刀头也易折断。

产生这两种缺陷的主要原因有以下几点。

a. 砂轮边角不尖锐（成圆弧）。

b. 刃磨压力过大。

c. 刃磨方法不正确。

⑤ 切削刃不在一个平面内　如图 3-60 所示，切削刃不在一个平面内，会改变切削力的分力方向，有时会造成切削不平稳。

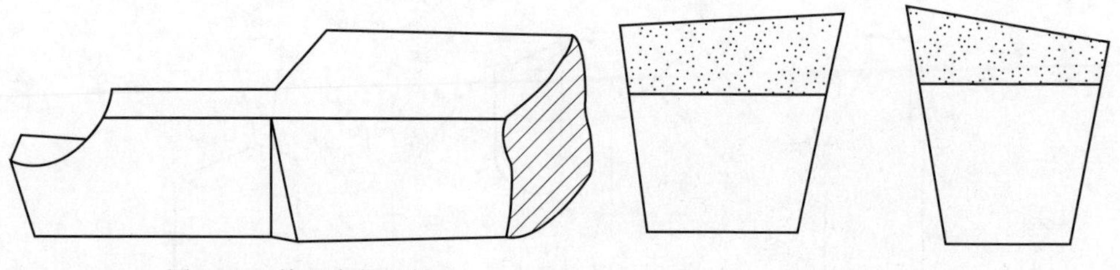

图 3-59　前面磨得过低　　图 3-60　切削刃不在一个平面内

产生这种缺陷的主要原因有以下几点。

a. 车刀位置没按要求摆放正确。

b. 砂轮外圆倾斜。

## 3.2 套类用车刀的刃磨

### 3.2.1 麻花钻的刃磨

**(1) 麻花钻的刃磨要求**

麻花钻一般只刃磨两个主后面并同时磨出顶角、后角以及横刃斜角。麻花钻的刃磨要求如下。

a. 保证顶角（$2\kappa_r$）和后角 $\alpha_o$ 大小适当。

b. 两条主切削刃必须对称，即两主切削刃与轴线的夹角相等，且长度相等。

c. 横刃斜角 $\psi$ 为 55°。

**(2) 麻花钻的刃磨注意事项**

麻花钻在刃磨时应该注意以下几点。

a. 刃磨时用力要均匀，不能过大。应经常目测磨削情况，随时修正。

b. 刃磨时，麻花钻切削刃的位置应略高于砂轮中心平面，以免磨出负后角，致使麻花钻无法使用。

c. 刃磨时不要用刃背磨向刀口，以免造成刃口退火。

d. 刃磨时应注意磨削温度不应过高，要经常用水冷却，以防麻花钻退火降低硬度，使切削性能降低。

图 3-61 砂轮的修整

**(3) 麻花钻的刃磨方法**

① 砂轮选用 24# ～36# 氧化铝砂轮。

② 检查与调整 刃磨前应检查砂轮表面是否平整，如果不平整或有跳动，则应先对砂轮进行修整，如图 3-61 所示。

③ 刃磨方法与步骤。

a. 用右手握住麻花钻前端作支点，左手紧握麻花钻柄部，摆正麻花钻与砂轮的相对位置，使麻花钻轴心线与砂轮外圆柱面母线在水平面内的夹角等于顶角的 1/2，同时钻尾向下倾斜。如图 3-62 所示。

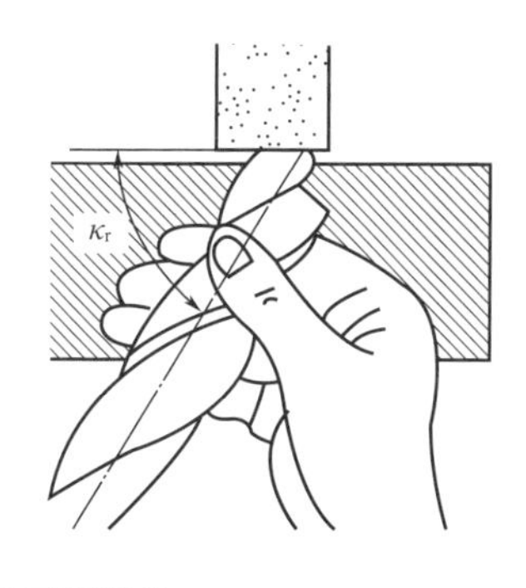


图 3-62 麻花钻的刃磨姿势

b. 以麻花钻前端支点为圆心，左手缓慢使钻头作上下摆动并略带转动，同时磨出主切削刃和主后刀面。但要注意摆动与转动的幅度和范围不能过大，以免磨出负后角或将另一条主切削刃磨坏。如图 3-63 所示。

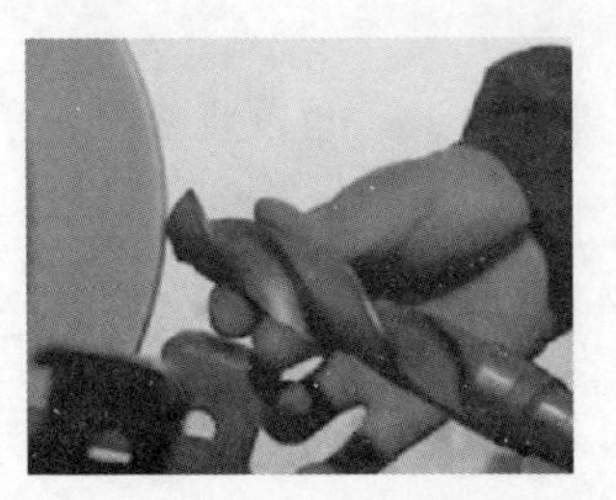
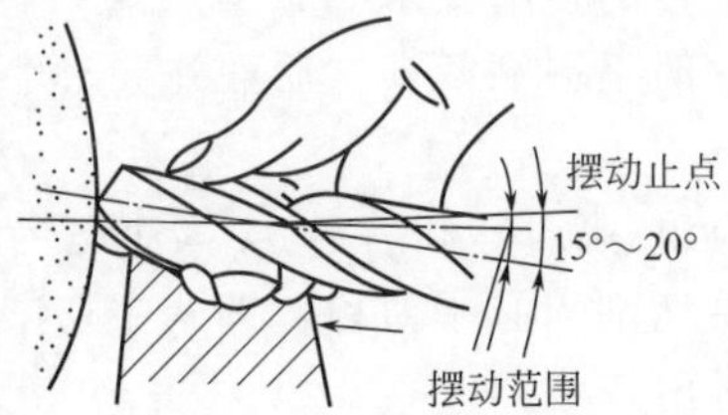


图 3-63　麻花钻的刃磨方法

c. 当一个主后刀面刃磨好后，将麻花钻转过 180°刃磨另一主后刀面。刃磨时，人和手要保持原来的位置和姿势。另外，两个主后刀面应经常交换刃磨，边磨边检查，直至符合要求为止。如图 3-64 所示。

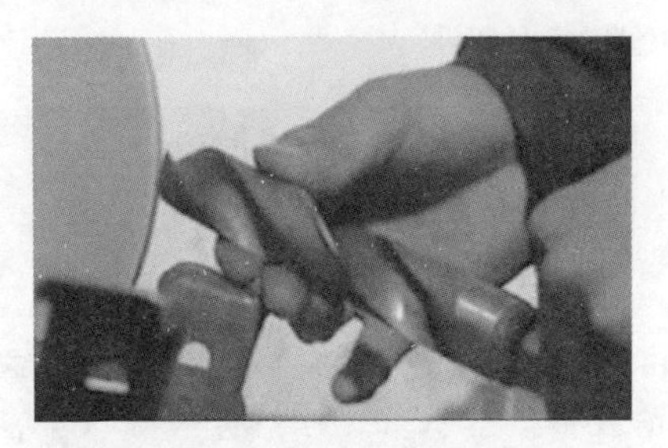

图 3-64　换磨另一主后刀面

3-9　麻花钻刃磨视频

④ 麻花钻的检测　方法如下。

a. 目测法。如图 3-65 所示，把刃磨好的麻花钻垂直竖在与眼等高的位置上，转动钻头，交替观察两条主切削刃的长短、高低以及后角是否一致。如果不一致，则必须进行修磨，直到一致为止。

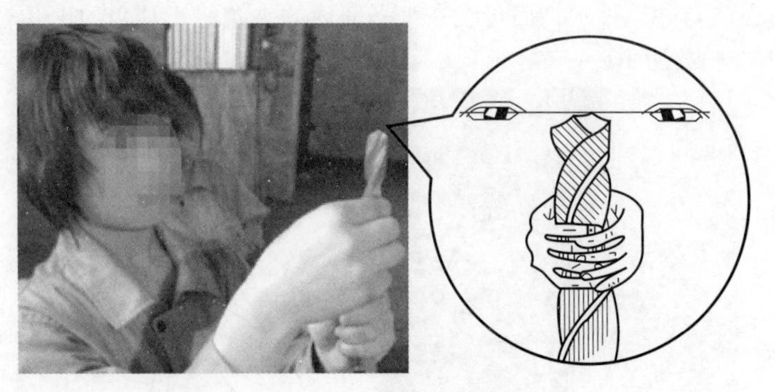

图 3-65　目测法检测

b. 用角度尺检测。如图 3-66 所示，将游标万能角度尺有角尺的一边贴在麻花钻的棱边上，另一边靠近钻头的刃口上。

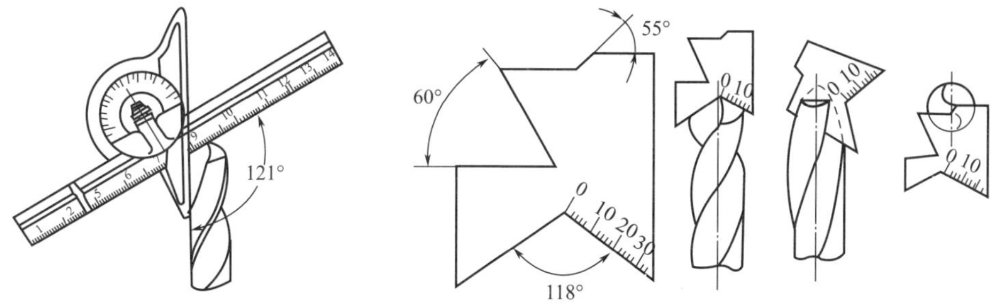


图 3-66 用角度尺检测

图 3-67 用样板检测

c. 用样板检测。如图 3-67 所示，将钻头靠紧到样板上，使主切削刃与样板上的斜面相贴，检查切削刃角度是否与样板上的角度相符。然后将钻头的另一个切削刃转到样板位置，检查其角度。

麻花钻刃磨的好坏将直接影响钻孔的质量，具体情况见表 3-4。

**表 3-4 麻花钻刃磨情况对钻孔质量的影响**

| 刃磨情况 | 麻花钻刃磨正确 | 麻花钻刃麻不正确 | | |
|---|---|---|---|---|
| | | 顶角不对称 | 切削刃长度不等 | 顶角不对称、刃长不等 |
| 图示 | $a_p=\frac{d}{2}$　$d$　$f$ | $\kappa_r$小　$f$　$F$　$\kappa_r$大 | $O$　$O'$　$f$　$O$　$O'$ | $O$　$O'$　$f$　$O$　$O'$ |
| 钻削情况 | 钻削时两条主切削刃同时切削，两边受力平衡，使钻头磨损均匀 | 钻削时只有一条切削刃切削，另一条不起作用，两边受力不平衡，使钻头很快磨损 | 钻削时，麻花钻的工作中心由 $O—O$ 移到 $O'—O'$，切削不均匀，使钻头很快磨损 | 钻削时两条主切削刃受力不平衡，而且麻花钻的工作中心由 $O—O$ 移到 $O'—O'$，使钻头很快磨损 |
| 对钻孔质量的影响 | 钻出的孔不会扩大、倾斜和产生台阶 | 钻出的孔扩大和倾斜 | 钻出的孔径扩大 | 钻出的孔径不仅扩大而且还会产生台阶 |

**(4) 麻花钻的修磨**

由于麻花钻在结构上存在很多缺点，钻削又是半封闭的切削方式，钻削时，由于切屑变形、钻头与切屑及工件间的摩擦，使麻花钻温度上升，同时，麻花钻各切削刃的切削负荷也不均匀，因此各部分的磨损也很不均匀。一般情况下，麻花钻的主切削刃、前刀面、后刀面、棱边及横刃上都有不同程度的磨损，如图 3-68 所示。

但磨损最快的是处于切削速度与温度最高，而强度较弱、散热条件很差的钻头

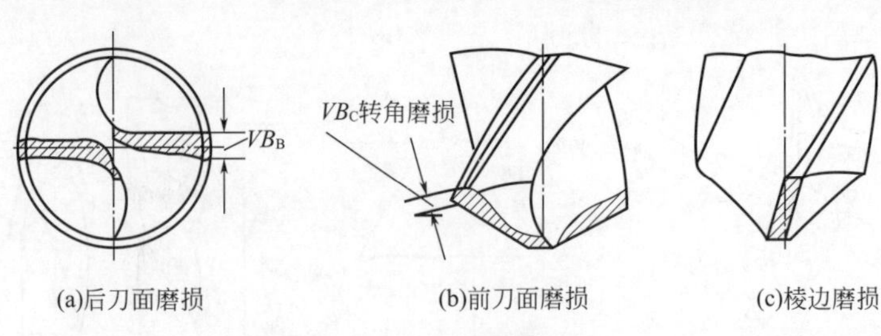


(a)后刀面磨损　(b)前刀面磨损　(c)棱边磨损

图 3-68　麻花钻的磨损形式

的切削刃与棱边交界的转角处。对于铸铁等脆性材料，以转角处的磨损量 $VB_C$ 作为磨钝标准；对于钢料等塑性材料，以转角处后刀面的磨损量 $VB_B$ 作为磨钝标准。因而麻花钻在使用时，应根据工件材料、加工要求，采用相应的修磨方法进行修磨，以减少磨损的发生，延长麻花钻的钻削使用时间。

① 横刃的修磨　横刃的修磨有 4 种形式，见表 3-5。

**表 3-5　横刃的修磨**

| 修磨形式 | 图　示 | 说　明 |
|---|---|---|
| 磨去整个横刃 | | 加大该处前角，使轴向力降低，但钻心强度弱，定心不好。它只适用于加工铸铁等强度较低的材料工件 |
| 磨短横刃 | | 可减少横刃造成的不利影响，且在主切削刃上形成转折点，有利于分屑和断屑 |
| 加大横刃前角 | | 横刃长度不变，将其分成两半，分别磨出 0°～5°前角，主要用于钻削深孔。但修磨后钻尖强度低，不宜钻削硬材料 |
| 综合修磨 | | 有利于分屑、断屑，增大了钻心部分的排屑空间，还能保证一定的强度 |

修磨时，麻花钻与砂轮的相对位置：保持钻头轴线在水平面内，与砂轮侧面向左倾斜 15°角，在垂直平面内与刃磨点的砂轮半径方向约成 55°下摆角，如图 3-69 所示。

② 前刀面的修磨　前刀面的修磨主要是外缘与横刃处前刀面的修磨。

a. 工件材料较硬时，就需修磨外缘处前角，主要是为了减少外缘处的前角。如图 3-70 所示。

b. 工件材料较软时需修磨横刃处前角，如图 3-71 所示。

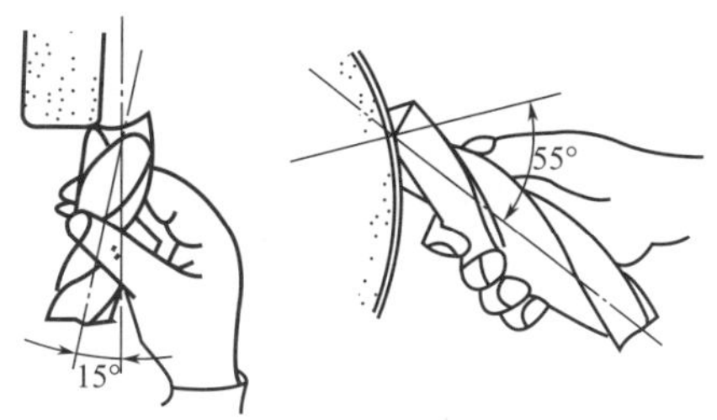


图 3-69　横刃修磨方法

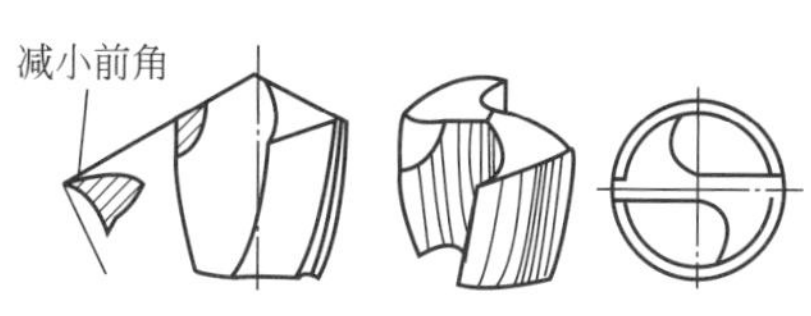


图 3-70　修磨外缘处前角

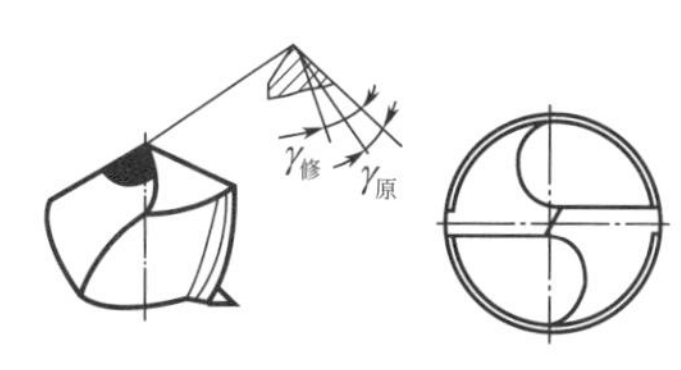


图 3-71　修磨横刃处前角

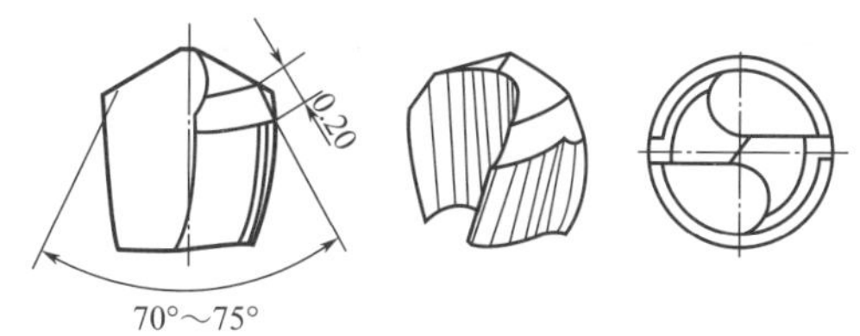


图 3-72　双重刃磨

c. 双重刃磨。在钻削加工时，钻头外缘处的切削速度最高，磨损也就最快，因此可磨出双重顶角，如图 3-72 所示，这样可以改善外缘处转角的散热条件，增加钻头强度，并可减小孔的表面粗糙度值。

### 3.2.2 内孔车刀的刃磨

**(1) 刃磨方法**（以硬质合金盲孔车刀为例）

① 粗磨前刀面。

砂轮选用：36# ～60# 氧化铝砂轮。

刃磨姿势：左手在前握住刀头，右手在后握刀体，前刀面贴向砂轮，两肘夹紧腰部。如图 3-73 所示。

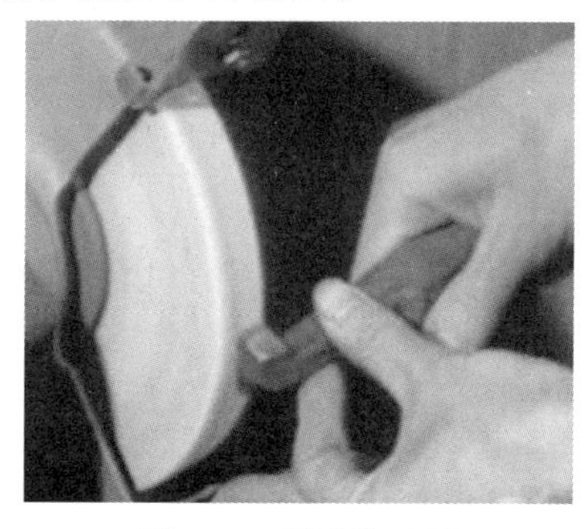

图 3-73　粗磨前刀面

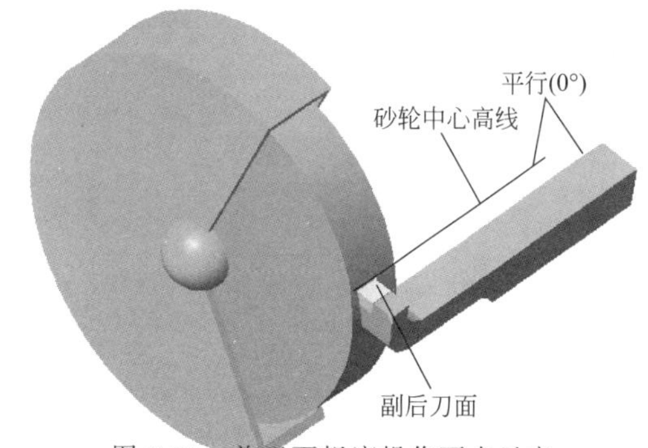


图 3-74　前刀面粗磨操作要点示意

前刀面粗磨时的操作要点示意如图 3-74 所示。

a. 副后刀面向上。

b. 刀体与砂轮中心高线（轴线）平行（形成 0°的刃倾角和 0°前角）。

② 粗磨主后刀面。

砂轮选用：36# ～60# 氧化铝砂轮。

刃磨姿势：右手在前握住刀头，左手在后握刀体，主后刀面接触砂轮，两肘夹紧腰部。如图 3-75 所示。

主后刀面粗磨时的操作要点示意如图 3-76 所示。

a. 前刀面向上。

b. 刀体与砂轮形成 5°～8°夹角（形成 95°～92°的主偏角）。

c. 刀头向上翘 6°左右（形成主后角）。

图 3-75 粗磨主后刀面

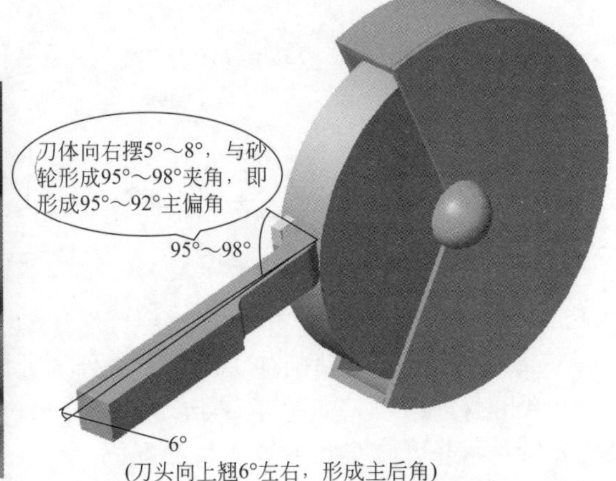
刀体向右摆5°～8°，与砂轮形成95°～98°夹角，即形成95°～92°主偏角
95°～98°
6°
(刀头向上翘6°左右，形成主后角)

图 3-76 主后刀面粗磨操作要点示意

③ 粗磨副后刀面。

砂轮选用：36# ～60# 氧化铝砂轮。

刃磨姿势：右手在前握住刀头，左手在后握刀体，副后刀面接触砂轮，两肘夹紧腰部。如图 3-77 所示。

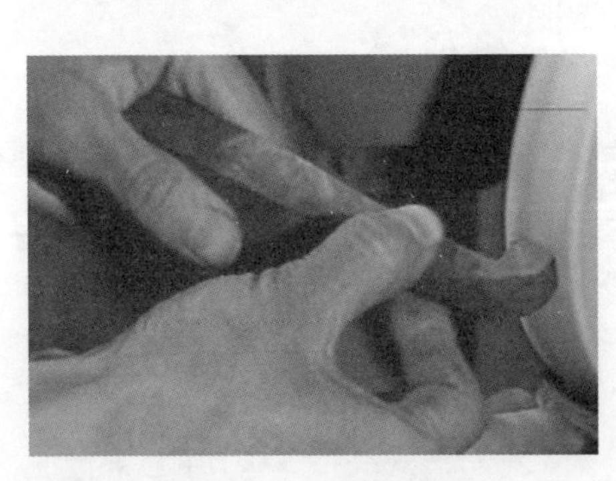

图 3-77 粗磨副后刀面

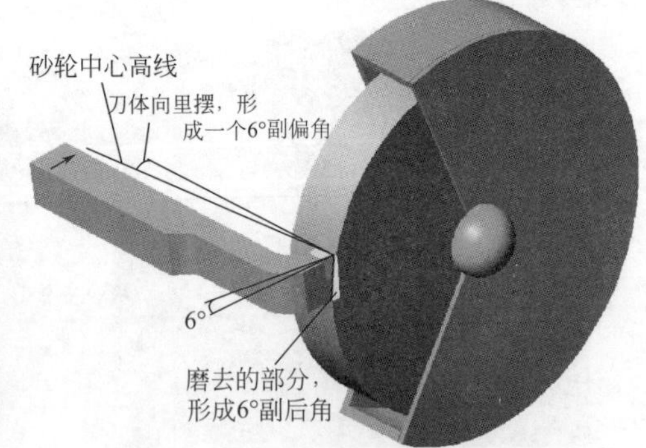
砂轮中心高线
刀体向里摆，形成一个6°副偏角
6°
磨去的部分，形成6°副后角

图 3-78 副后刀面粗磨操作要点示意

副后刀面粗磨时的操作要点示意如图 3-78 所示。

a. 前刀面向上。

b. 刀体向里摆，与砂轮形成 6°夹角（形成副偏角）。

c. 刀头向上翘 6°左右（形成副后角）。

④ 刃磨卷屑槽。

砂轮选用：36# ～60# 氧化铝砂轮。

刃磨姿势：右手在前握住刀头部分，左手在后握刀体，前刀面接触砂轮，两肘夹紧腰部。如图3-79所示。

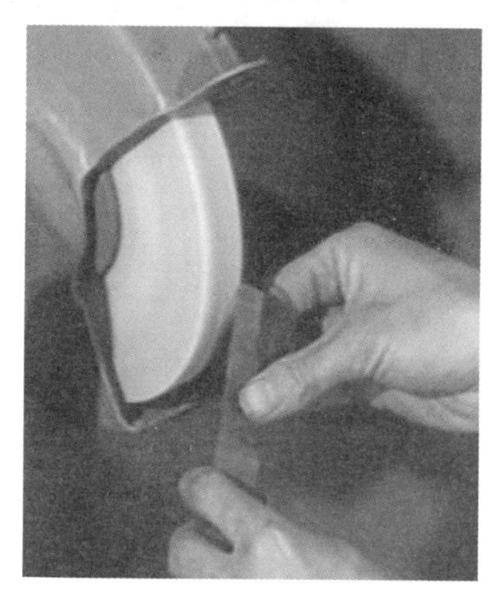

图3-79　刃磨卷屑槽

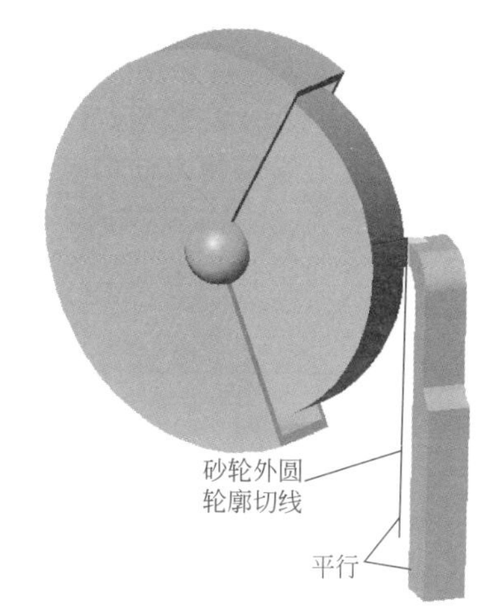


图3-80　卷屑槽刃磨操作要点示意

卷屑槽刃磨时的操作要点示意如图3-80所示。

a. 前刀面对向砂轮。

b. 刀体与砂轮外圆切线平行。

c. 在砂轮右侧圆角处上下缓慢移动刃磨。

⑤ 精磨前刀面、主后刀面、副后刀面按①、②和③所述方法与要求进行刃磨。

⑥ 修磨刀尖圆弧。

砂轮选用：36#～60#氧化铝砂轮。

刃磨姿势：右手在前握住刀头部分，左手在后握刀体，两肘夹紧腰部，以右手为圆心，摆动刀柄，修磨刀尖圆弧。如图3-81所示。

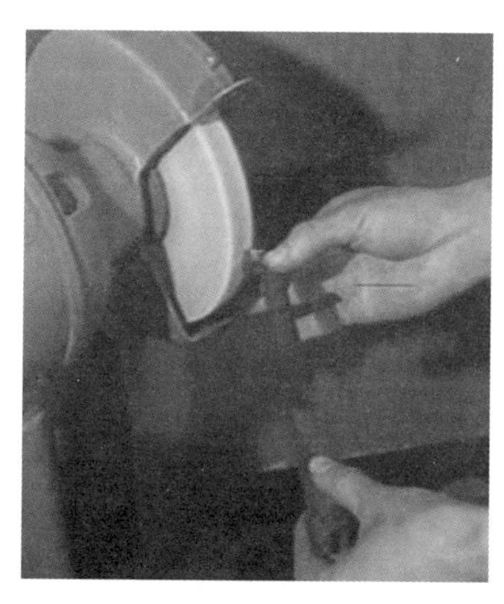

图3-81　修磨刀尖圆弧

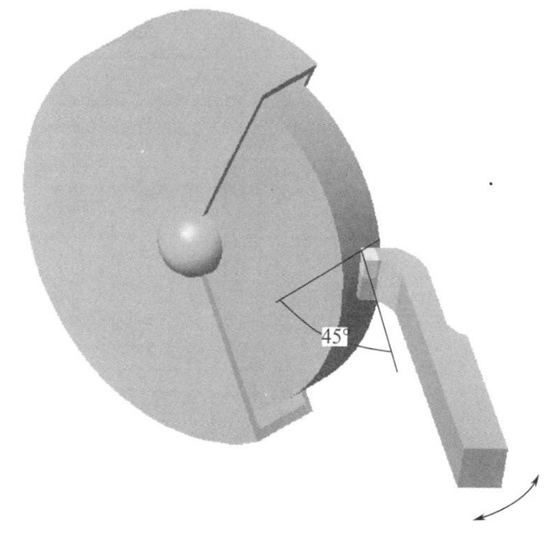


图3-82　刀尖圆弧修磨操作要点示意

3-10 内孔车刀刃磨视频

刀尖圆弧修磨时的操作要点示意如图 3-82 所示。

a. 前刀面向上。

b. 刀体与砂轮形成 45°夹角（形成副偏角）。

c. 以右手为中心，左手左右轻轻摆动以磨出圆弧。

**(2) 内孔车刀卷屑槽方向的选择**

内孔车刀卷屑槽方向应根据不同的情况加以刃磨。内孔车刀卷屑槽的方向选择见表 3-6。

**表 3-6 内孔车刀卷屑槽的方向选择**

| 主偏角角度 | 卷屑槽刃磨位置 | 图示 | 适应场合 |
| --- | --- | --- | --- |
| $\kappa_r<90°$<br>（通孔车刀） | 在主切削刃方向上磨卷屑槽 | | 能使其刀刃锋利，切削轻快，且在切削深度较深的情况下，仍能保持良好的切削稳定性。适宜于粗车 |
| | 在副切削刃方向上磨卷屑槽 | | 在切削深度较小的情况下能获得较好的表面质量 |
| $\kappa_r>90°$<br>（盲孔车刀） | 在主切削刃方向上刃磨卷屑槽 | | 适宜于纵向切削，且切削深度不能太深，否则切削稳定性不好，刀尖也极易损坏 |
| | 在副切削刃方向上刃磨卷屑槽 | | 适宜于横向切削 |

### 3.2.3 内沟槽车刀的刃磨

内沟槽的种类有很多，常见的有退刀槽、轴向定位槽、油气通道槽、内 V 槽等。常见内沟槽的种类、结构与作用见表 3-7。

**表 3-7 常见内沟槽的种类、结构与作用**

| 种类 | 退刀槽 | 轴向定位槽 | 油气通道槽 | 内 V 槽（密封槽） |
| --- | --- | --- | --- | --- |
| 结构 | | | | |
| 作用 | 在车螺纹、车孔、磨削外圆和内孔时作退刀用 | 在适当位置的轴向定位槽中嵌入弹性挡圈，以实现滚动轴承等的轴向定位 | 在液压或气动滑阀中车出内沟槽，用以通油或通气 | 在内 V 形槽内嵌入油毛毡起防尘作用，并可防止轴上的润滑剂溢出 |

内沟槽车刀刀刃的平直和角度的正确性决定了沟槽形状的好坏，因此，刃磨时应根据需要来选择其结构形状，并保证其刃磨质量。

内沟槽车刀的刃磨方法（以高速钢直沟槽车刀为例）如下。

① 粗磨前面。

砂轮选用：24# ～36# 氧化铝砂轮。

刃磨姿势：左手在前握住刀头部分，右手在后握住刀体，两肘夹紧腰部，如图3-83所示。

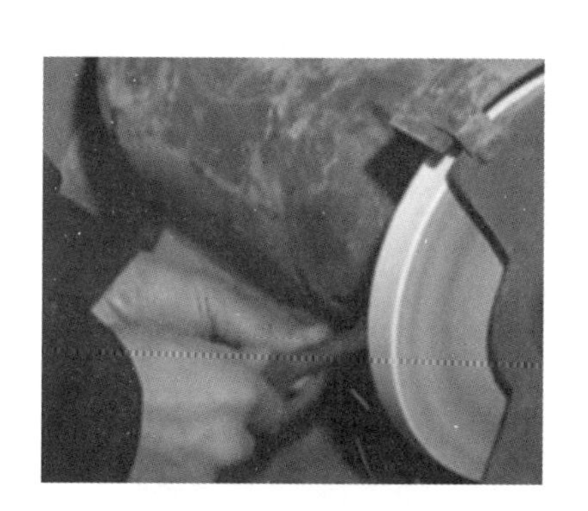

图 3-83　粗磨前面

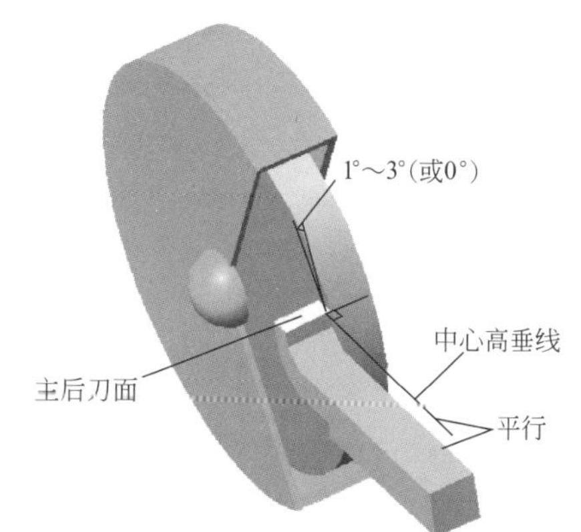


图 3-84　前面粗磨操作要点示意

前面粗磨时的操作要点示意如图3-84所示。

a. 主后刀面向上。

b. 刀体与砂轮轴线垂直。

c. 刀头略向上翘1°～3°（或不翘），形成一个1°～3°（或0°）前角。

d. 在砂轮侧面轮廓处刃磨。

② 粗磨主后刀面。

砂轮选用：24# ～36# 氧化铝砂轮。

刃磨姿势：右手在前握住刀头部分，左手在后握刀体，两肘夹紧腰部，如图3-85所示。

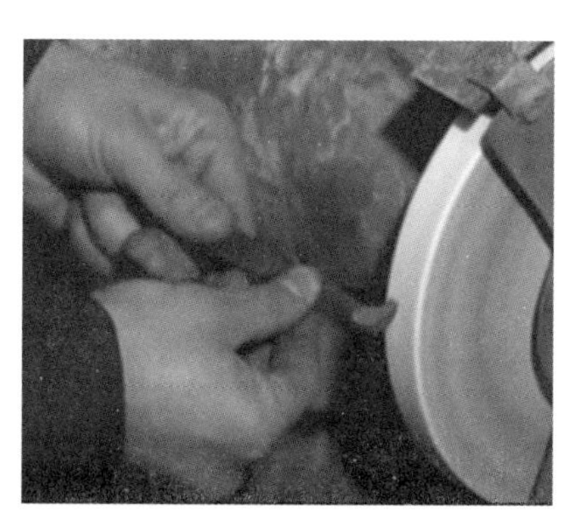

图 3-85　粗磨主后刀面

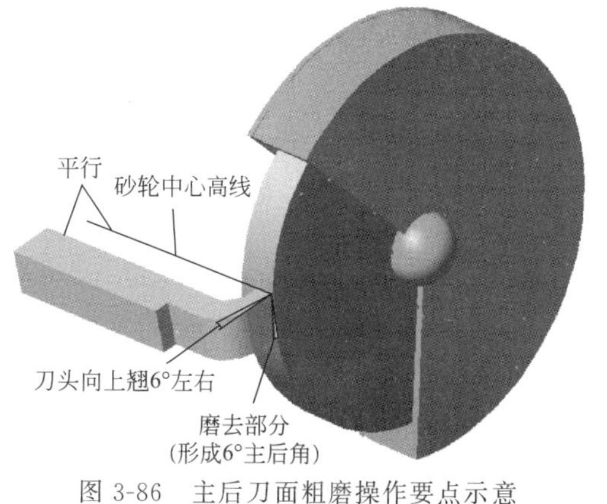


图 3-86　主后刀面粗磨操作要点示意

主后刀面粗磨时的操作要点示意如图 3-86 所示。

a. 前刀面向上。

b. 刀体与砂轮轴线平行（保证主切削刃平直）。

c. 刀头略向上翘 6°左右，形成主后角。

③ 粗磨副后刀面。

砂轮选用：24# ～36# 氧化铝砂轮。

刃磨姿势：刃磨左侧时，左手在前握住刀头部分，右手在后握刀体；刃磨右侧时，右手在前握住刀头部分，左手在后握刀体，两肘夹紧腰部，如图 3-87 所示，使刀头基本成形。

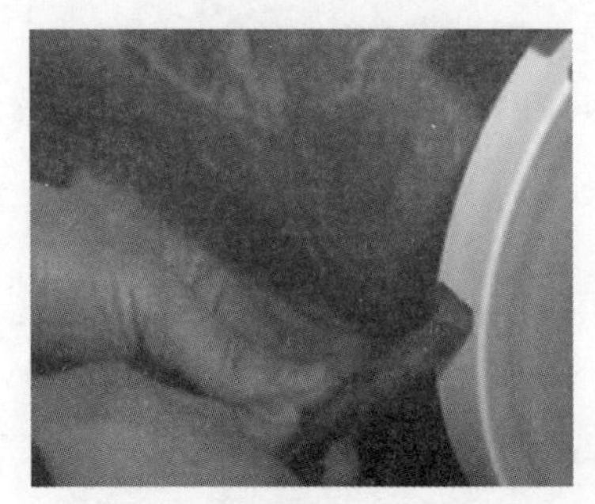

(a) 刃磨左侧

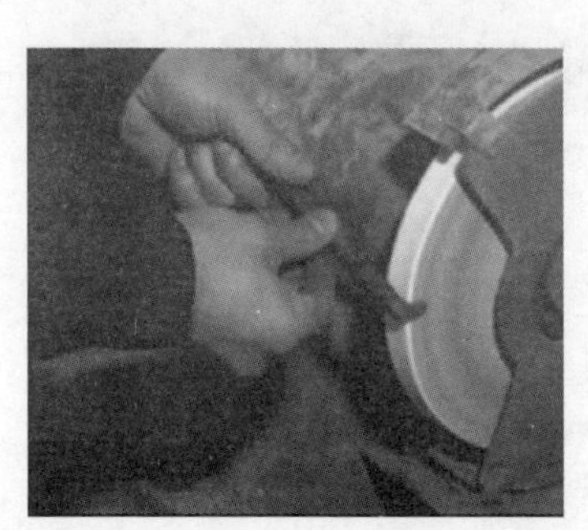

(b) 刃磨右侧

图 3-87　粗磨副后刀面

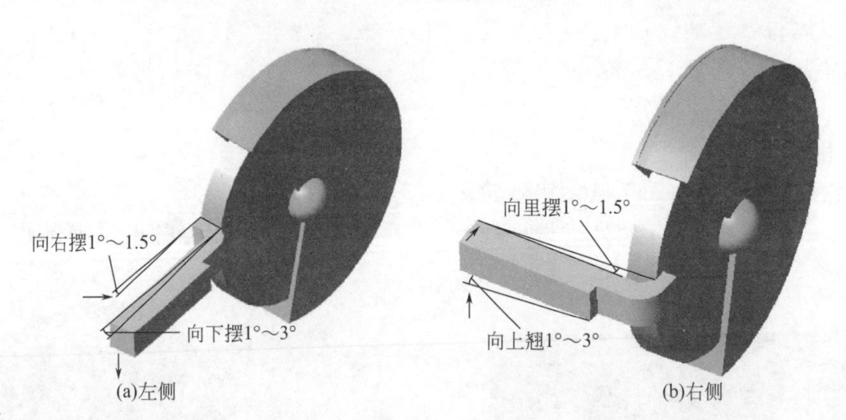


(a)左侧　(b)右侧

图 3-88　副后刀面粗磨操作要点示意

副后刀面粗磨时的操作要点示意如图 3-88 所示。

a. 前刀面向上。

b. 刃磨左侧时，在砂轮机外圆处刃磨，刀体向右摆 1°～1.5°，并向下摆 1°～3°，形成左侧副偏角和副后角。

c. 刃磨右侧时，在砂轮侧面轮廓处刃磨，刀体向里摆 1°～1.5°，并向上翘 1°～3°，形成右侧副偏角和副后角。

④ 精磨前面和主、副后刀面　按②、③所述的方法刃磨。

⑤ 修磨刀尖小圆弧。

砂轮选用：24# ～36# 氧化铝砂轮。

刃磨姿势：右手在前握住刀头部分，左手在后握刀体，两肘夹紧腰部，如图 3-89 所示。

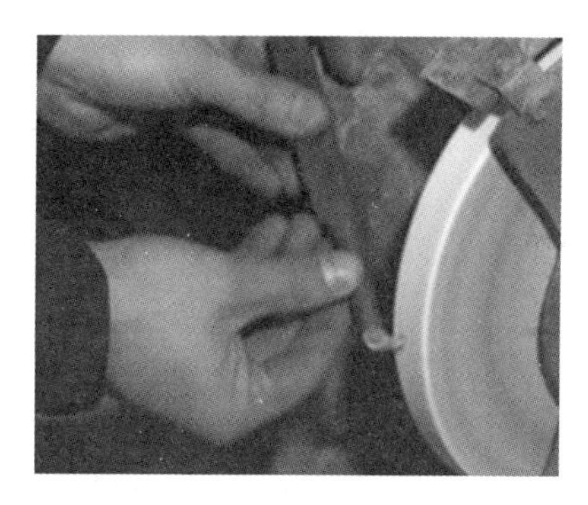

图 3-89　修磨刀尖小圆弧

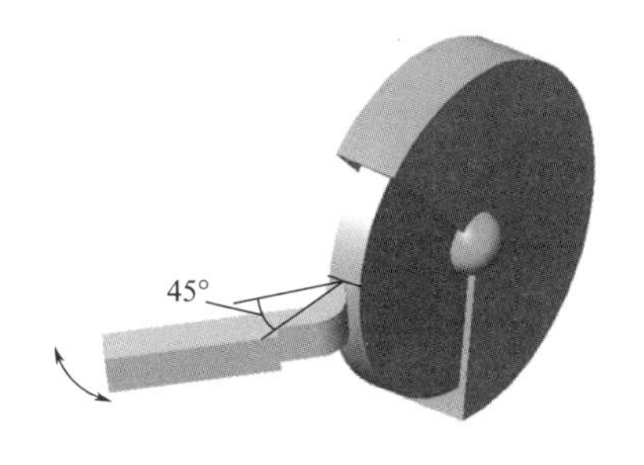

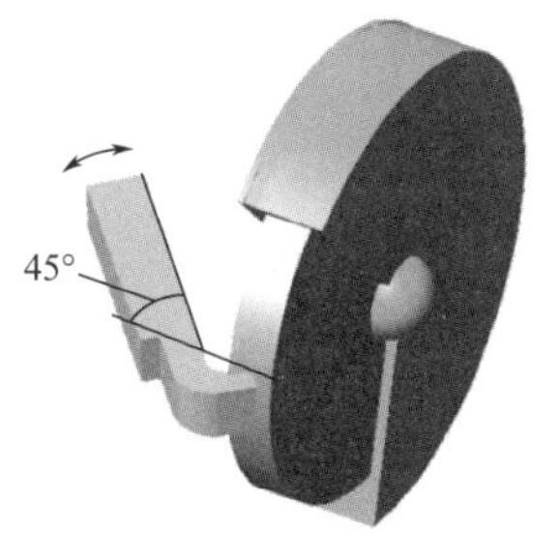


图 3-90　刀尖小圆弧修磨操作要点示意

刀尖小圆弧修磨时的操作要点示意如图 3-90 所示。

a. 前刀面向上。

b. 刀体与砂轮轴线呈 45°夹角。

c. 以右手为圆心，左手略带转动。

3-11　内沟槽车刀刃磨视频

### 3.2.4　铰刀的修磨与重磨

#### (1) 铰刀的修磨

新开封的铰刀，如果直接使用，会因为制造等方面的原因而使孔的尺寸偏大，从而造成报废。因此，铰刀开封后常常应根据需要用油石进行修磨，如图 3-91 所示。铰刀是多刃刀具，一般为数齿，因此在修磨时应对应修磨，且应一边修磨一边用千分尺进行检测，以满足使用需求。

#### (2) 铰刀的重磨

铰刀是精加工刀具，其磨损主要发生在后刀面上，所以铰刀的重磨都在后刀面上进行。铰刀重磨通常在工具磨上进行，如图 3-92 所示。

重磨时，铰刀轴线相对于磨床导轨倾斜一个角度 $\kappa_r$，并使砂轮端面相对于铰

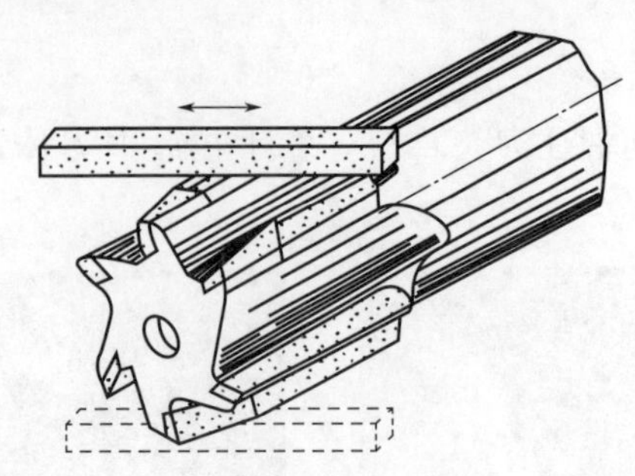

图 3-91　铰刀的修磨

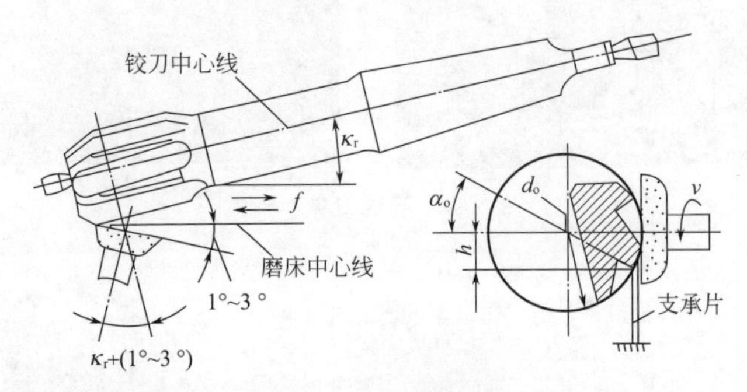


图 3-92　铰刀的重磨

刀切削部分的后刀面倾斜 1°～3°。同时，为了使磨削后的后刀面与砂轮端面都处于垂直位置，支承在铰刀前刀面的支承片应低于铰刀中心 $h$，其值为

$$h \approx \frac{d_o}{2}\sin\alpha_o$$

式中　$d_o$——铰刀直径，mm；

$\alpha_o$——铰刀后角，(°)。

重磨的切削刃不得有钝口、崩刃等现象，重磨后的后刀面的表面粗糙度不能大于 $Ra$0.4～0.2μm。

## 3.3　螺纹车刀的刃磨

### 3.3.1　三角形螺纹车刀的刃磨

**(1) 刃磨要求**

a. 刀尖角应等于牙型角。

b. 螺纹车刀的两个切削刃必须刃磨平直，且不能出现崩刃。

c. 螺纹车刀切削部分不能歪斜，刀尖半角应对称。

d. 螺纹车刀的前面与两个主后刀面的表面粗糙度值要小。

e. 内螺纹车刀的后角应适当增大，通常磨成双重后角。

f. 刃磨时，人的站立姿势要正确。在刃磨整体式内螺纹车刀内侧时，注意不能将刀尖磨歪斜。

g. 刃磨刀刃时，要稍带左右、上下移动，这样容易使刀刃平直。

**(2) 三角形外螺纹车刀的刃磨**

螺纹车刀一般情况下均采用高速钢材料，整体高速钢螺纹车刀刀体较宽，因此在刃磨开始前，一般应先将刀头粗磨出类似切断刀的形状后才开始其他各面的刃磨，如图 3-93 所示。

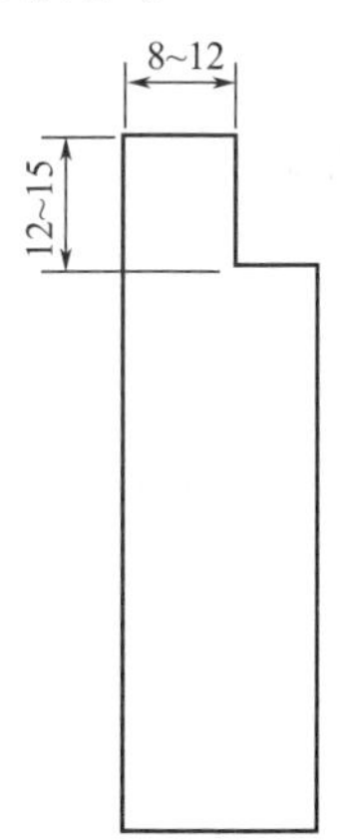


图 3-93 高速钢螺纹车刀的刀头刃磨要求

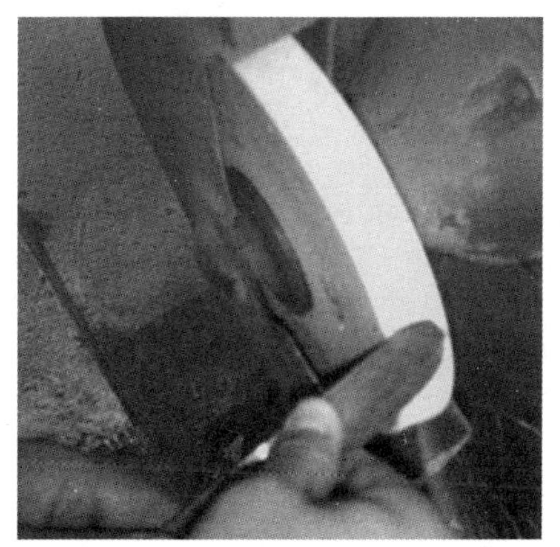

图 3-94 粗磨左侧后刀面

① 粗磨左侧后刀面。

砂轮选用：24# ～36# 氧化铝砂轮。

刃磨姿势：右手在前、左手在后握刀，车刀与砂轮接触后稍加压力，并均匀慢慢移动磨出后刀面，磨出牙型半角及左侧后角，如图 3-94 所示。

左侧后刀面粗磨时的操作要点示意如图 3-95 所示。

a. 刀体与砂轮外圆水平方向呈 30°夹角。

b. 刀头向上翘 8°～10°。

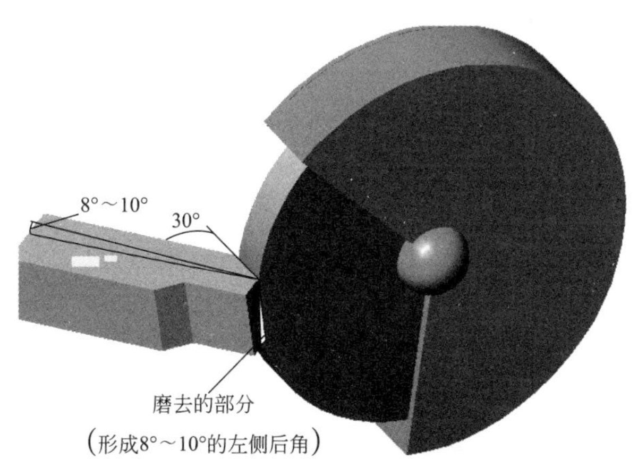


图 3-95 左侧后刀面粗磨时的操作要点示意

在刃磨车削窄槽或高台阶的螺纹车刀时，应将螺纹车刀进给方向一侧的刀刃磨短些，否则车削时不利于退刀，易擦伤轴肩，如图 3-96 所示。

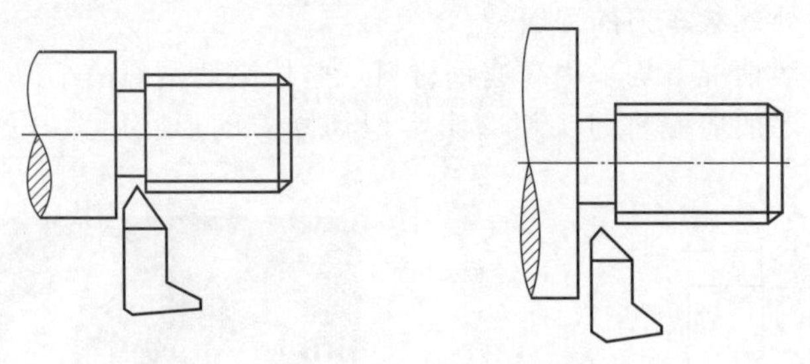

图 3-96　车削窄槽、高台阶螺纹车刀

② 粗磨右侧后刀面。

砂轮选用：24#～36# 氧化铝砂轮。

刃磨姿势：左手在前、右手在后握刀，车刀与砂轮接触后稍加压力，并均匀慢慢移动磨右侧（背向）进给方向侧刃，控制刀尖角 $\varepsilon_r$ 及右侧后角 $\alpha_{oL}$，刀头基本形成，如图 3-97 所示。

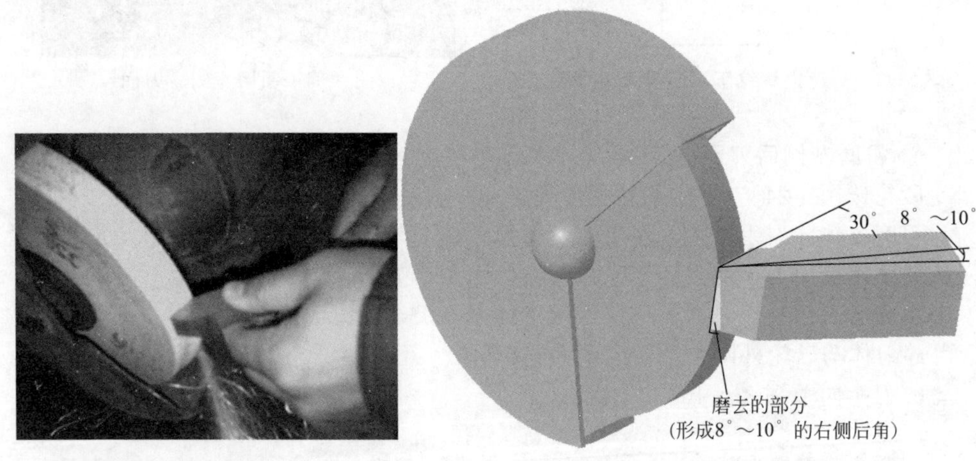


图 3-97　粗磨右侧后刀面　　图 3-98　右侧后刀面粗磨时的操作要点示意

右侧后刀面粗磨时的操作要点示意如图 3-98 所示。

a. 刀体与砂轮外圆水平方向呈 30°夹角。

b. 刀头向上翘 8°～10°。

③ 粗、精磨前刀面。

砂轮选用：24#～36# 氧化铝砂轮。

刃磨姿势：左手在前、右手在后握刀，车刀前刀面与砂轮接触后稍加压力，如图 3-99 所示。

前刀面刃磨时的操作要点如下。

a. 前刀面与砂轮接触。

b. 车刀刀体与砂轮外圆平行。

螺纹车刀的背前角对螺纹加工和螺纹牙型有着很大的影响，见表 3-8。

图 3-99　粗、精磨前刀面

**表3-8　螺纹车刀的背前角 $\gamma_p$ 对螺纹加工和螺纹牙型的影响**

| 背前角 $\gamma_p$ | 螺纹车刀两刃夹角 $\varepsilon'_r$ 和螺纹牙型角 $\alpha$ 的关系 | 车出的螺纹牙型角 $\alpha$ 和螺纹车刀的两刃夹角 $\varepsilon'_r$ 的关系 | 螺纹牙侧 | 应　用 |
|---|---|---|---|---|
| 0° | $\varepsilon_r$=60°<br>$\alpha_{oL}$<br>$\varepsilon'_r=\alpha=60°$ | $\alpha$=60°<br>$\alpha=\varepsilon'_r=60°$ | 直线 | 适用于车削精度要求较高的螺纹。同时可通过增大螺纹车刀两侧切削刃的后角，来提高切削刃的锋利程度，减小螺纹牙型两侧表面粗糙度值 |
| >0° | $\gamma_p$>0°<br>$\varepsilon_r$=60°<br>$\alpha_{oL}$<br>$\varepsilon'_r=\alpha=60°$ | 60°<br>$\alpha$<br>$\alpha>\varepsilon'_r$，即 $\alpha>60°$，前角 $\gamma_p$ 越大，牙型角的误差也越大 | 曲线 | 不允许，必须对车刀两切削刃夹角 $\varepsilon_r$ 进行修正 |
| 5°～15° | $\gamma_p$=5°～15°<br>$\varepsilon_r$=59°±30′<br>$\alpha_{oL}$<br>$\varepsilon'_r<\alpha$<br>选 $\varepsilon'_r=58°30'\sim59°30'$ | $\alpha$=60°<br>$\alpha=\varepsilon'_r=60°$ | 曲线 | 车削精度要求不高的螺纹或粗车螺纹 |

从表中可看出，螺纹车刀两刃夹角 $\varepsilon'_r$ 的大小，取决于螺纹的牙型角 $\alpha$。为了车削出正确的牙型，背前角 $\gamma_p>0°$ 的螺纹车刀（见图 3-100）两刃之间的夹角应进行修正，可按下式计算确定

$$\tan\frac{\varepsilon'_r}{2}=\cos\gamma_p\tan\frac{\alpha}{2}$$

式中　$\alpha$——螺方的牙型角，(°)；

$\gamma_p$——螺纹车刀的径向前角，(°)；

$\varepsilon'_r$——螺纹车刀两刃之间的夹角，(°)。

一般情况下 $\varepsilon'_r$ 也可由表 3-9 直接查找并修正。

**表 3-9　前刀面刀尖角的修正值**

| 背前角 ＼ 修正值 ＼ 牙型角 | 60° | 55° | 30° | 40° |
|---|---|---|---|---|
| 0° | 60° | 55° | 30° | 40° |
| 5° | 59°48′ | 54°48′ | 29°53′ | 39°51′ |
| 10° | 59°14′ | 54°16′ | 29°33′ | 39°26′ |
| 15° | 58°18′ | 53°23′ | 29°1′ | 38°44′ |
| 20° | 56°57′ | 52°8′ | 28°16′ | 37°45′ |

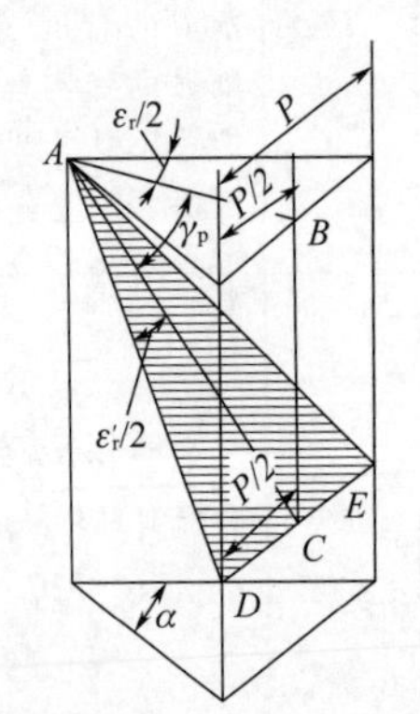

图 3-100　背前角 $\gamma_p>0°$ 的螺纹车刀

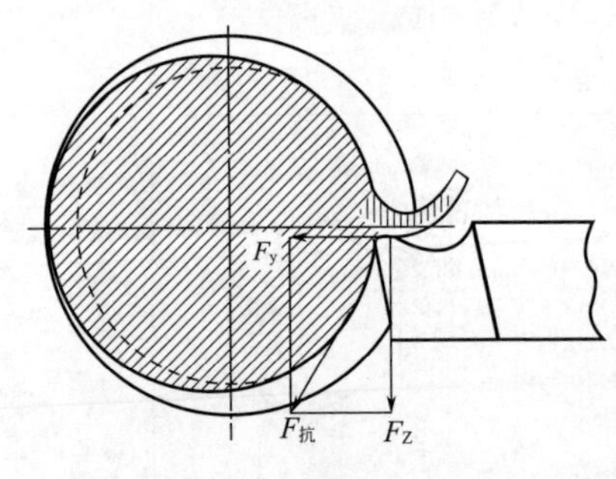

图 3-101　径向分力 $F_y$ 使螺纹车刀扎入工件的趋势

必须指出，具有较大背前角的螺纹车刀，除了会产生螺纹牙型变形外，车削时还会产生一个较大的径向分力 $F_y$，如图 3-101 所示。这个分力有把车刀拉向工件里面的趋势。如果车床中滑板丝杠与螺母间隙较大，则容易产生“扎刀现象”。

④ 精磨左侧后刀面。

砂轮选用：24# ～36# 氧化铝砂轮。

刃磨姿势：两手握刀，按①、②所述方法精磨左后刀面，如图 3-102 所示。同时用角度样板检测车刀刀尖角，如图 3-103 所示，并根据表 3-9 进行修正。

(a)左侧

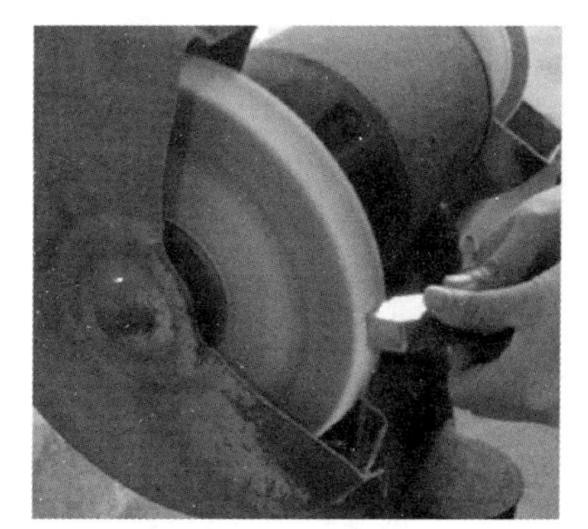

(b)右侧

图 3-102　精磨后刀面

图 3-103　用角度板样检测刀尖角

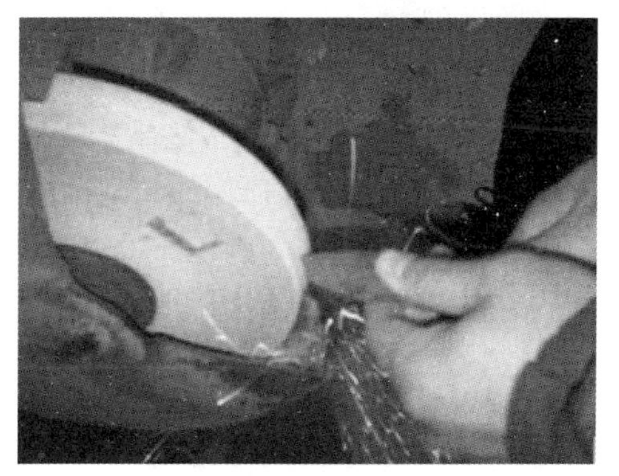

图 3-104　修磨刀尖

⑤ 修磨刀尖。

砂轮选用：24# ～36# 氧化铝砂轮。

刃磨姿势：车刀刀尖对准砂轮外圆，后角保持不变，刀尖移向砂轮。当刀尖处碰到砂轮时，作圆弧摆动，按要求磨出刀尖圆弧（刀尖倒棱或磨成圆弧，宽度约为 $0.1P$），如图 3-104 所示。

⑥ 车刀研磨　如图 3-105 所示，用油石研磨车刀，注意保持刃口锋利。

图 3-105　车刀研磨

3-12　三角形外螺纹车刀刃磨视频

(3) 三角形内螺纹车刀的刃磨

① 粗磨进给方向后刀面　如图 3-106 所示，左手在前、右手在后握刀。

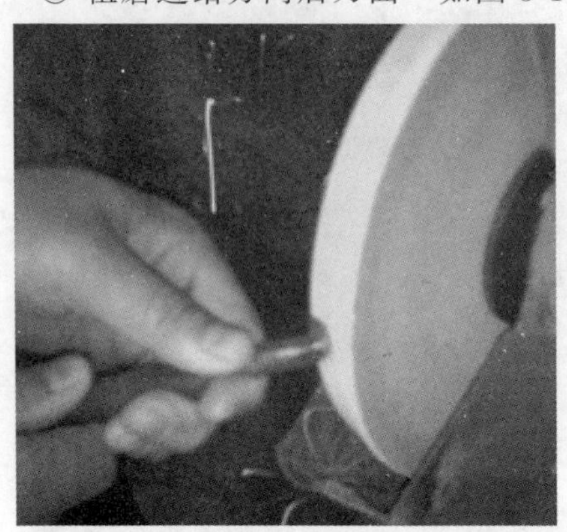

图 3-106　粗磨进给方向后刀面

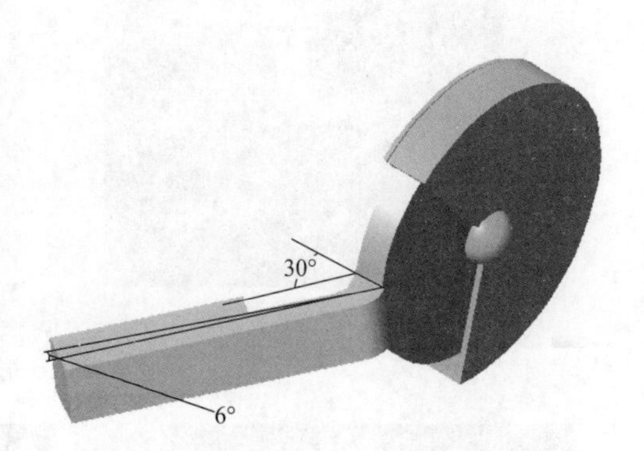


图 3-107　进给方向后刀面刃磨时的操作要点示意

进给方向后刀面刃磨时的操作要点示意如图 3-107 所示。

a. 将刀体与砂轮圆周夹角约 $\varepsilon_r/2$（30°），控制刀尖半角。

b. 刀头向上抬 6°左右，控制进给方向后角。

② 粗磨背向进给方向后刀面　如图 3-108 所示，方法与①相同，使刀头基本形成。

图 3-108　粗磨背向进给方向后刀面

图 3-109　粗、精磨前刀面

③ 粗、精磨前刀面　左手握住刀头，右手握住刀体，粗、精磨前刀面。如图 3-109 所示。

④ 精磨后刀面　按①、②所述的方法精磨进给与背向进给方向的后角，同时用样板检测车刀刀尖角，如图 3-110 所示，并根据情况进行修正。

⑤ 修磨刀尖　如图 3-111 所示，车刀刀尖对准砂轮外圆，修磨刀尖（刀尖倒棱或磨成圆弧，宽度约为 0.1$P$）。

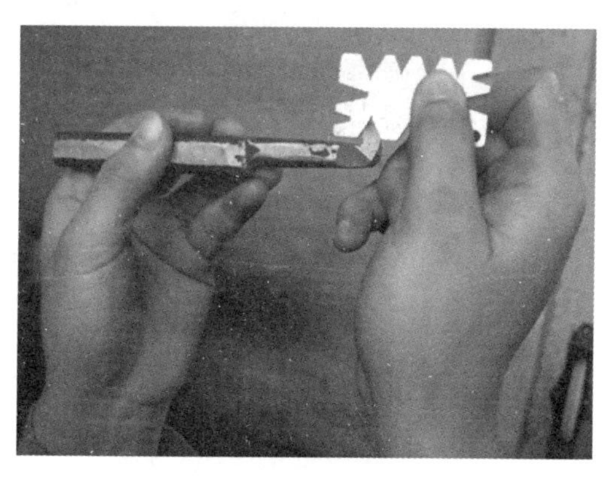

图 3-110 用样板检测刀尖角

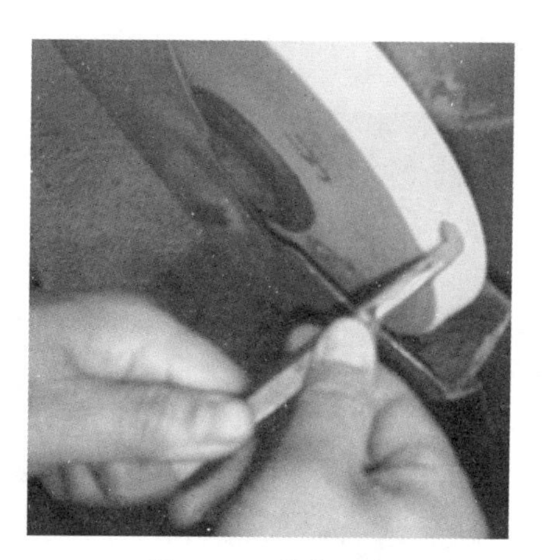

图 3-111 修磨刀尖

## 3.3.2 矩形螺纹车刀的刃磨

3-13 三角形内螺纹车刀刃磨视频

**(1) 刃磨要求**

a. 主切削刃要平直，不倾斜，无崩刃。

b. 两侧切削刃要对称。

c. 矩形螺纹车刀的刀头宽度直接决定螺纹槽宽尺寸，所以精磨时要经常测量，并留有 0.1mm 的研磨余量。

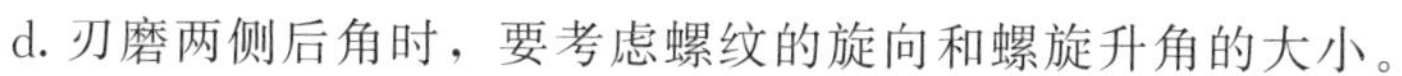

d. 刃磨两侧后角时，要考虑螺纹的旋向和螺旋升角的大小。

**(2) 刃磨方法**

矩形螺纹车刀的刃磨和切断刀的刃磨极为相似，具体操作方法与步骤如下。

① 粗磨主后刀面　双手握刀，前刀面向上，刀头向上抬 3°左右，保持主切削刃与砂轮外圆平行。如图 3-112 所示。

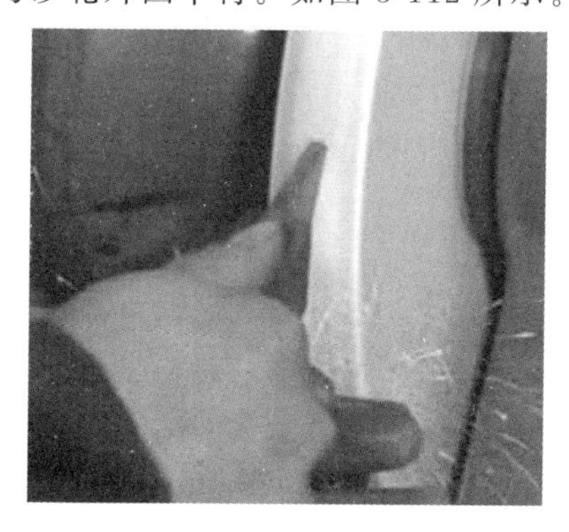

图 3-112 粗磨主后刀面

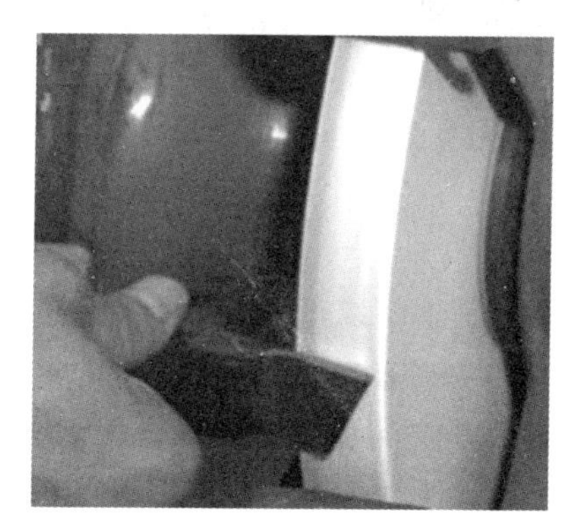

图 3-113 粗磨左侧副后刀面

② 粗磨左侧副后刀面　双手握刀，前刀面向上，刀体向里摆 1°～1.5°，形成副偏角；刀头向上抬 1°～2°，形成副后角，如图 3-113 所示。

③ 粗磨右侧副后刀面　双手握刀，前刀面向上，刀体向里摆 1°～1.5°，形成

副偏角；刀头向上抬 1°～2°，形成副后角，如图 3-114 所示。

图 3-114　粗磨右侧副后刀面

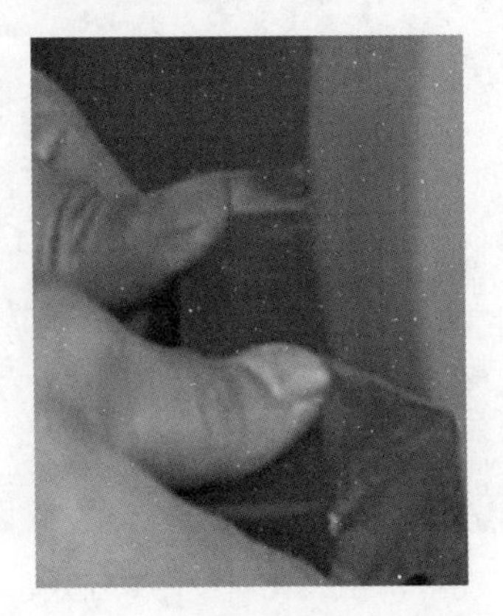

图 3-115　粗、精磨前刀面

④ 粗、精磨前刀面　双手握刀，保证背后角。如图 3-115 所示。

⑤ 精磨主、副后刀面　按②、③所述方法进行刃磨。先精磨出左侧副后刀面，再精磨右侧副后刀面，并用千分尺检测刀头宽度，根据情况修磨正确。如图 3-116 所示。

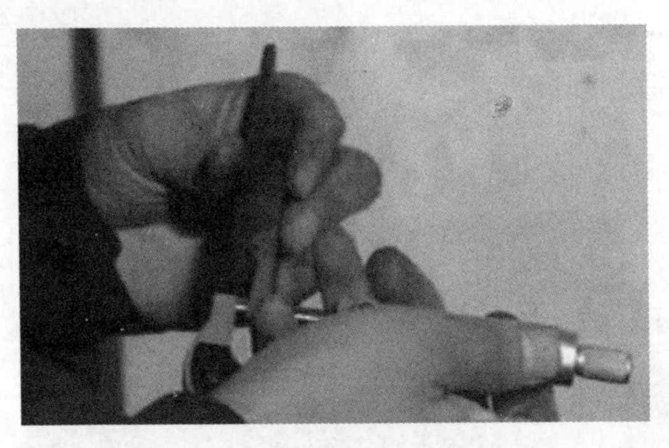

图 3-116　用千分尺检测刀头宽度

3-14　矩形螺纹车刀刃磨视频

### 3.3.3　梯形螺纹车刀的刃磨

**(1) 刃磨要求**

梯形螺纹车刀刃磨的主要参数是螺纹的牙型角和牙底槽宽度。刃磨的方法与三角形螺纹基本相同。其刃磨要求为：

a. 刃磨螺纹车刀两刃夹角时，应随时目测和用样板校对。

b. 径向前角不等于 0°的螺纹车刀，两刃夹角应进行修正。

c. 螺纹车刀各切削刃要光滑、平直、无裂口，两侧切削刃应对称，刀体不能歪斜。

d. 梯形内螺纹车刀两侧切削刃对称线应垂直于刀柄。

**(2) 刃磨方法**

① 粗磨左侧后刀面　如图 3-117 所示，双手握刀，使刀柄与砂轮外圆水平方向呈 15°夹角，垂直方向倾斜 8°～10°。车刀与砂轮接触后稍加压力，并均匀慢慢移动磨出后刀面，即磨出牙型半角及左侧后角。

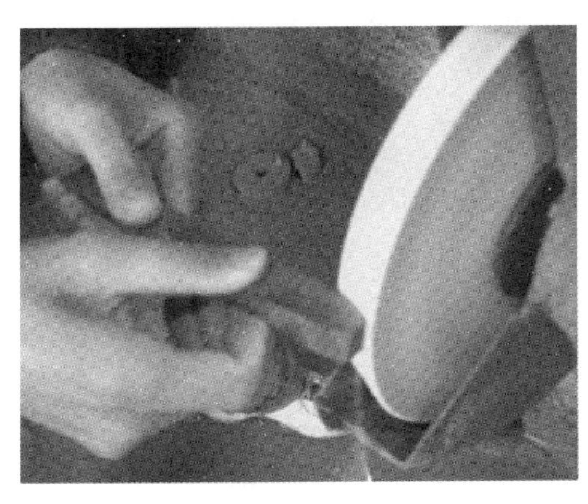

图 3-117　粗磨左侧后刀面

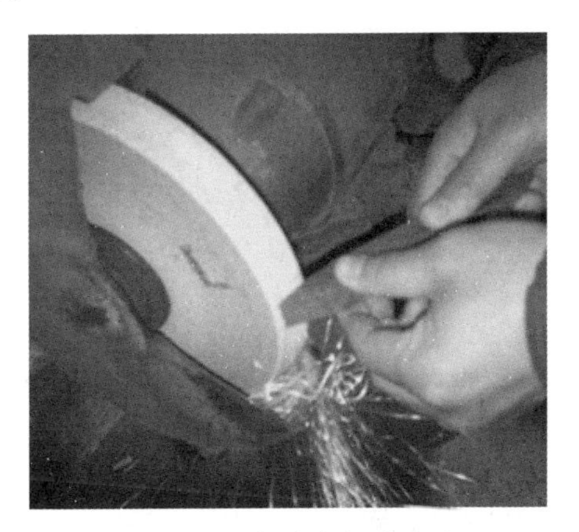

图 3-118　粗磨右侧后刀面

② 粗磨右侧后刀面　双手握刀，使刀柄与砂轮外圆水平方向呈 15°夹角，垂直方向倾斜 8°～10°，控制刀尖角 $\varepsilon_r$ 及后角 $\alpha_{oL}$。如图 3-118 所示。

③ 粗、精磨前刀面　将车刀前刀面向砂轮水平面方向倾斜 3°左右，粗、精磨前面或径向前角。如图 3-119 所示。

图 3-119　粗、精磨前刀面

图 3-120　检测刀尖角

④ 精磨后刀面　如图 3-120 所示，用样板检测刀尖角，并根据情况精磨两侧后刀面，控制刀尖角和刀尖宽度。如图 3-121 所示。

⑤ 研磨车刀　用油石精研各刀面和刃口，保证车刀刀刃平直、刃口光洁。如图 3-122 所示。

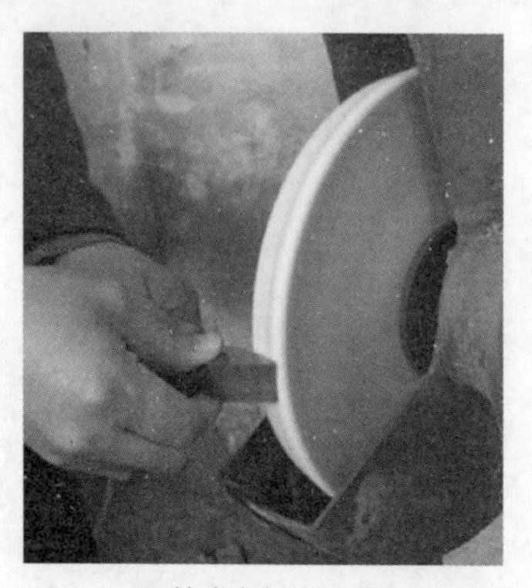

(a)精磨左侧后刀面

(b)精磨右侧后刀面

图 3-121　精磨两侧后刀面

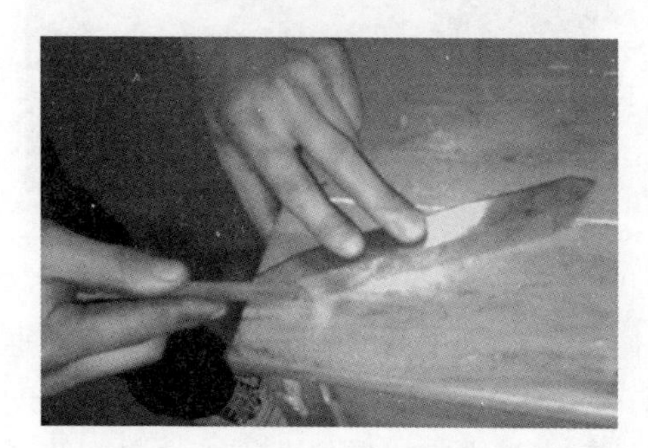

图 3-122　研磨车刀

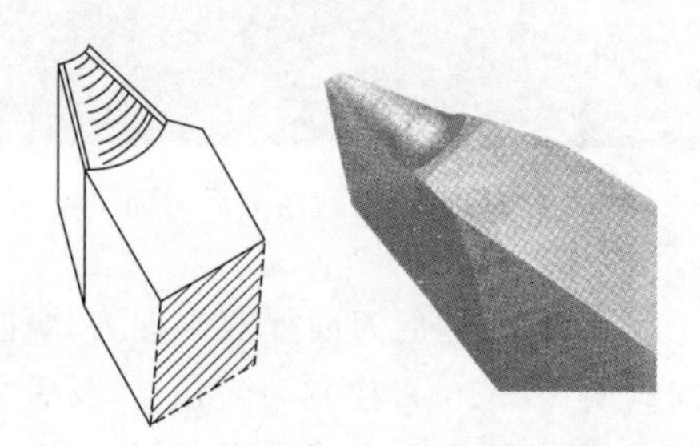

图 3-123　带有圆弧槽的梯形螺纹精车刀

有时候，为保证两侧切削刃切削顺利，对梯形螺纹精车刀而言，会在其前刀面上磨出圆弧槽，如图 3-123 所示。研磨时应采用指形砂轮，如图 3-124 所示。

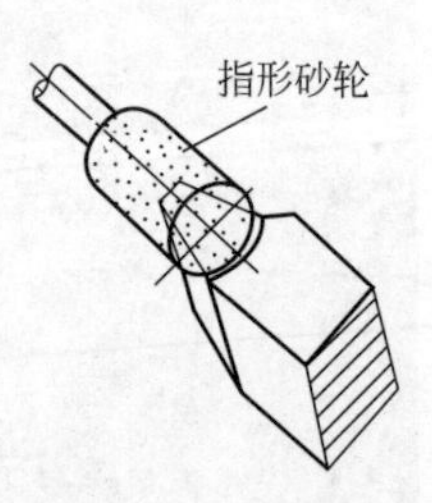


图 3-124　用指形砂轮研磨前刀面圆弧槽

3-15　梯形螺纹车刀刃磨视频

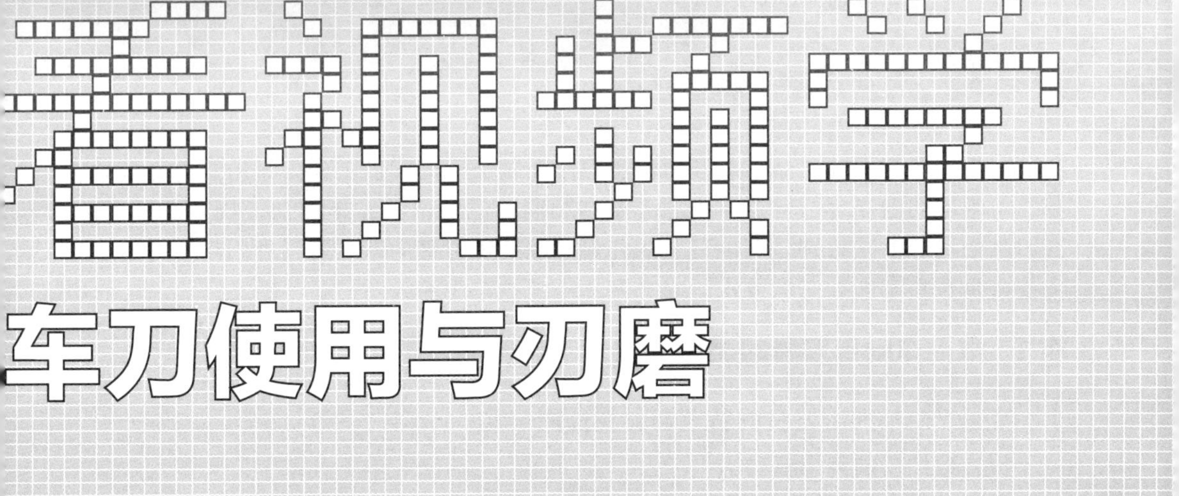


# 第4章 数控车削用刀具

在数控车削中，产品质量和劳动生产率在相当大的程度上受刀具的制约。虽说数控车削的切削原理与普通车削原理基本相同，但由于数控车削加工特性的要求，在刀具的选择上，特别是切削部分的几何参数，对刀具的形状就须做到特别的处理才能满足数控车削加工的要求，充分发挥出数控车床的效益。

## 4.1 数控车削用刀具的类型

### 4.1.1 数控车削用刀具的特点与材料性能

**(1) 数控车削用刀具特点**

为了满足数控车床的加工工序集中、零件装夹次数少、加工精度高和能自动换刀等要求，数控车床使用的数控刀具有如下特点。

① 高加工精度　为适应数控加工高精度和快速自动换刀的要求，数控刀具及其装夹结构必须具有很高的精度，以保证在数控车床上的安装精度和重复定位精度。

② 高刚性　数控车床所使用的刀具应能够适应高速切削的要求，且具有良好的切削性能。

③ 高耐用度　数控加工刀具的耐用度及其经济寿命的指标应具有合理性，要注重刀具材料及其切削参数与被加工工件材料之间匹配的选用原则。

④ 高可靠性　要求刀具具有很高的可靠性，性能和耐用度不能有较大差异。

⑤ 装卸调整方便　刀具的尺寸便于调整，减少了换刀时间，而且避免了在加工过程中出现意外的损伤。

⑥ 标准化、系列化、通用化程度高　使数控刀具最终达到高效、多能、快换和经济的目的。

**(2) 数控车削刀具的材料性能**

数控车削刀具常用的材料有高速钢、硬质合金、陶瓷、立方氮化硼、金刚石等。刀具性能的好坏是指其硬度、高温硬度、抗弯强度、冲击韧性等性能指标，常用数控车削刀具材料的类别和主要性能见表 4-1。

**表 4-1　常用数控车削刀具材料的类别和主要性能**

| 材料类别 | | 硬度 | 抗弯强度/GPa | 耐热性/℃ | 切削速度比值 |
|---|---|---|---|---|---|
| 高速钢 | | 63～70HRC | 3.0～3.4 | 620 | 1～1.2 |
| 硬质合金 | 钨钴类 | 89～91.5HRA | 1.1～1.75 | 800～1000 | 3.2～4.8 |
| | 钨钴钛类 | 89～92.5HRA | 0.9～1.4 | 800～1000 | 4～4.8 |
| | 新型 | 89.5～94HRA | 0.9～2.2 | 1100 | 6～10 |
| | 涂层 | 1950～3200HV | 0.9～2.2 | 1100～1400 | 6～12 |
| 陶瓷 | 氧化铝 | 92～94HRA | 0.45～0.55 | 1200 | 8～12 |
| | 复合 | 93～94HRA | 0.60～1.2 | 1100 | 6～10 |
| | 氮化硅 | 91～93HRA | 0.75～0.85 | 1390～1400 | 12～14 |

续表

| 材料类别 | | 硬度 | 抗弯强度/GPa | 耐热性/℃ | 切削速度比值 |
|---|---|---|---|---|---|
| 立方氮化硼 | | 6000～8000HV | 0.294 | 1400～1500 | ≥25 |
| 金刚石 | 天然 | 10000HV | 0.20～0.50 | 700～800 | ≥25 |
| | 人造聚晶 | 6500～9000HV | 0.21～0.48 | 700～800 | ≥25 |
| | 复方 | ≥7000HV | ≥1.5 | 800 | ≥25 |

**(3) 数控车刀的类型**

数控车刀的种类很多，数控车削常用车刀如图 4-1 所示。常用车刀一般可分为 3 类：即尖形车刀、圆弧形车刀和成形车刀，见表 4-2。

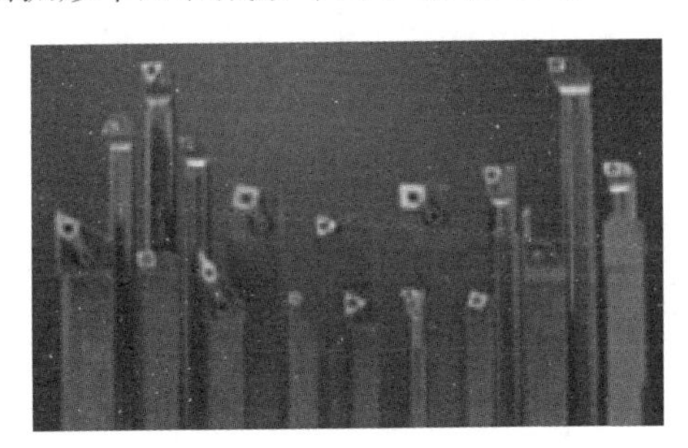

图 4-1 数控车削常用车刀

**表 4-2 数控车刀的一般分类**

| 车刀的种类 | 图 示 | 特 征 |
|---|---|---|
| 尖形车刀 | | 刀尖由直线形的主、副切削刃构成，加工零件时，其零件的轮廓形状主要由一个独立的刀尖或一条直线形主切削刃位移后得到 |
| 圆弧形车刀 | | 构成主切削刃的刀刃形状为一圆度误差或线轮廓误差很小的圆弧，该圆弧刃上每一点都是圆弧形车刀的刀尖。多用于车削内、外表面，特别适宜车削各种光滑连接(凹形)的成形面 |
| 成形车刀 | | 其加工工件的轮廓形状完全由车刀刀刃的形状尺寸决定 |

## 4.1.2 机夹可转位车刀

目前，数控车床上大多使用系列化、标准化刀具。机夹可转位车刀由刀体、刀片、刀垫、夹紧元件组成，如图 4-2 所示。其内部结构如图 4-3 所示。

**(1) 机夹可转位刀片的型号与表示方法**

可转位刀片的型号由代表一给定意义的字母和数字代号按一定顺序排列所组成。共有 10 个号位，各号位表示规则见表 4-3。

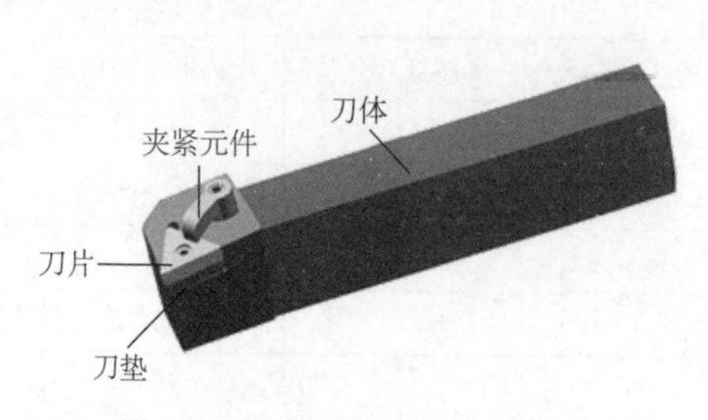


图 4-2 机夹可转位车刀的组成

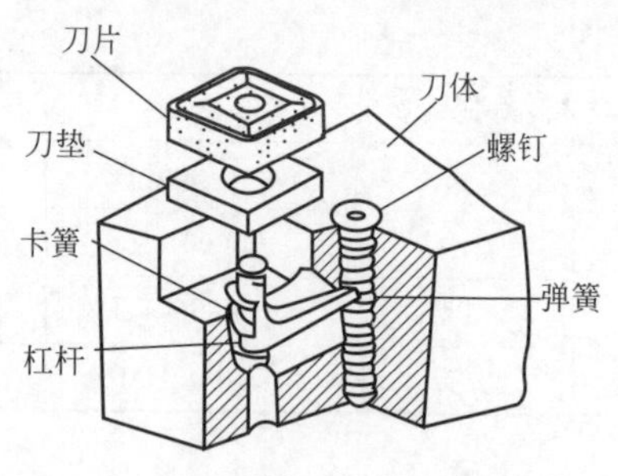


图 4-3 机夹可转位车刀的内部结构

**表 4-3 机夹可转位刀片的型号与意义**

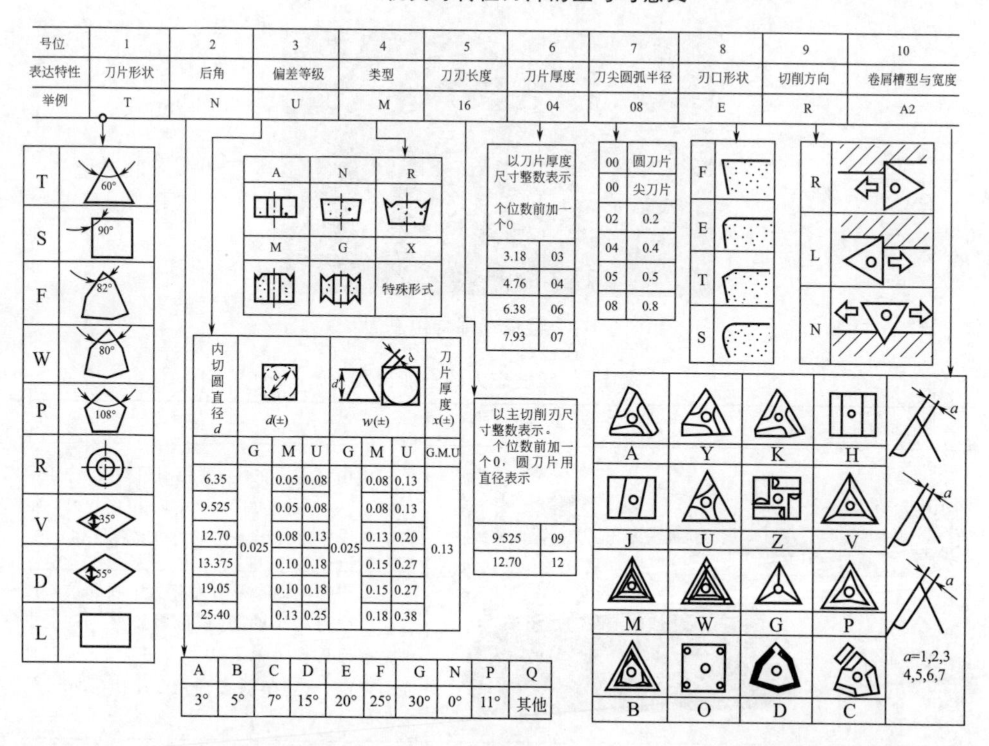


| 号位 | 1 | 2 | 3 | 4 | 5 | 6 | 7 | 8 | 9 | 10 |
|---|---|---|---|---|---|---|---|---|---|---|
| 表达特性 | 刀片形状 | 后角 | 偏差等级 | 类型 | 刀刃长度 | 刀片厚度 | 刀尖圆弧半径 | 刃口形状 | 切削方向 | 卷屑槽型与宽度 |
| 举例 | T | N | U | M | 16 | 04 | 08 | E | R | A2 |

任何一个刀片型号都必须用前 7 个号位表示，后 3 个号位在必要时才使用。不论有无第 8、9 两个号码位，第 10 位必须用短横线“-”与前面号位分隔开来。第 10 号位字母代号不得使用第 8、9 号位已使用过的 7 个字母（F、E、T、S、R、L、N）。第 5、6、7 号位使用不符合标准规定的尺寸代号时，第 4 号位要使用 X 表示，并需要用略图或详细的说明书加以说明。机夹可转位刀片的型号表示示例如图 4-4 所示。

**（2）可转位车刀的形式**

常用的可转位车刀有外圆车刀、端面车刀、仿形车刀等共 18 种形式，用第 2 到第 4 号位代号表示车刀形式，见表 4-4。

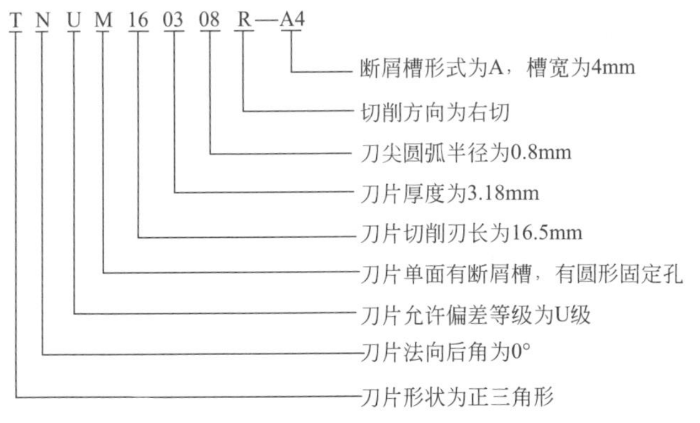
T N U M 16 03 08 R—A4
断屑槽形式为A，槽宽为4mm
切削方向为右切
刀尖圆弧半径为0.8mm
刀片厚度为3.18mm
刀片切削刃长为16.5mm
刀片单面有断屑槽，有圆形固定孔
刀片允许偏差等级为U级
刀片法向后角为0°
刀片形状为正三角形

图 4-4 机夹可转位刀片型号表示示例

**表 4-4 可转位车刀形式**

| 车刀型号 | | 图示 | 车刀型号 | | 图示 |
|---|---|---|---|---|---|
| 右切车刀 | 左切车刀 | | 右切车刀 | 左切车刀 | |
| TGNR | TGNL | $\lambda_s$ $h_1$ $h$ $B$ $b$ $B$ $90^{\circ}{}^{+2^{\circ}}_{0}$ $L$ B—B $\alpha_o$ TGN型90° | FGNR | FGNL | $\lambda_s$ $h_1$ $h$ $B$ $b$ $B$ $90^{\circ}{}^{+2^{\circ}}_{0}$ $L$ B—B $\alpha_o$ FGN型90° |
| WGNR | WGNL | $\lambda_s$ $h_1$ $h$ $B$ $b$ $B$ $90^{\circ}{}^{+2^{\circ}}_{0}$ $L$ B — B $\alpha_o$ WGN型90° | TTNR | TTNL | $h_1$ $h$ $B$ $b$ $B$ $A$ $60^{\circ}\pm1^{\circ}$ $L$ B—B $\alpha_o$ A向 $\lambda_s$ TTN型60° |
| CJNR | CJNL | $h$ $h_1$ $b$ $B$ $L$ $93^{\circ}\pm1^{\circ}$ $B$ $A$ A向 $\lambda_s$ B—B $\alpha_o$ CJN型93° | DJNR | DJNL | $h$ $h_1$ $b$ $B$ $L$ $93^{\circ}\pm1^{\circ}$ $B$ $A$ A向 $\lambda_s$ B—B DJN型93° $\alpha_o$ |

续表

| 车刀型号 | | 图示 | 车刀型号 | | 图示 |
|---|---|---|---|---|---|
| 右切车刀 | 左切车刀 | | 右切车刀 | 左切车刀 | |
| WMNN | | 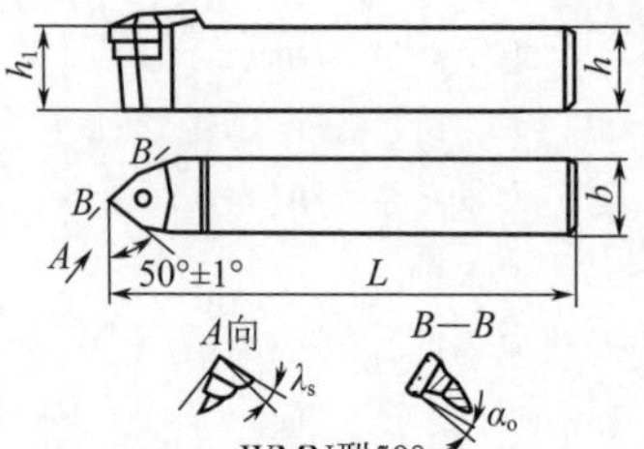 $h_1$ $h$ B B $b$ A 50°±1° L A向 $\lambda_s$ B—B $\alpha_o$<br>WMN型50° | TENN | | 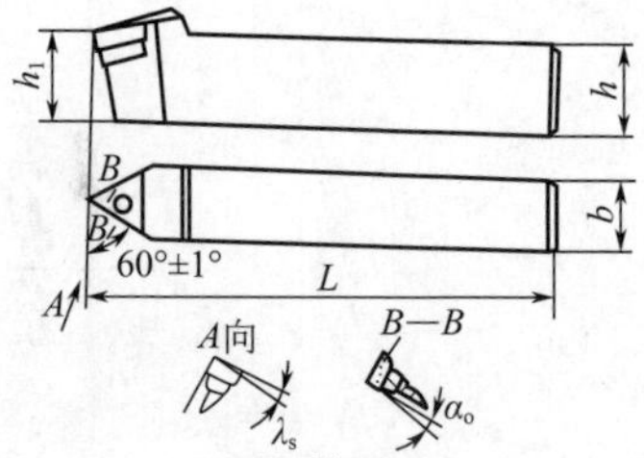 $h_1$ $h$ B B $b$ A 60°±1° L A向 $\lambda_s$ B—B $\alpha_o$<br>TEN型60° |
| SBNR | SBNL | 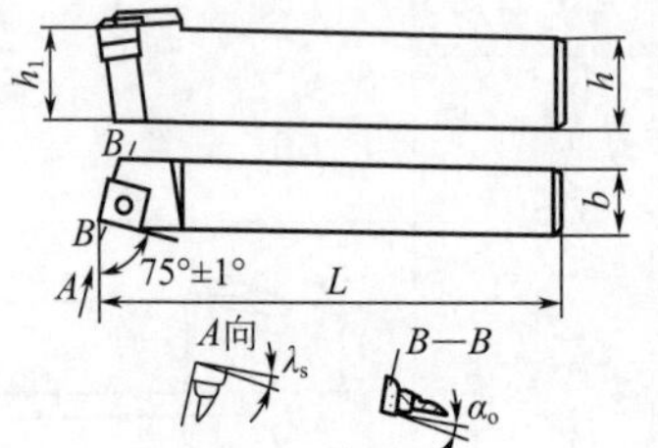 $h_1$ $h$ B B $b$ A 75°±1° L A向 $\lambda_s$ B—B $\alpha_o$<br>SBN型75° | SRNR | SRNL | 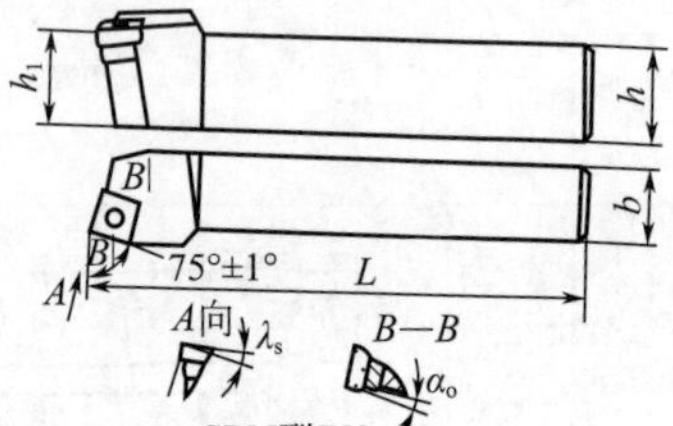 $h_1$ $h$ B B $b$ A 75°±1° L A向 $\lambda_s$ B—B $\alpha_o$<br>SRN型75° |
| SSNR | SSNL | 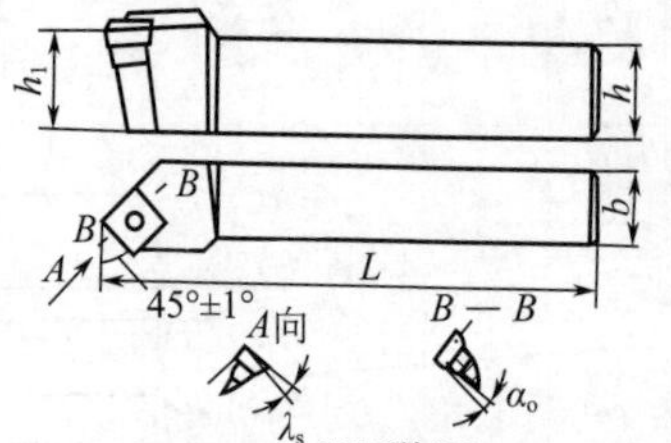 $h_1$ $h$ B B $b$ A L 45°±1° A向 B — B $\lambda_s$ $\alpha_o$<br>SSN型45° | PTNR | PTNL | 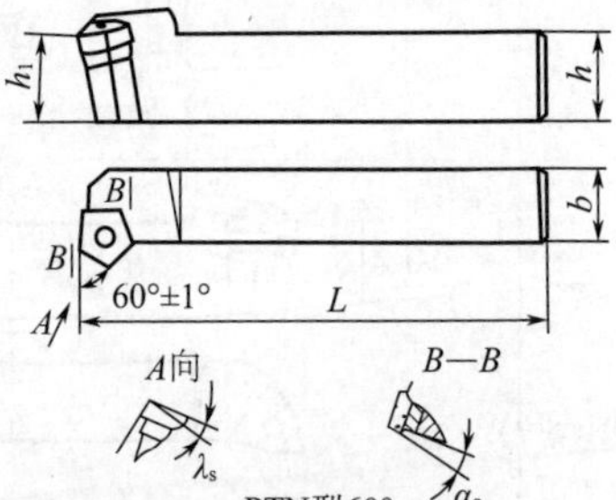 $h_1$ $h$ B B $b$ A 60°±1° L A向 B—B $\lambda_s$ $\alpha_o$<br>PTN型60° |
| RGNR | RGNL | 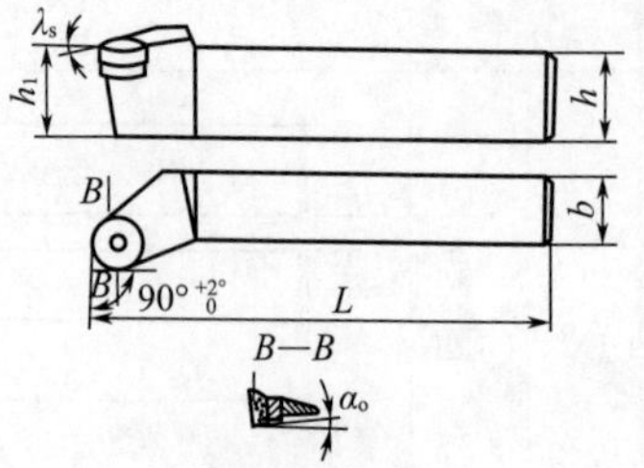 $\lambda_s$ $h_1$ $h$ B $b$ B $90^{\circ}{}^{+2^{\circ}}_{0}$ L B—B $\alpha_o$<br>RGN型90° | TFNR | TFNL | 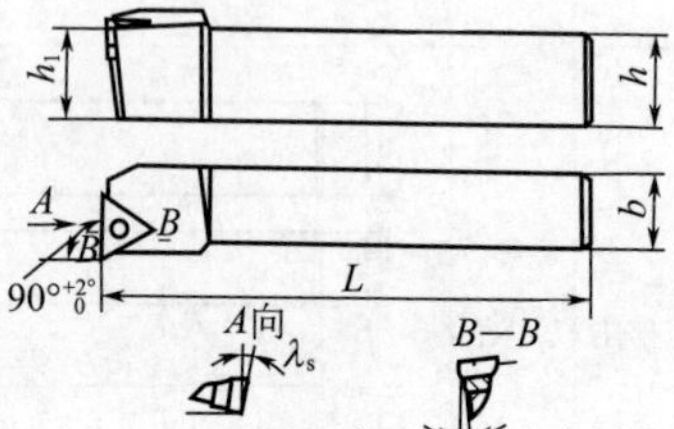 $h_1$ $h$ A B B $b$ $90^{\circ}{}^{+2^{\circ}}_{0}$ L A向 $\lambda_s$ B—B<br>TFN型90° $\alpha_o$ |

续表

| 车刀型号 | | 图示 | 车刀型号 | | 图示 |
|---|---|---|---|---|---|
| 右切车刀 | 左切车刀 | | 右切车刀 | 左切车刀 | |
| SKNR | SKNL | 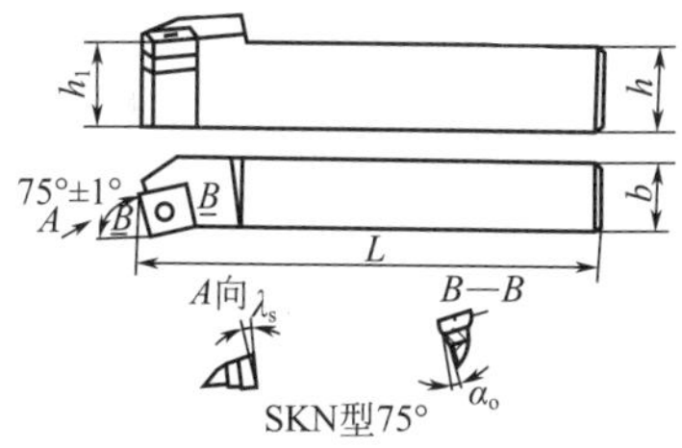 SKN型75° | TGPR | TGPL | 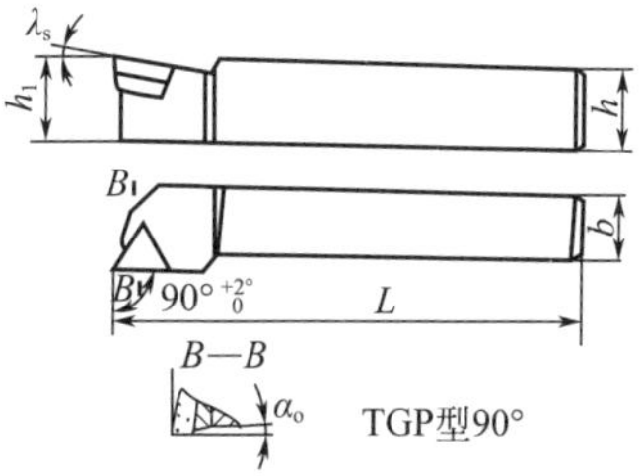 TGP型90° |
| TTPR | TTPL | 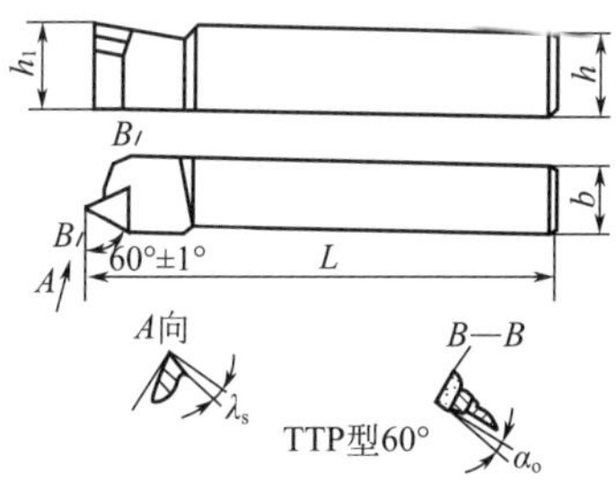 TTP型60° | SSPR | SSPL | 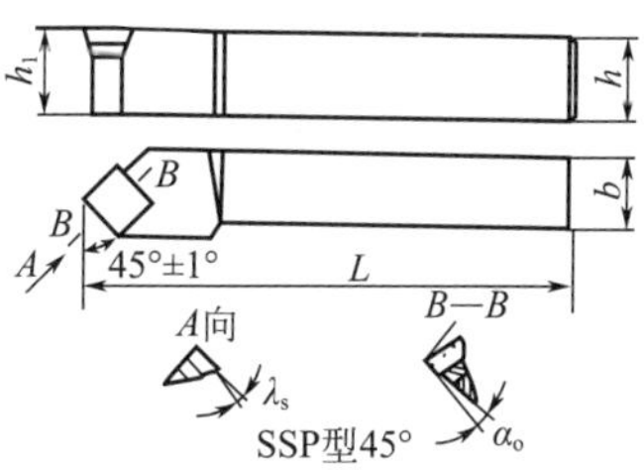 SSP型45° |

**(3) 机夹可转位车刀的ISO代码**

① 外圆车刀　机夹可转位外圆车刀的ISO代码如图4-5所示。

② 内孔车刀　机夹可转位内孔车刀的ISO代码如图4-6所示。

**(4) 可转位车刀几何参数的说明**

① 刀片法向后角大小的代号　见表4-5。

**表4-5　刀片法向后角大小的代号**

| 代号 | 刀片法向后角 | | 代号 | 刀片法向后角 | |
|---|---|---|---|---|---|
| A | 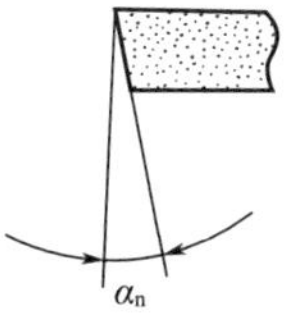 $\alpha_n$ | 3° | F | 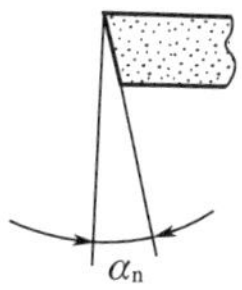 $\alpha_n$ | 25° |
| B | | 6° | G | | 30° |
| C | | 7° | N | | 0° |
| D | | 15° | P | | 11° |
| E | | 20° | O | 其余的后角需专门说明 | |

注：如果所有切削刃都用作主切削刃，且具有不同的后角，则法向后角表示较长一段切削刃的法向后角，这段较长的切削刃便代表切削刃的长度。

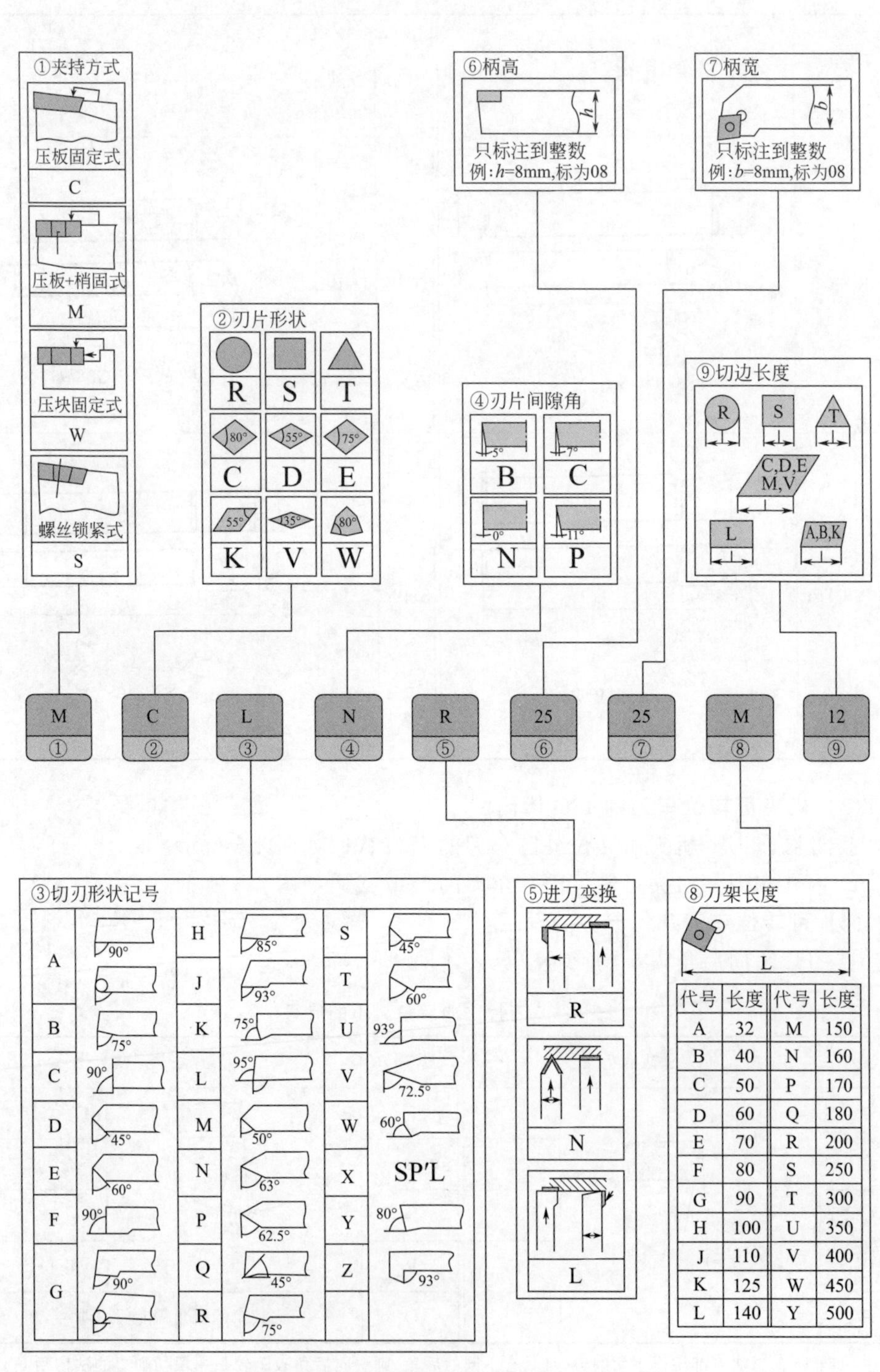


图 4-5　机夹可转位外圆车刀的 ISO 代码

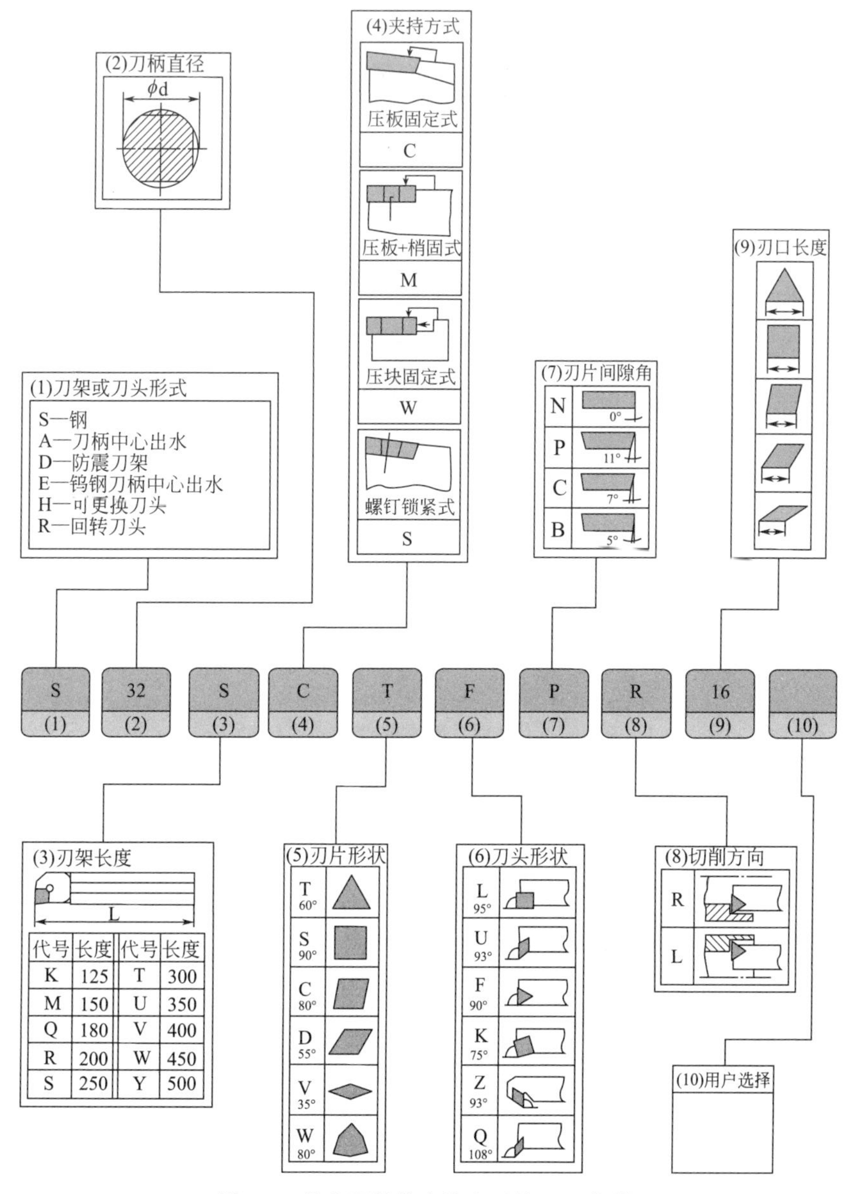


图 4-6 机夹可转位内孔车刀的 ISO 代码

② 车刀切削方向的代号 见表 4-6。

**表 4-6 车刀切削方向的代号**

| 代 号 | R | L | N |
|---|---|---|---|
| 切削方向 | | | |

③ 可转位车刀长度值的代号　见表 4-7。

**表 4-7　车刀长度值的代号**

| 代　号 | A | B | C | D | E | F | G | H | J | K | L | M |
|---|---|---|---|---|---|---|---|---|---|---|---|---|
| 车刀长度 | 32 | 40 | 50 | 60 | 70 | 80 | 90 | 100 | 110 | 125 | 140 | 150 |
| 代　号 | N | P | Q | R | S | T | U | V | W | X | | Y |
| 车刀长度 | 160 | 170 | 180 | 200 | 250 | 300 | 350 | 400 | 450 | 特殊尺寸 | | 500 |

④ 可转位车刀刀片长度的表示　见表 4-8。

**表 4-8　车刀刀片长度的表示**　　mm

| 长度范围 | 举　例 | | 说　明 |
|---|---|---|---|
| | 长　度 | 代　号 | |
| ≥10 | 16.5 | 16 | 用整数表示，小数不计 |
| <10 | 9.25 | 09 | |

⑤ 不同测量基准的精密车刀代号　见表 4-9。

**表 4-9　不同测量基准的精密车刀代号**

| 代　号 | 简　图 | 测量基准面 |
|---|---|---|
| Q | $f_1$±0.08　$l_1$±0.08 | 外侧面和后端面 |
| F | $f_1$±0.08　$l_1$±0.08 | 内侧面和后端面 |
| B | $f_1$±0.08　$f_2$±0.08　$l_1$±0.08 | 内、外侧面和后端面 |

**(5) 可转位车刀的夹紧方式**

可转位车刀夹紧方式见表 4-10。

**表 4-10　可转位车刀夹紧方式**

| 夹紧方式 | 图　示 | 特　性 | 夹紧方式 | 图　示 | 特　性 |
|---|---|---|---|---|---|
| 押板紧固<br>(C) |  | ① 坚硬紧固<br>② 负角刀片：半精加工～粗加工（主要用于陶瓷刀具紧固）<br>③ 正角刀片：低切削阻力 | 双重紧固<br>(M) |  | ① 押板和插销双重紧固<br>② 坚硬紧固<br>③ 重切削用 |
| 插销紧固<br>(P) |  | ① 紧固力强<br>② 精度高<br>③ 刀片更换容易 | 杠杆紧固<br>(P) |  | ① 紧固力强<br>② 精度高<br>③ 刀片更换容易，使用广泛 |
| 螺丝紧固<br>(S) |  | ① 构造简单<br>② 精～半精加工用 | 楔形紧固<br>(W) |  | ① 坚硬紧固<br>② 重切削用 |

**(6) 可转位车刀几何角度的形成**

可转位车刀与焊接式车刀不同，它不是在刀片上刃磨出所需要的切削角度，而是由标准刀片上已有的角度与刀槽的角度通过安装组合而形成的车刀切削角度。如图 4-7 所示。

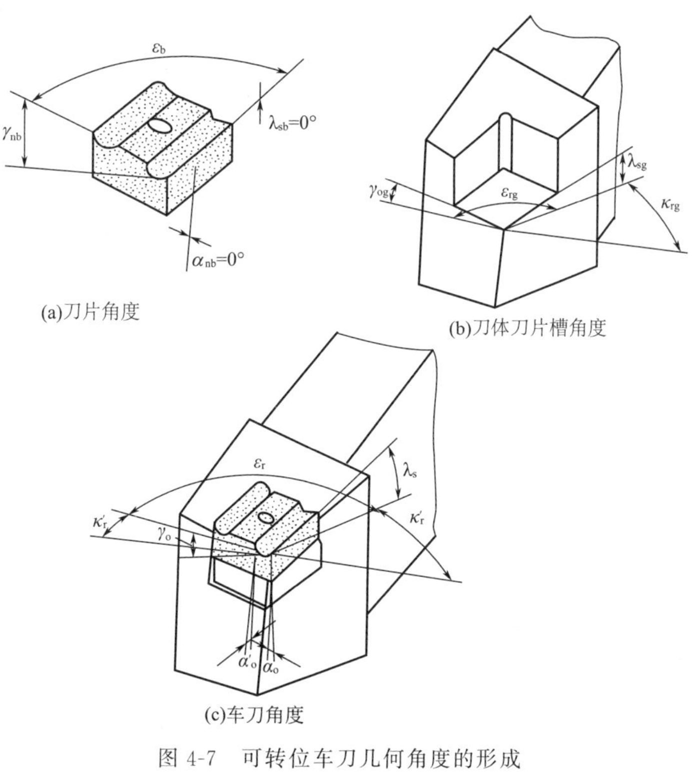


(a)刀片角度　(b)刀体刀片槽角度　(c)车刀角度

图 4-7　可转位车刀几何角度的形成

设计车刀时，应依选定的车刀角度（$\gamma_{nb}$、$\alpha_o$、$\kappa_r$、$\lambda_s$、$\kappa_r'$、$\alpha_o'$）及刀片角度（$\gamma_{nb}$、$\alpha_{nb}$、$\lambda_{sb}$、$\varepsilon_{rb}$）计算刀体刀片槽角度（$\gamma_{og}$、$\lambda_{sg}$、$\kappa_{rg}$、$\varepsilon_{rg}$）。选用车刀时，可由选定的刀片槽角度及刀片角度验算车刀角度。

## 4.2 可转位车刀的选用

### 4.2.1 数控车削用刀具的选用原则

数控车削用刀具的选用应从多个方面去考虑。

① 确定工序类型　即确定外圆、内孔加工顺序。一般采用先内孔后外圆的原则，即先进行内部型腔的加工，再进行外圆的加工。

② 确定加工类型　即确定外圆车削/内孔车削/端面车削/螺纹车削的类型。数控车削加工的工艺特点是以工件旋转为主运动，车刀运动为进给运动，主要用来加工各种回转表面。根据所选用的车刀角度和切削用量的不同，车削可分为粗车、半精车和精车等阶段。最常见、最基本的车削方法是外圆车削；内孔车削是指用车削方法扩大工件的孔或加工空心工件的内表面，也是最常采用的车削加工方法之一；端面车削主要指的是车端平面（包括台阶端面）；螺纹车削一般使用成形车刀加工。

③ 确定刀具夹紧方式　刀具夹紧方式对加工起到重要的作用，夹紧方式的不同，抵制切削产生切削力的作用也不尽一样。不同的车削内容其夹紧的方式也不一样。

④ 确定刀具形式　应根据车削内容来选用刀具形式。

⑤ 确定刀具中心高　一般刀具中心高主要有 16mm、20mm、25mm、32mm 和 40mm 等。

⑥ 选择刀片　刀片的形状、型号、槽型、刀尖和牌号的选用与加工质量和生产效率有着密不可分的关系，不同的工序与加工内容应选用不同形式的刀片。

⑦ 刀具的选择和预调　数控车削刀具要针对所用机床的刀架结构进行选择。现以图 4-8 所示的某数控车床的刀盘结构为例加以说明。这种刀盘一共有 6 个刀位，每个刀位可以在径向安装刀具，也可以在轴向装刀，外圆车刀通常安装在径向，内孔车刀通常安装在轴向。刀具以刀杆尾部和一个侧面定位，当采用标准尺寸的刀具时，只要定位、锁紧可靠，就能确定刀尖在刀盘上的相对位置。可见对于这类刀盘结构，车刀的柄部要选择合适的尺寸，刀刃部分要选择机夹不重磨刀具，并且刀具的长度不得超出规定的范围，以免发生干涉现象。

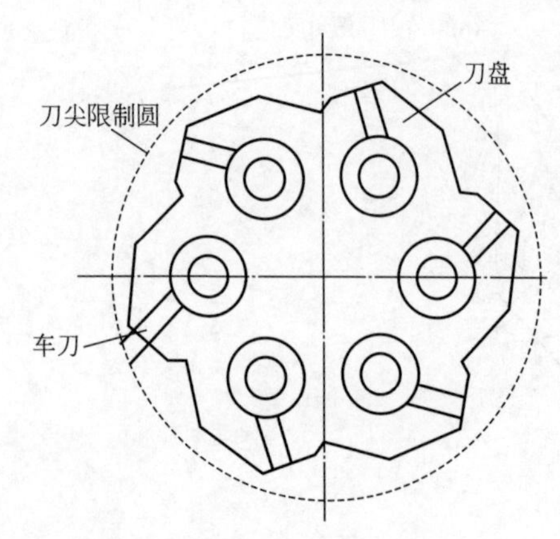

图 4-8　数控车床对车刀的限制

数控车床刀具预调的主要工作包括如下几项内容。

a. 按加工要求选择全部刀具，并对刀具外观，特别是刃口部位进行检查。

b. 检查、调整刀尖的高度，实现等高要求。

c. 刀尖圆弧半径应符合程序要求。

d. 测量和调整刀具的轴向和径向尺寸。

## 4.2.2 可转位车刀刀片的应用选择

### (1) 刀片形状的选择

① 外圆车削刀片形状的选择。

a. 刀片夹紧方式的选择。外圆车削时，可转位车刀刀片夹紧方式的选择见表 4-11。

**表 4-11 外圆车削时刀片夹紧方式的选择**

| 刀具系统 | | 负前角刀片（T-MAXP） | | | | 正前角刀片 | 陶瓷和立方氮化硼刀片(T-MAX) | |
|---|---|---|---|---|---|---|---|---|
| 夹紧系统 | | 刚性夹紧式 | 杠杆夹紧式 | 楔块夹紧式 | 螺钉夹紧和上压式 | 螺钉夹紧式 | 刚性夹紧式 | 上压式 |
| 工序 | 纵向/端面车削 | ◆◆ | ◆ | ◆ | | ◆ | ◆◆ | ◆ |
| | 仿形切削 | ◆◆ | ◆ | ◆ | ◆ | ◆◆ | ◆◆ | ◆ |
| | 端面车削 | ◆◆ | ◆ | ◆ | ◆ | ◆ | ◆◆ | ◆ |
| | 插入车削 | | ◆ | | | ◆◆ | | ◆◆ |

注：◆◆—推荐刀具系统；◆—补充选择刀具系统。

b. 外圆刀片的应用选择。外圆车削时刀片的应用选择见表 4-12。

表 4-12　外圆车削时刀片的应用选择

| 外圆车削 | | 刀片形状 | | | | | | | |
|---|---|---|---|---|---|---|---|---|---|
| | | 80° | 55° | 圆形 | 90° | 60° | 80° | 35° | 55° |
| | |  C |  D | 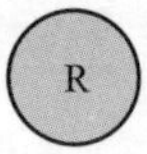 R |  S |  T |  W |  V | 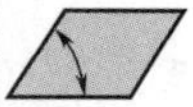 |
| 工序 | 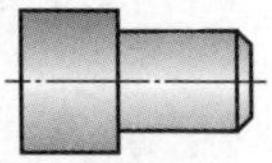 纵向/端面车削 | ◆◆ | ◆ | ◆ | ◆ | ◆ | ◆ | | |
| | 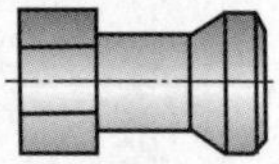 仿形切削 | | ◆◆ | ◆ | | ◆ | | ◆ | ◆ |
| | 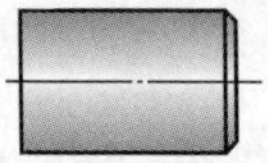 端面车削 | ◆ | ◆ | ◆ | ◆◆ | ◆ | ◆ | | ◆ |
| | 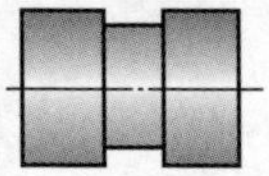 插入车削 | | | ◆◆ | | ◆ | | | |

注：◆◆—推荐刀具系统；◆—补充选择刀具系统。

② 内孔车削刀片形状的选择。

a. 刀片夹紧方式的选择。内孔车削时，可转位车刀刀片夹紧方式的选择见表 4-13。

表 4-13　内孔车削时刀片夹紧方式的选择

| 刀具系统 | 负前角刀片（T-MAXP） | | | | 正前角刀片 | 陶瓷和立方氮化硼刀片（T-MAX） |
|---|---|---|---|---|---|---|
| | 刚性夹紧式 | 杠杆夹紧式 | 楔块夹紧式 | 螺钉夹紧和上压式 | 螺钉夹紧式 | 上压式 |
| 夹紧系统 | 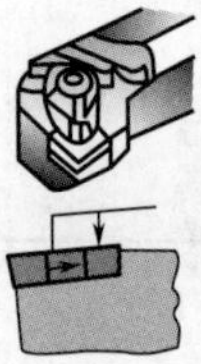 | 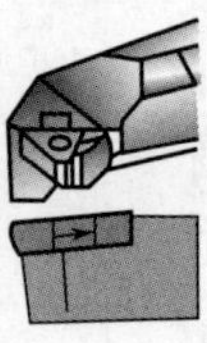 | 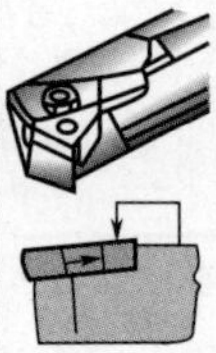 | 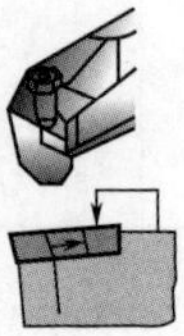 |  | 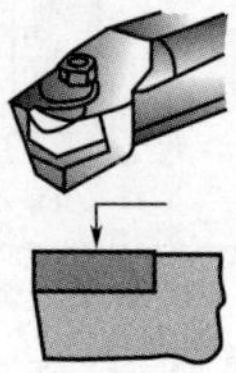 |

续表

| 刀具系统 | | 负前角刀片（T-MAXP） | | | | 正前角刀片 | | 陶瓷和立方氮化硼刀片（T-MAX） |
|---|---|---|---|---|---|---|---|---|
| 工序 | 纵向/端面车削 | ◆◆ | ◆◆ | ◆ | | ◆◆ | ◆◆ | ◆ |
| | 仿形切削 | ◆ | ◆ | | ◆ | ◆◆ | ◆◆ | |
| | 端面车削 | ◆ | ◆ | | | ◆◆ | ◆ | ◆ |

注：◆◆—推荐刀具系统；◆—补充选择刀具系统。

注意问题：使用尽可能大的镗杆，以获得最大稳定性；如可能，使用小于90°的主偏角，以减小冲击作用在切削刃上时产生的力。

b.内孔刀片的应用选择。内孔刀片的应用选择见表4-14。

**表4-14　内孔刀片的应用选择**

| 外圆车削 | | 刀片形状 | | | | | | |
|---|---|---|---|---|---|---|---|---|
| | | 80° | 55° | 圆形 | 90° | 60° | 80° | 35° |
| | | C | D | R | S | T | W | V |
| 工序 | 纵向/端面车削 | ◆ | ◆ | ◆ | ◆ | ◆◆ | ◆ | |
| | 仿形切削 | | ◆◆ | | | ◆ | | ◆ |
| | 端面车削 | ◆◆ | ◆ | ◆ | | ◆ | ◆ | |

注：◆◆—推荐刀具系统；◆—补充选择刀具系统。

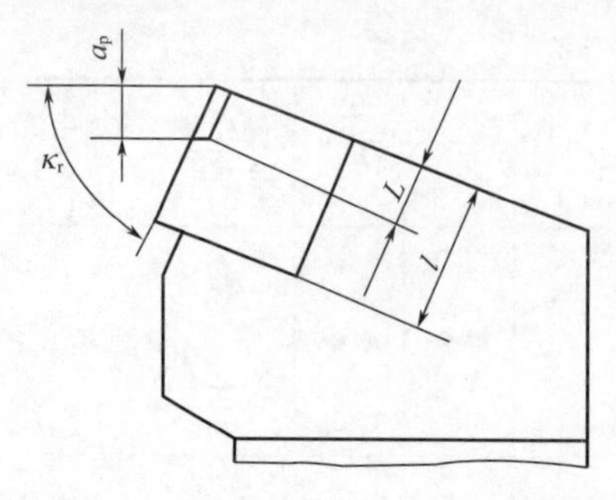

图 4-9　边长与切削刃长度、背吃刀量与主偏角的关系

**(2) 刀片尺寸的选择**

刀片尺寸包括刀片内切圆（或边长）、厚度、刀尖圆弧半径等。边长的选择与主切削刃的有效切削刃长度 $L$、背吃刀量 $a_p$ 和车刀的主偏角 $\kappa_r$ 有关，如图 4-9 所示。

粗车时边长取（1.2～1.5）$L$，精车时取（3～4）$L$。刀片厚度的选择主要考虑切削强度，在满足强度的前提下，尽量选择小厚度刀片。刀尖圆弧半径的选择应考虑加工表面粗糙度要求和工艺系统刚性等因素，粗糙度值小、工艺系统刚性较好时，可选择较大的刀尖圆弧半径。

### 4.2.3　可转位车刀刀片断屑槽的选择

断屑槽参数的选择与被加工材料的性质和切削条件有着密切的关系。

**(1) 碳素钢切削时的选择**

中等背吃刀量和进给量条件下，用硬质合金车刀切削中碳钢时，若要求形成"C"形切屑，可采用直线圆弧形断屑槽，圆弧半径 $R_n$＝（0.4～0.7）$W_n$，选外斜式 $\tau=8°\sim10°$；也可选平行式，则断屑槽的宽度 $W$ 应略大于所采用的最大值，进给量范围为 $f=W/10\sim W/14$。具体数值可参考表 4-15 选取。

**表 4-15　断屑槽宽度参考值**

| 背吃刀量 $a_p$/mm | 进给量 $f$/(mm/r) | 断屑槽宽度 $W_n$/mm | |
|---|---|---|---|
| | | 平行式 | 内斜式 |
| 1～3 | 0.2～0.5 | 3～3.2 | 3.2～3.5 |
| 2～5 | 0.3～0.5 | 3.2～3.5 | 3.5～4 |
| 3～6 | 0.3～0.6 | 4～4.5 | 4.5～5 |

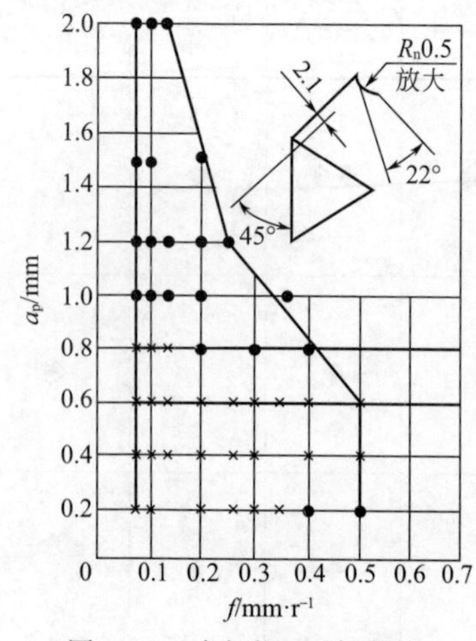

图 4-10　小切深 45°斜角槽及其断屑范围

小背吃刀量时，可采用 D 型断屑槽，刃磨成图 4-10 所示的 45°斜角槽；也可选直线圆弧形的 A 型断屑槽。

大背吃刀量、大进给量条件下，由于切屑宽而厚，若形成"C"形屑则易损坏切削刃，且碎屑会飞溅伤人。此时，通常采用全圆弧形断屑槽，加大圆弧半径 $R_n$ 并减小槽深，使切屑卷成发条状顶在过渡表面折断；或靠自重坠落。根据加工大件的经验，断屑槽槽宽 $W_n=10f$，圆弧半径 $R_n$＝（1.2～1.5）$W_n$；选用平行式或外斜式 $\tau=0°\sim6°$。对于上压式可转位车刀，用压板形成断屑槽时，槽底角取 $\theta=125°\sim135°$。

由于低碳钢切屑变形大，在相同条件下切屑

厚度比中碳钢厚，故易断屑。当采用同样的断屑槽参数时，低碳钢断屑范围要比中碳钢宽。因此，切削低碳钢时可以采用与切削中碳钢时相同的断屑槽参数。

**(2) 合金钢切削时的选择**

一般来说，合金钢的强度和韧性比中碳钢有所提高，增加了断屑的难度，因而需要适当增大附加变形量。如切削 18CrMnTi、38CrMoAl、38CrSi 等合金钢时，推荐采用外斜式断屑槽，槽宽 $W_n$ 和圆弧半径 $R_n$ 都应适当减小些。具体数值可参考表 4-16 选取。

**表 4-16 切削高强度合金钢断屑槽参数参考值**

| 背吃刀量 $a_p$/mm | 进给量 $f$/(mm/r) | 断屑槽宽度 $W_n$/mm | 直线圆弧形 $R_n$/mm | 外斜式 $\tau$/(°) |
|---|---|---|---|---|
| 1～3 | 0.2～0.5 | 2.8～3 | (0.3～0.5)$W_n$ | 10～15 |
| 2～5 | 0.3～0.6 | 3～3.2 | (0.3～0.5)$W_n$ | 10～15 |
| 3～6 | 0.3～0.7 | 3.2～3.5 | (0.3～0.5)$W_n$ | 10～15 |

**(3) 难断屑材料切削时的选择**

在切削难断屑材料时，若采用上述方法选用断屑槽，是达不到良好的断屑效果的，这时可采取改变主切削刃形状、采用特殊断屑器和振动断屑等措施。

如图 4-11 所示的是一把切削纯铜和无氧铜的断屑车刀。它在车刀的后刀面上磨出了多条弧形槽，使主切削刃成波纹形的搓板状。如图 4-12 所示为双刃倾角切削刃，即在主切削刃上靠近刀尖处磨出第二个刃倾角，双刃倾角可与普通的外斜式断屑槽配合使用，槽宽 $W_n=3.5\sim5$mm，外斜角 $\tau=6°\sim8°$，第一刃倾角 $\lambda_{s1}=-3°$，第二刃倾角 $\lambda_{s2}=-(20°\sim25°)$，长度 $l_{\lambda s2}=a_p/3$。双刃倾角切削刃适用于不锈钢的粗加工，断屑效果较好，切削用量最佳范围为 $a_p=4\sim15$mm，$f=0.1\sim0.35$mm/r，

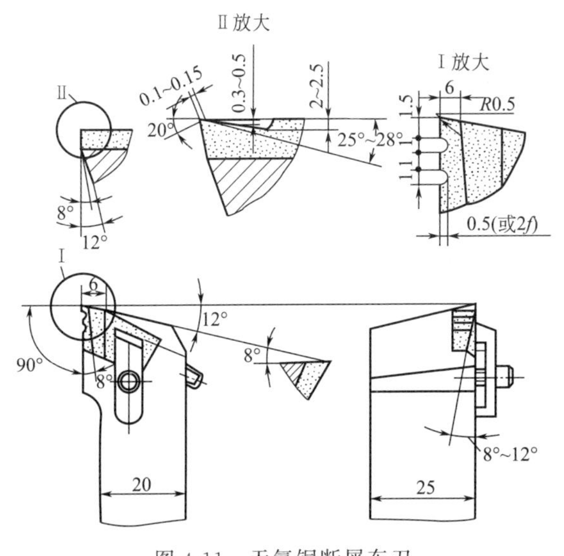


图 4-11 无氧铜断屑车刀

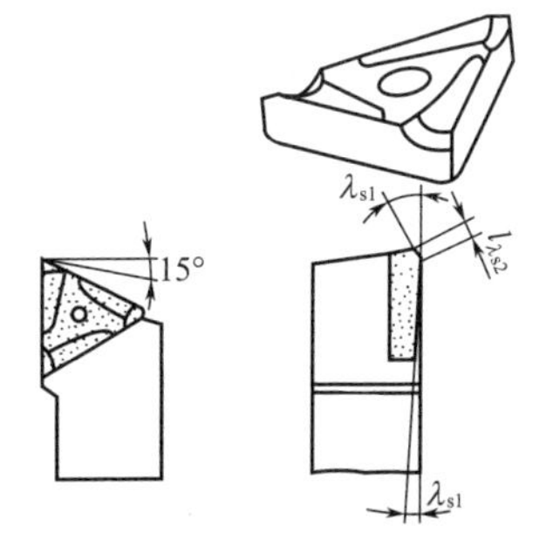


图 4-12 双刃倾角切削刃

$v_c$=80～100m/min。这种车刀刀尖强度好，切屑卷曲半径大，多数成锥盘形螺旋屑或短管状螺旋屑，但径向力比单刃倾角车刀增大20%～30%，当工艺系统刚度差时不宜选用。

### 4.2.4 可转位刀具的磨损与修磨

**(1) 可转位刀具的磨钝标准 VB**

可转位刀具磨钝后需重磨再用，一般取 $VB$=0.3mm为宜，这样可使刀片的寿命最长；若刀片一次使用不重磨，则 $VB$ 值可取大些或取 $VB\leqslant\Delta h$（见图4-13），$\Delta h$ 是刀片相对刀槽的高出量。因为后刀面是刀片的侧定位面，与刀槽侧面并非是面接触而是线接触，当 $VB>\Delta h$ 时会影响转位后刀片在刀槽中的准确定位和夹紧。一般设计都取 $\Delta h$=0.5mm；对于较大尺寸的可转位车刀，$\Delta h$ 应取大些，从而 $VB$ 值也可取大些。

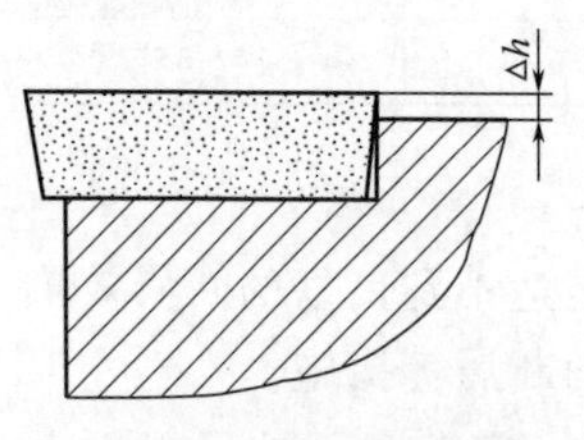

图4-13 刀片后刀面与刀槽侧面的接触

可转位刀片的合理利用是推广可转位刀具的一个重要问题。因此要注意以下两点。

a. 制定合理的磨钝标准和寿命，适时转位，过早或过迟转位都是不经济的。

b. 可转位刀片的重磨利用问题。

用钝的刀片重磨利用可节约生产成本，这就要求做到以下3点。

a. 合理回收与管理刀片。

b. 注意重磨技术及设备。

c. 刀体系列化，以适应大刀片改小刀片后的利用。

**(2) 刀尖圆弧半径的选择与修磨**

由于可转位车刀几何角度的特点，一般副偏角较大，因而刀尖圆弧半径的大小对进给量和已加工表面的表面粗糙度都有很大的影响。

为提高加工表面粗糙度，进给量 $f$ 的最大值应小于刀尖圆弧半径 $r_\varepsilon$ 的3/4。可转位车刀的 $r_\varepsilon$ 宜取较大值，一是可选取大的进给量来提高生产率；二是进给量在较大范围内变动，能得到较好的断屑效果。如果 $r_\varepsilon$ 值过小，进给量 $f$ 的允许值也会随之变小，特别是在加工韧性较好的工件材料时断屑就很困难。

刀尖圆弧半径 $r_\varepsilon$ 对断屑槽的断屑区域还有重大影响，同一把车刀在几何参数、断屑槽参数、切削用量和工件材料均相同时，如若少量变化刀尖圆弧半径 $r_\varepsilon$，其断屑区域就会有较大的变化。应根据实际加工情况选择或者自行修磨出合理的刀尖圆弧半径，一般原则仍然是粗加工取大些（$r_\varepsilon$=0.5～2mm），精加工取小些（$r_\varepsilon$=0.2～0.5mm）。

## 4.3 数控车刀的对刀

对刀是数控机床加工中极为重要的一项基本工作。对刀的好坏，将直接影响加工程序的编制及零件的尺寸精度。通过对刀或刀具预调，还可同时测定各号刀的刀位偏差，有利于设定刀具补偿量。

## 4.3.1 装刀

### (1) 装刀工具系统

常用的数控车床刀具系统有两种形式，见表4-17。

表4-17 常用的数控车床刀具系统形式

| 形式 | 图示 | 特点说明 |
| --- | --- | --- |
| 刀块形式 | 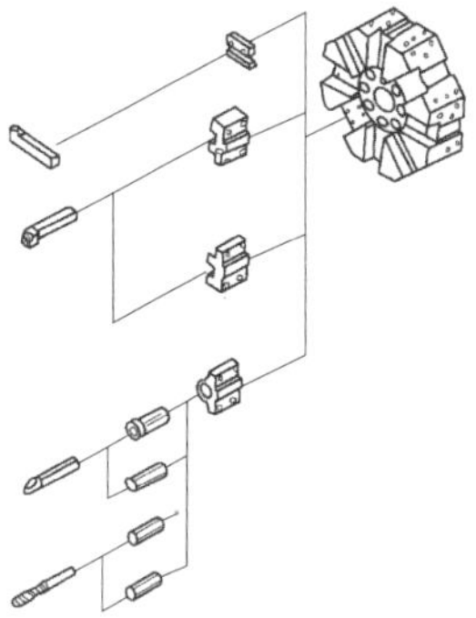 | 采用凸键定位，螺钉夹紧定位可靠，夹紧牢固，刚性好，但换装费时，不能自动夹紧 |
| 圆柱齿条式 | 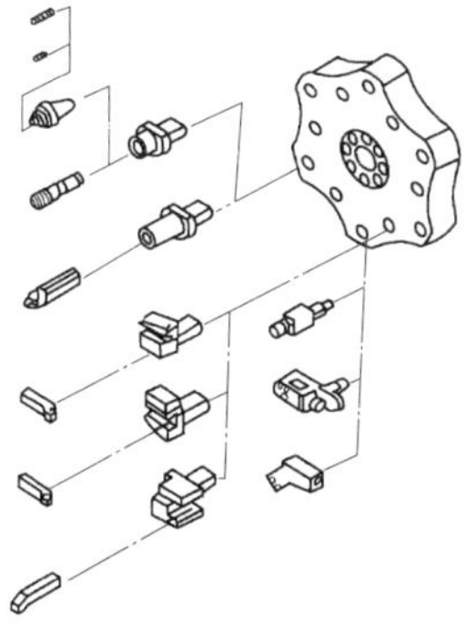 | 这种装置可实现自动夹紧，换装也快捷，但刚性较之上者要稍差一点 |

### (2) 车刀的安装

车刀安装的高低，车刀刀杆轴线是否垂直，都对车刀角度有很大影响。以车削外圆（或横车）为例，当车刀刀尖高于工件轴线时，因其车削平面与基面的位置发生变化，使前角增大，后角减小；反之，则前角减小，后角增大。车刀歪斜安装，对主偏角、副偏角影响较大，特别是在车螺纹时，会使牙形半角产生误差。因此，正确地安装车刀，是保证加工质量，减小刀具磨损，提高刀具使用寿命的重要步骤。

如图4-14所示，图(a)所示为“－”的刃倾角度，可以增大刀具切削力；图(b)所示为“＋”的刃倾角度，可以减小刀具切削力。

## 4.3.2 数控车床的对刀

数控车削加工中，应首先确定零件的加工原点以建立准确的加工坐标系，同时要考虑刀具不同尺寸对加工的影响，这些都是需要通过对刀来解决的。

### (1) 对刀点位置的选择原则

对刀点位置的选择原则如下。

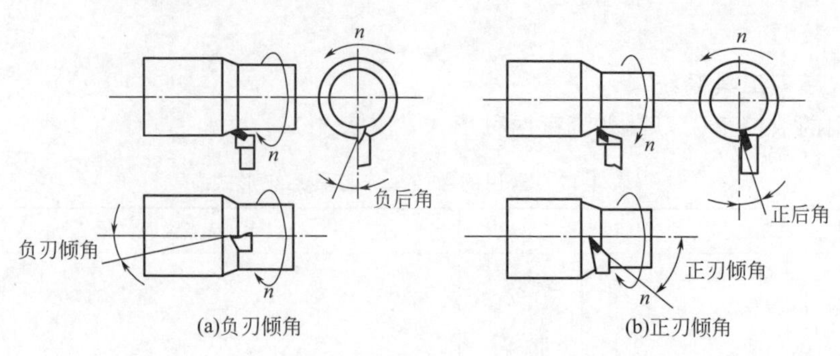


图 4-14　车刀的安装角度

a. 尽量与工件的工艺基准或设计基准相一致。

b. 尽量使加工程序的编制工作简单方便。

c. 便于用常规量具和量仪在车床上进行找正。

d. 该点的对刀误差应较小，或可能引起的加工误差为最小。

e. 尽量使加工程序中的引入（或返回）路线最短，并便于换刀。

f. 应选择在与机床约定机械间隙状态（消除或保持最大间隙方向）相适应的位置上，避免在执行自动补偿时造成“反补偿”。

g. 必要时，对刀点可设定在工件的某一要素或其延长线上，或设定在与工件定位基准有一定坐标关系的夹具某位置上。

**(2) 对刀点和换刀点位置的确定**

① 刀位点　刀位点是指在加工程序编制中，用以表示刀具特征的点，也是对刀和加工的基准点。对于车刀，各类车刀的刀位点如图 4-15 所示。

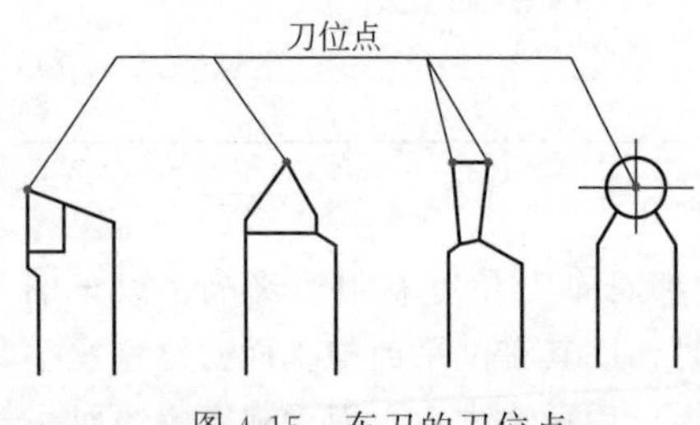


图 4-15　车刀的刀位点

② 对刀点位置的确定　对刀点是指在数控机床上加工零件时，刀具相对零件做切削运动的起始点。

确定对刀点位置的方法较多，对设置了固定原点的数控机床，可配合手动及显示功能进行确定；对未设置固定原点的数控机床，则可视其确定的精度要求而分别采用位移换算法、模拟定位法或近似定位法等进行确定。

③ 换刀点位置的确定　换刀点是指在编制加工中心、数控车床等多刀加工的各种数控机床所需加工程序时，相对于机床固定原点而设置的一个自动换刀位置。换刀的位置可设定在程序原点、机床参考点或浮动原点上，其具体的位置应根据工序内容而定。

为了防止在换（转）刀时碰撞到被加工零件或夹具，除特殊情况外，其换刀点都设置在被加工零件的外面，并留有一定的安全量。

**(3) 数控车床的对刀方法**

在加工程序执行前，调整每把刀的刀位点，使其尽量重合于某一理想基准点，这一过程称为对刀。理想基准点可以设在基准刀的刀尖或刀具相关点上。

对刀一般分为手动对刀和自动对刀两大类。目前，绝大多数的数控机床（特别是车床）采用手动对刀，其基本方法有定位对刀法、光学对刀法、ATC 对刀法和试切对刀法。在前 3 种手动对刀方法中，均可能因受到手动和目测等多种误差的影响而降低对刀精度，往往需要通过试切对刀来得到更加准确和可靠的结果。如图 4-16 所示。

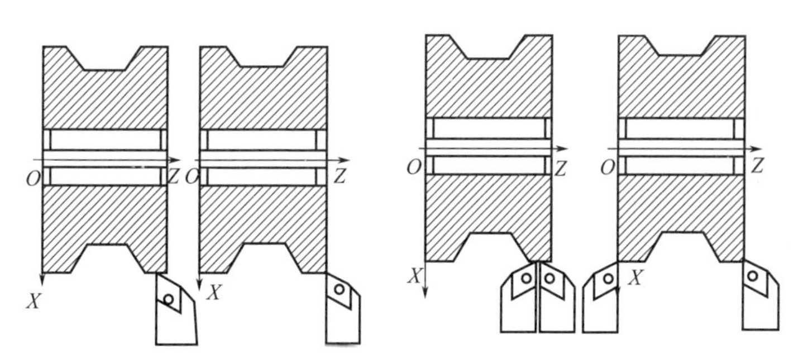


图 4-16　数控车床常用的试切对刀法

# 参考文献

[1] 王兵. 车工技能训练. 第 2 版. 北京：人民邮电出版社，2011.
[2] 王兵. 金属切削手册. 北京：化学工业出版社，2015.
[3] 王兵. 双色图解车工一本通. 北京：机械工业出版社，2014.
[4] 浦艳敏. 金属切削刀具选用与刃磨. 第 2 版. 北京：化学工业出版社，2016.
[5] 杨晓. 数控车刀选用全图解. 北京：机械工业出版社，2014.